KESSELBETRIEB
SAMMLUNG VON BETRIEBSERFAHRUNGEN

HERAUSGEGEBEN VON DER

VEREINIGUNG
DER GROSSKESSELBESITZER

ZWEITE,
VOLLSTÄNDIG NEUBEARBEITETE AUFLAGE

Springer-Verlag Berlin Heidelberg GmbH

1931

ISBN 978-3-662-37213-5   ISBN 978-3-662-37936-3 (eBook)
DOI 10.1007/978-3-662-37936-3

Softcover reprint of the hardcover 2nd edition 1931

Vorwort.

Das Buch „Kesselbetrieb" ist von Ingenieuren verfaßt und bearbeitet, die in den Kesselhäusern großer deutscher Kraftwerke verantwortlich tätig sind. Es sind darin die in diesen Betrieben gemachten Erfahrungen niedergelegt, soweit sie die Sicherheit des Dampfkesselbetriebes betreffen. Wärmetechnische und wärmewirtschaftliche Dinge sind nur gestreift. Es sind nur solche Einrichtungen und Bauarten erwähnt, die im praktischen Betriebe erprobt sind.

Das Buch vermeidet mit Absicht theoretische Erörterungen. Es ist für den praktischen Betriebsmann geschrieben. Im Anhang sind einige Sondergebiete behandelt.

Wir hoffen, daß die zweite erweiterte und ergänzte Auflage, in die dank der Mitarbeit der Betriebe neue Erfahrungen aufgenommen wurden, eine gleich freundliche Aufnahme findet, wie die erste Auflage. Auch sind wir dankbar, wenn uns, wie bisher, für die weitere Ausgestaltung des Buches wieder Anregungen aus den Betrieben zugesandt werden.

Allen Mitarbeitern, die wiederum bereitwillig an der Neufassung mitgewirkt haben, sprechen wir auch an dieser Stelle unseren Dank aus.

AUSSCHUSS FÜR BETRIEBSERFAHRUNGEN
DER VEREINIGUNG DER GROSSKESSELBESITZER

An der zweiten Auflage haben folgende Herren mitgearbeitet:

Oberingenieur Q u a c k , Bitterfeld (Obmann des Ausschusses für Betriebserfahrungen)

Dipl.-Ing. B e c k e r , Zschornewitz, Dir. E b e r t z , Knapsack, Betr.-Dir.
G r o p p , Berlin, Dir. K r ä m e r , Zschornewitz, Dir. K r e y s s i g ,
Groß-Kayna, Betr.-Dir. M a a s , Nürnberg, Obering. Dr. N ö l l e , Stettin,
Dir. Baurat R ü s t e r , München, Obering. Dr. S c h ö n e , Grube Ilse,
Dir. S c h u l t e , Essen, Dr. S p l i t t g e r b e r , Wolfen, Dipl.-Ing. van
T h i e l , Ammoniakwerk Merseburg, Dipl.-Ing. V o i g t , Dresden
Oberbaurat Z e u n e r , Dresden.

Inhaltsverzeichnis.

Ergänzungen und Berichtigungen

Ziff. 15   4. u. 5. Zeile:
statt „kcal/kg je m³" muß es heißen „kcal/h und m³"

Ziff. 19h) statt „Gasen" muß es heißen „Gassen".

Ziff. 56   statt „Verbrennungsleistung je m³" muß es heißen „Verbrennungsleistung je m²".

Ziff. 76   drittletzte Zeile:
statt „Nachverbrennung" muß es heißen „Nachverdampfung".

Ziff. 284   ist hinzuzufügen:
Ein Wasser besitzt $1°$ d. H., wenn es in 100 000 Teilen 1 Gewichtsteil Kalziumoxyd (CaO) bzw. die diesem Wert äquivalente Menge von 0,719 Gewichtsteilen Magnesiumoxyd (MgO), mit anderen Worten: wenn es in 1 Liter Flüssigkeit 10 mg/l CaO oder 7,19 mg/l MgO gelöst enthält.
Dividiert man die mg/l CaO durch 10, so erhält man die Kalkhärte des Wassers in $°$ d. H. Multipliziert man die mg/l MgO mit 1,4 und dividiert das Produkt durch 10, so erhält man die Magnesiahärte in $°$ d. H. Die Addition von Kalk- und Magnesiahärte ergibt die Gesamthärte eines Wassers.

Ziff. 307b) vorletzte Zeile:
statt „Anwesenheit" muß es heißen „Abwesenheit".

Anh. 1   am Schluß ist hinzuzufügen:

Phosphor	P	31,0
Phosphorsäure	H_3PO_4	98,0
Mononatriumphosphat	$NaH_2PO_4 \cdot H_2O$	138,0
Dinatriumphosphat	$Na_2HPO_4 \cdot 12\,H_2O$	358.2
Trinatriumphosphat	$Na_3PO_4 \cdot 12\,H_2O$	380,2
Saures Natrium-Ammoniumphosphat (Ziff. 101) (gen. „Phosphorsalz")	$NaHNH_4PO_4 \cdot 4H_2O$	209,2

Ziff. 25 Anh. 2

Am Schluß muß hinzugefügt werden:

„1 cm^3 ^{1}/$_{10}$ n Palmitatlösung · 2,8 = 1 ° d. H."

Fußnote zu Ziff. 25:

Alle Untersuchungszahlen beziehen sich grundsätzlich auf das filtrierte oder wenigstens durch längeres Absitzen geklärte Wasser, mit Ausnahme selbstverständlich bei der Untersuchung der Schwebestoffe, die ja nur im kurz vor der Bestimmung umgeschüttelten trüben Wasser ermittelt werden können.

Bei den einfachen Härteuntersuchungen mit Seifenlösungen braucht eine Klärung des Wassers nicht abgewartet oder vorgenommen zu werden.

Ziff. 27 Anh. 2 ist unter der Überschrift „Alkalität des gereinigten Zusatzwassers" folgende allgemeine Bemerkung aufzunehmen:

Die Alkalität eines Wassers kann verursacht sein durch den Gehalt an

1. Bikarbonaten
2. Karbonaten } namentlich bei entsäuerten oder enthärteten
3. Hydroxyden } Wässern
4. Boraten
5. Silikaten
6. Phosphaten.

Man unterscheidet

1. Phenolphtalein-Alkalität in cm^3 = p oder in ° d. H. = P . . . .
2. Methylorange-Alkalität in cm^3 = m oder in ° d. H. = M . . . .

$°$ d. H. = cm^3 · 2,8

Der Ausdruck „Alkalität" ohne nähere Kennzeichnung bedeutet im allgemeinen für den Chemiker die Methylorange-Alkalität. Aus den p- und m-Werten kann man in der in Ziff. 28 angegebenen Weise auch den Gehalt des Wassers an Ätznatron, Soda, Ätzkalk, Natriumbikarbonat usw. berechnen.

Ziff. 48 Anh. 2 2. Zeile

statt „100 g MnCl$_2$" muß es heißen „400 g MnCl$_2$".

Ziff. 75 Anh. 2

Hinter die Ziff. 75 ist folgende Ergänzung zu setzen:

Untersuchung des Ätznatrons (Natronlauge) auf Reingehalt.

Die handelsübliche Lauge enthält entweder 33 oder 50 oder 90% Ätznatron neben 1—3% Soda. Man füllt 10 g der Lauge mit Kondensat zu 1 Liter auf (gegebenenfalls zunächst 100 g Lauge auf 1 Liter und von dieser Lösung wieder 100 cm³ auf 1 Liter) und titriert von dieser Lösung 100 cm³ mit n/1-Salzsäure in der in Ziff. 27 und 28 beschriebenen Weise. Aus den gefundenen Werten p und m ergibt sich dann:

$$(2\,p - m) \cdot 4 = \%\,NaOH \ (\text{Ätznatron})$$
$$(m - p) \cdot 10{,}6 = \%\,Na_2CO_3.$$

Bei einer 50proz. Natronlauge wird man z. B. etwa folgende Werte titrieren:

$$p = 13{,}0 \ cm^3 \ n/1\text{-Salzsäure}$$
$$m = 13{,}1 \ cm^3 \ n/1\text{-Salzsäure}.$$

Dann wäre:

$$(2\,p - m) \cdot 4 = (26 - 13{,}1) \cdot 4 = 12{,}9 \cdot 4 = 51{,}6\,\%\,NaOH$$
$$(m - p) \cdot 10{,}6 = (13{,}1 - 13{,}0) \cdot 10{,}6 = 0{,}1 \cdot 10{,}6 = 1\,\%\ \textbf{Soda.}$$

Ziff. 82 Anh. 2, 2. Zeile auf S. 245:

statt „7,84 mg/1" muß es heißen „7,14 mg/1",

Ziff. 88 Anh. 2, 3. Zeile vom Ende:

statt „536 g/m³" muß es heißen „563 g/m³".

Ziff. 89 Zeile 14:

statt „35%" muß es heißen „35/65".

Zeile 17 muß die Formel lauten:

$$\frac{35}{65} \cdot 18{,}9 \ (\Re + \mathfrak{M}\mathfrak{g} + c).$$

Zeile 19:

statt „143 g/m³" muß es heißen „220 g/m³".

Zeile 20:

statt „563 + 143 = 706 g/m³" muß es heißen:
„563 + 220 = 783 g/m³".

Ergänzungen und Berichtigungen

Nach Zeile 26 müssen die Formeln lauten:

$$\text{Soda (g/m}^3) = 18{,}9 \cdot \Re + \frac{18{,}9\ (100 - \mathfrak{Sp})\ (\Re + \mathfrak{Mg} + c)}{\mathfrak{Sp}}$$

$$= 18{,}9 \cdot 29{,}8 + \frac{18{,}9\ (100 - 65)\ (10{,}0 + 9{,}8 + 1{,}8)}{65}$$

$$= 563 + \frac{18{,}9 \cdot 35 \cdot 21{,}6}{65}$$

$$= 563 + 220 = 783$$

Literaturverzeichnis Anh. 6

statt „Münziger" muß es heißen „Münzinger".

Sachverzeichnis:

bei „Härtegrad, deutsch" ist hinter „Anh. 2" hinzuzufügen „Ziff. 8".

Die Zeile „Kesselschäden, Nietlochuntersuchung Anh. 3 ... 267"
muß heißen:

„Kesselschäden, Nietlochuntersuchung .... 267 und Anh. 3".

ERSTER TEIL.

I. Bau- und Betriebsvorschriften für Landdampfkessel.

1 Für die Erzielung einer geordneten Betriebsführung von Dampfkesselanlagen ist die genaue Kenntnis der einschlägigen gesetzlichen Bestimmungen, sowie der gültigen Bedienungsvorschriften für die Anlageteile unerläßlich[1]).

2 Als solche sind zu bezeichnen:

a) Die Bestimmungen der Reichsgewerbeordnung §§ 24, 25, 49, 50 und 147 über die Genehmigungspflicht von Dampfkesseln.

b) Die allgemeinen polizeilichen Bestimmungen über die Anlegung von Landdampfkesseln vom 17. Dezember 1908.

c) Werkstoff- und Bauvorschriften für Landdampfkessel nebst Erläuterungen. Ausgabe September 1929, Beuth-Verlag Berlin.

d) Die Vereinbarungen der verbündeten Regierungen über die Genehmigung und Untersuchung von Dampfkesseln.

e) Die von den Beschlußbehörden vorgeschriebenen Genehmigungsbedingungen.

f) Die in den Ländern jeweils gültigen „Vorschriften für die Bedienung von Landdampfkesseln". (Dienstvorschriften für Kesselwärter.)

g) Die von den Lieferfirmen übergebenen Betriebsanleitungen für Kessel und Zubehör.

h) Die Unfallverhütungsvorschriften der für den jeweiligen Betrieb zuständigen Berufsgenossenschaften.

3 Das Studium der vorstehenden Bestimmungen erleichtert nicht nur die Betriebsführung, es erhöht vielmehr auch die Betriebssicherheit und trägt zur Schonung der Anlagen bei.

---

[1]) Die gesetzlichen Grundlagen sind übersichtlich zusammengestellt in dem Buch J a e g e r - U l r i c h s „Bestimmungen über Anlegung und Betrieb der Dampfkessel", V. Auflage, Carl Heymanns Verlag-Berlin, und Nachtrag zur fünften Anlage, Bearbeitung von A. Rühl und O. Ulrichs.

4 Darüber hinaus wird das Studium der „Richtlinien" und der Veröffentlichungen der Vereinigung der Großkesselbesitzer (VGB) empfohlen, in denen die Fragen der Sicherheit des Dampfkesselbetriebes besonders eingehend behandelt sind. Ein Literaturverzeichnis befindet sich im Anhang.

II. Bestellung neuer Kessel.

5 Die Mitglieder der VGB benutzen bei der Bestellung von Dampfkesseln und Zubehör die „Richtlinien" der VGB, welche wichtige, über die gesetzlichen Vorschriften hinausgehende Bestimmungen enthalten und eine erhöhte Gewähr für die Verwendung besten Materials und fehlerfreie Arbeit bieten. Es handelt sich dabei um folgende „Richtlinien":

a) Richtlinien für die Anforderungen an den Werkstoff und Bau von Hochleistungsdampfkesseln, Ausgabe Januar 1928, Neudruck 1930.

b) Richtlinien für die Anforderungen an den Werkstoff und Bau von gußeisernen Abgasspeisewasservorwärmern, vom Dezember 1927.

c) Richtlinien für Bauart, Abnahme und Betrieb von Wasseraufbereitungsanlagen, Ausgabe Oktober 1930, Beuth-Verlag Berlin.

d) Richtlinien für den Werkstoff und Bau von Heißdampfrohrleitungen, Fassung Dezember 1930.

6 Jede Bestellung soll einen sorgfältig durchgearbeiteten Teil „Technische Bedingungen" enthalten, in welchen alle besonderen Forderungen des Bestellers über die technische Ausgestaltung der Lieferung enthalten sind. In diesen technischen Bedingungen wird zweckmäßig vorgeschrieben, daß für die Lieferung die „Richtlinien" der Vereinigung der Großkesselbesitzer gelten sollen.

Die Bedingungen der „Richtlinien" sollen dem jeweiligen Verwendungszweck angepaßt werden. In einigen Punkten sind daher bei der Bestellung besondere Vereinbarungen zu treffen.

7 Die Abnahme der Werkstoffe für die Dampfkessel ist durch das Gesetz vorgeschrieben. Urheber und Berater der gesetzlichen Bestimmungen ist der Deutsche Dampfkessel-Ausschuß (DDA).

Er besteht aus 46 ordentlichen Mitgliedern und 46 stellvertretenden Mitgliedern, die folgende Behörden und Körperschaften stellen:

a) Der Reichsarbeitsminister,

b) die Landesregierungen,

c) der Allgemeine Verband der deutschen Dampfkesselüberwachungsvereine,

d) der Verein deutscher Eisenhüttenleute,

e) der Großwasserraumkesselverband zusammen mit dem Wasserrohrkesselverband,

f) der Verein deutscher Schiffswerften,

g) die Vereinigung der Großkesselbesitzer,

h) der Wirtschaftsausschuß der deutschen Reedereien,

i) der Verein deutscher Ingenieure,

k) die Versuchs- und Prüfungsanstalten,

l) der Germanische Lloyd,

m) die Schiffsbautechnische Gesellschaft.

Der Reichsarbeitsminister setzt die Beschlüsse der Mitgliederversammlung über Änderungen oder Ergänzungen der Werkstoff- und Bauvorschriften durch Verkündung im Reichsanzeiger in Kraft, sofern die Zustimmung des Reichsrates vorliegt und Bedenken nicht bestehen.

8　Die vom DDA festgelegten Werkstoff- und Bauvorschriften sind ausreichend für Kessel normaler Drücke, Temperaturen und Leistungen. Für höhere Anforderungen sieht das Gesetz besondere, darüber hinausgehende Vereinbarungen vor. Solche hat die VGB in ihren „Richtlinien für die Anforderungen an den Werkstoff und Bau von Hochleistungsdampfkesseln" zusammengestellt.

9　Die Abnahme der Werkstoffe im Stahlwerk hat durch Sachverständige zu erfolgen, die der Besteller bestimmen kann. Die Länderregierungen lassen bisher als „Sachverständige" nur die staatlichen Materialprüfungsämter und die Dampfkesselüberwachungsvereine zu.

10　Es empfiehlt sich, bei den Aufträgen in allen Fällen weitgehend von den DINormen Gebrauch zu machen, da deren Anwendung eine vereinfachte und verbilligte Lagerhaltung gestattet. Eine noch weitergehende Verminderung der Zahl der Druckstufen und Nennweiten durch Auswahl aus den Normen ist empfehlenswert.

Vom Standpunkt der Betriebssicherheit sind an einen neuen Kessel folgende Anforderungen zu stellen:

11　　Der Wasserumlauf muß in allen Teilen eindeutig und sicher sein. Zu allen hochbeheizten Elementen sind ausreichend bemessene Wasserzuführungsrohre (Fallrohre) vorzusehen. Diese Fallrohre sollen möglichst wenig oder gar nicht beheizt sein. Das aufsteigende Dampfwassergemisch muß frei und unbehindert abziehen können. Besitzt der Kessel verschiedene beheizte Systeme, z. B. Feuerraumkühlwände, so sollen die einzelnen Systeme möglichst einen vom Hauptkessel und voneinander unabhängigen Wasserumlauf haben. Bei der Bemessung, Anordnung und inneren Einrichtung der Obertrommeln ist auf eine möglichst trockene Dampfabführung Wert zu legen. Zu geringer Durchmesser der Trommel und ungünstige Dampfführung erschweren die richtige Anordnung der Speiseeinbauten und Dampfentnahme und begünstigen Mitreißen von Wasser beim Dampfaustritt.

12　　Der Kesselkörper muß in allen Teilen elastisch sein und muß den Wärmedehnungen beim Anheizen, Abstellen und bei allen Temperaturänderungen im Betriebe frei folgen können. Alle Verbindungen zwischen größeren Teilen sind möglichst aus gebogenen und elastischen Rohren herzustellen. Starre Stutzen, die durch Krempen und angebördelte Flanschen und durch Nietung mit Trommeln usw. verbunden sind, sollen vermieden werden.

Die Aufhängung des Kesselkörpers am Kesselgerüst muß ebenfalls so beweglich sein, daß sie alle Dehnungen gestattet. Bei Rollenlagern ist Schutz gegen Verschmutzung nötig. Sie sind so anzuordnen, daß eine dauernde Kontrolle und eine gleichbleibende Beweglichkeit gewährleistet wird. Aufhängebänder verdienen in vielen Fällen den Vorzug. Wasserkammern sollen, falls sie nicht durch elastische Rohre an den Trommeln hängen oder besondere Aufhängungen besitzen, auf gut beweglichen Rollen gelagert sein. Feste Auflager sind zu vermeiden.

Die Mauerwerksabschlüsse von Trommeln, Teilkammern, Rohren, Stutzen usw. sollen genügend Spielraum haben, der durch elastische Stoffe oder bewegliche Platten gasdicht abzuschließen ist. Bei langen Trommeln ist hierbei mit der Möglichkeit ihrer Durchbiegung zu rechnen. Die Siederohre von Steilrohrkesseln müssen so stark gebogen sein, daß sie die Wärmedehnungen aufnehmen können, ohne einen starken Rückdruck auf die Trommeln auszuüben. Bei Schrägrohrkesseln müssen die Verbindungsrohre zwischen Trommeln und Wasserkammern genügend elastisch sein.

13 Es dürfen nur solche Teile beheizt werden, die eine genügende Innenkühlung durch den Wasserumlauf oder durch strömenden Dampf haben. Kesseltrommeln, Verbindungsstutzen, Sattelstücke von Teilkammerkesseln, Kammerhälse und Kammerböden von Vollkammerkesseln, Verbindungsrohre von Obertrommeln, Vierkantsammelrohre von Kühlelementen, Überhitzersammelrohre sollen einen wirksamen Schutz gegen unmittelbare Berührung durch Feuergase erhalten. Nietnähte oder Stellen, wo mehrere Bleche übereinander liegen, dürfen bei Wasserrohrkesseln keinesfalls beheizt werden. Als Schutz werden verwendet Hängedecken, Schamottemauerwerk, Torkretierung. Armierungsteile für diese feuerberührten Schutzschichten müssen geschützt liegen und genügend beständig gegen die auftretende Temperatur sein.

14 Der Abstand der Rostfläche von der vorderen Rohrreihe soll bei Wasserrohrkesseln so groß bemessen sein, daß die vollkommene Verbrennung der Gase und Koksteilchen bereits erzielt ist, bevor die Feuergase die Heizflächen berühren, um Nachverbrennungen zwischen den Rohrreihen oder in den Feuerzügen zu verhüten. Die Gasgeschwindigkeit im Feuerraum sollte 5 m/sec nicht überschreiten. Andererseits muß verlangt werden, daß die Feuergastemperatur, namentlich bei sandreichen Kohlen (Braunkohlen), beim Eintritt der Gase in die Siederohre so weit gesunken ist, daß die Aschenteilchen an den Siederohren nicht mehr ansintern.

15 Die Größe des Feuerraumes richtet sich nach der angestrebten Kesselleistung und nach der Art und dem Verhalten des Brennstoffes. Bewährte Ausführungen weisen stündliche Brennleistungen bis 250 000 kcal/kg je m³ Feuerraum, Kohlenstaubfeuerungen bis 300 000 kcal/kg je m³ Feuerraum auf. Bei Gasfeuerungen kann die Beanspruchung des Feuerraumes höher sein.

16 Außerhalb des normalen Rauchgas-Stromes sind reichlich bemessene Abscheidungsräume für Flugasche vorzusehen, aus denen die Asche bequem und ohne Belästigung abgezogen werden kann. Tote Ecken und Winkel an ungeeigneter Stelle, in denen sich Flugasche ansammeln und schlecht entfernt werden kann, sind zu vermeiden. Aschenverschlüsse müssen gasdicht sein. Nachbrennende Asche darf keine Kesselteile gefährden.

17 Besondere Beachtung ist der Anbringung der Stutzen zu schenken. Bei großen Wandstärken und kleineren Anschlüssen empfiehlt sich das Einschrauben an Stelle des Annietens. Solche eingeschraubten Stutzen sind innen elektrisch dicht zu schweißen. Gegebenenfalls können innen sauber aufgepaßte Verstärkungsbleche elektrisch angeschweißt werden.

18 Rußbläser sollen nicht dazu dienen, Ansammlungen von Flugasche aus toten Ecken des Kessels zum Schornstein herauszublasen, sondern dazu, äußere Flugaschenablagerungen von den Heizflächen zu entfernen, wo notwendig, auch zur Beseitigung von äußeren Ansinterungen an den Rohren. Sie werden mit Preßluft oder mit Heißdampf betrieben und meistens fest eingebaut. Es empfiehlt sich, die Blasrohre, Düsen, Schellen und Schrauben aus hitzebeständigen Sonderstählen anzufertigen. Vom Rußbläser sollen alle Teile der Heizfläche zu erreichen sein. Bei Temperaturen über 900° ist die Haltbarkeit aller derartigen Einrichtungen gering. Einrichtungen, die nicht im Feuergasstrom liegen (Stirnwandbläser), sind vorzuziehen.

Es ist zu vermeiden, daß der Blasstrahl stets auf die gleiche Stelle eines Rohres trifft, da er dort unter Umständen in kurzer Zeit eine örtliche Wandschwächung hervorrufen kann. Bei Rippenrohrvorwärmern haben sich bei vertikaler Strömungsrichtung der Rauchgase in vielen Fällen Rußbläser erübrigt.

19 Bei dem Überhitzer soll folgendes beachtet werden:

a) Querschnittsverhältnisse so wählen, daß Druckverlust im Überhitzer möglichst klein wird. Bei der Bestellung Druckverlust festlegen.

b) Überhitzerheizfläche vor Betriebsaufnahme klein halten, Reservelöcher in Sammelkammern vorsehen und unberohrt lassen, um später bei Bedarf Rohre hinzufügen zu können.

c) Statt eingeschraubter oder eingewalzter Stopfen empfehlen sich Verschlußdeckel.

d) Dampfzufuhr und -abfuhr gleichmäßig auf die Schlangen verteilen, Anschlußrohre nicht an einem Kammerende anschließen. Lichtweite der Sammelrohre genügend groß wählen.

e) Möglichst hohe Dampfgeschwindigkeiten in allen Schlangen (nicht unter 10 m/sec am Austritt) einhalten.

f) Überhitzer sorgfältig an Ankern aus hitzebeständigem Sonderstahl aufhängen. Unterstützungen des Überhitzers sollen den Gasstrom nicht ungünstig beeinflussen.

g) Feuerraum so bemessen und Verbrennungsluft so zuführen, daß Ausbrennen der Gase vor der vordersten Siederohrreihe beendet ist und Nachverbrennungen im Überhitzer vermieden werden.

h) Anordnung von Gasen zwischen den Überhitzerschlangen verringert Ansinterungen und erleichtert den Ausbau.

i) Für die Dampfführung möglichst Gleichstrom anwenden.

k) Sammelrohre vor jeder Beheizung schützen, möglichst nach außen legen. Dampfgeschwindigkeit in Sammelrohren gering halten.

l) Überhitzer bei Steil- und Schrägrohrkesseln so anordnen, daß sie bei allen Belastungen vom vollen Rauchgasstrom beaufschlagt werden. Teilbeaufschlagungen bei Teillasten vermeiden.

20 Bei Kesseln mit mehreren Obertrommeln ist der Querschnitt der Rohrverbindungen der Dampf- und Wasserräume genügend groß zu wählen, um Wasserspiegelunterschiede zu vermeiden. Die Anbringung eines Kontrollwasserstandes an der hinteren Trommel soll vorgesehen werden, wenn der normale Wasserstand an der vorderen Trommel angeschlossen ist und umgekehrt.

21 Bei hohen Kesseln ist für gute Sichtbarkeit der Wasserstandsanzeiger zu sorgen, gegebenenfalls können bewährte heruntergezogene Wasserstandsanzeiger oder Winkelspiegel angewandt werden.

22 Der Kessel muß in allen Teilen gut zugänglich sein. Einsteigluken sind mit Stufen und Podesten zu versehen. Oberhalb der Einsteigluken sind Halteeisen zweckmäßig. Genügend weite Gänge sollen für die Bedienung des Feuers und zum Abschlacken zur Verfügung stehen. Bei breiten Rosten ist beiderseits des Kessels ein entsprechender Bedienungsgang notwendig. Die Zugänglichkeit und Übersichtlichkeit des Rostes von der Rückseite ist wünschenswert. Die Gänge sind durch genügend große Fensterflächen zu belichten. An den wichtigsten Stellen der Brennkammer und der Feuerzüge sind Schauluken mit leicht bedienbaren Türen zur Beobachtung des Verbrennungsvorganges und eine genügende Zahl von Öffnungen für Meßzwecke vorzusehen.

Über den Kesselreihen müssen Schienen mit Laufkatzen, in großen Kesselhäusern Laufkräne vorgesehen werden.

23 Hochliegende Absperrorgane sollen Spindelverlängerungen erhalten, damit sie möglichst vom Heizerstand aus bedient werden können. Das gleiche gilt für Rauchgasschieber und Zugklappen. Die Antriebsvorrichtungen hierzu müssen leicht zu betätigen sein und ein schnelles Schließen der Organe ermöglichen. Kettenradantriebe an Stelle von Handrädern sind nach Möglichkeit zu vermeiden.

24 Für zweckmäßige Entwässerung der Rohrschlangen und aller tiefliegenden Hohlräume von Kammern, Trommeln und Rohren ist zu sorgen.

25 Neben diesen für die Konstruktion geltenden Hinweisen ist der Auswahl der Werkstoffe große Aufmerksamkeit zu schenken. Bisher ist im Kesselbau die Anwendung des „weichen Flußstahls" mit einem Kohlenstoffgehalt von etwa 0,1 % und 35—44 kg/mm² Zerreißfestigkeit vorherrschend gewesen. Mit der Steigerung der Leistungen, Drücke und Temperaturen ist für manche Kesselteile der Übergang zu „harten" Stählen mit höherem Kohlenstoffgehalt und höherer Festigkeit oder zu legierten Stählen notwendig.

Aus harten Stählen sollen Teilkammern, Sammelrohre und möglichst auch Trommeln hergestellt werden. Auf jeden Fall sollen diese Teile wegen der Notwendigkeit der Erreichung guter Haftfestigkeit beim Einwalzen der Rohre aus Stählen mit höherer Streckgrenze als die einzuwalzenden Rohre hergestellt werden.

Für genietete Kesselteile, insbesondere für die Längsnietnähte von Trommeln, empfiehlt sich die Festlegung einer besonderen Garantie für eine Betriebsdauer von 10 000 Stunden, gerechnet von der Übernahme des Kessels, höchstens aber für 2 Jahre, sowie in bestimmten Fällen die Anwendung alterungsgeringer Werkstoffe, wobei die Alterungsempfindlichkeit bei der Abnahme ermittelt werden muß.

Für hohe Drücke und Temperaturen über 400° empfiehlt es sich, den Überhitzer zu teilen und den Hochtemperaturteil aus Sonderstahl (z. B. Molybdänstahl oder Chrommolybdänstahl) herzustellen. Diese Stähle gestatten, die Rohrwanddicken herabzusetzen, da ihre Festigkeit (Streckgrenze) bei hohen Temperaturen wesentlich größer ist als die der einfachen Kohlenstoffstähle.

26 Die Güte der vom Stahlwerk gelieferten Ausgangswerkstoffe wird bei der Abnahme nachgeprüft. Bei der Weiterverarbeitung in der Kesselfabrik können diese Teile aber weitgehende Veränderungen erleiden. Es empfiehlt sich daher, bei der Bestellung eine Bauüberwachung zu vereinbaren. Die Mitglieder der VGB setzen sich bei der Vergebung solcher Aufträge mit ihrer Geschäftsstelle in Verbindung.

Neben der richtigen Behandlung der Werkstoffe bei der Bearbeitung bezweckt die Bauüberwachung auch die Einhaltung bestimmter Maßtoleranzen für Siederohre, Rohrlöcher, Rohrbogen, Verschlußlöcher, Verschlußdeckel, Passung von Stutzen usw.

27 Die im fünften Teil aufgeführten Erfahrungen sind für die Bestellung ebenfalls beachtenswert.

28 Die Verantwortlichkeit des Lieferers für die Güte der verwendeten Baustoffe, für die Bauart, für die Ausführung oder für den Betrieb des Kessels bleibt von den in der Bestellung gemachten Vorschriften unberührt.

29 Über die Transportgefahr sind besondere Vereinbarungen zu treffen (Versicherung).

30 Im Bestellschreiben ist dem Lieferer die Beachtung der Unfallverhütungsvorschriften ausdrücklich zur Pflicht zu machen.

III. Kesselmontage.

31 Den Betrieben wird empfohlen, die Montage neuer Kessel sowie etwaige Reparaturen an alten Kesseln durch geeignetes Personal sorgfältig überwachen zu lassen. Bei größeren Montagen empfiehlt sich die Überwachung durch einen besonderen Montageingenieur. Steht hierzu eigenes Personal nicht zur Verfügung, so wird zweckmäßigerweise ein Sachverständiger damit beauftragt. Geeignete Sachverständige weist die Geschäftsstelle der VGB nach.

32 Für die Montage- und Reparaturarbeiten gelten sinngemäß die zwischen der VGB und dem Wasserrohrkesselverband für die Mitglieder der VGB vereinbarten „Richtlinien für Bauüberwachung".

33 Vor Montagebeginn wird zweckmäßigerweise mit den Lieferfirmen ein Montageplan aufgestellt und die Anlieferungstermine der einzelnen Teile sowie die Transportwege festgelegt. Zu klären ist weiterhin die Frage der zu verwendenden Strom- und Spannungsart für die Montagegeräte.

Sämtliche angelieferten Teile sollten sogleich bei der Anlieferung auf dem Waggon von eigenem Personal an Hand der

Abnahmestempel identifiziert und auf ihre einwandfreie Beschaffenheit, soweit dies möglich ist, untersucht werden (Transportbeschädigung).

In einem Montagetagebuch werden sämtliche Arbeiten, insbesondere aber etwaige Fehler und Mängel der Lieferung niedergelegt.

34 Mit der Aufstellung der Kessel sind nur geübte, in der Montage des betreffenden Kesselsystems erfahrene Richtmeister zu beauftragen, denen einige mit der Behandlung schwerer Teile (Aufziehen von Lasten) mit Walzen und Stemmen vertraute Facharbeiter zur Verfügung zu stellen sind.

Die erforderlichen Hebezeuge (Kettenzüge, Winden usw.) und Walzen werden zweckmäßig vom Kessellieferanten gestellt. Bei größeren Abmessungen der Kessel und Zubehörteile sind zum Transport auf größere Höhen Standbäume mit Laufkatzen und Kettenzüge erforderlich. Werden diese Geräte bauseitig gestellt, so lasse man sich von dem Montageleiter schriftlich bestätigen, daß sie in einwandfreiem Zustand übergeben worden sind. Ein geübter Zimmermann sollte zum Bau der erforderlichen Gerüste zur Verfügung stehen. Schwere Gegenstände wie Schweiß- und Schneidapparate sind möglichst nicht auf provisorische Gerüste zu stellen. Die Gasflaschen solcher Apparate sind sicher zu lagern und vor Gebrauch gegen Umfallen zu sichern (Lagerung möglichst liegend). Es empfiehlt sich, die Gaserzeuger sorgfältig zu überwachen und bei Frostgefahr ihre Benutzung zu verbieten.

35 Die Kesselfundamente werden vor Beginn der Montage planmäßig hergestellt und auf Übereinstimmung aller Maße seitens des Kessellieferanten nachgeprüft. Unter den Tragstützen der Kessel und Zubehörteile sieht man genügend Raum zum Ausgießen der Fundamentplatten vor. Aussparungen macht man genügend weit und vergießt sie später. Die Kesselgerüste müssen genau lot- und waagerecht aufgestellt werden. Säulen und Rüstungen sind durch seitliche Absteifungen gegen Umfallen zu sichern.

36 Rohrenden, Niete und dergl. zu Verbindungen verwendete Teile sind vor der Einwirkung von Feuchtigkeit zu schützen. Feuerfestes Material ist in gedeckten Wagen anzuliefern und in gedeckten Räumen zu lagern.

37 Kesseltrommeln müssen sorgfältig aufgelagert und gegen Verdrehung gesichert werden. Die Aufhängung ist in der Regel der Auflagerung vorzuziehen. Unterlegscheiben und Keile dürfen zum Ausgleich mangelhafter Auflagerung nicht verwendet werden. Siederohre und andere Rohrverbindungen müssen ohne Spannung in die Flanschen und Walzstellen passen. Rohr und Rohrloch müssen gleichachsig sein (Prüfung mit Zehntellehre). Das Heranholen von schlecht passenden Rohren mit Brechstangen und dergleichen oder ihr gewaltsames Eintreiben mit Schlagwerkzeugen ist unzulässig. Das Nachbiegen nicht passender Rohre darf nur im Holzkohlenfeuer vorgenommen werden, evtl. verlangt man neue Rohre. Einseitige Erwärmung, insbesondere mit dem Schweißbrenner, ist unter allen Umständen zu vermeiden.

38   Bei Schrägrohrkesseln ist noch auf folgendes zu achten:

a) Zwecks genauer Passung der Verbindungsrohre der Teilkammern mit der Obertrommel sind Trommeln und Kammern genau gegeneinander auszurichten.

b) Werden die Rohre der Teilkammerelemente auf der Montagestelle eingewalzt, so sind die Kammern ausreichend zu versteifen, um eine Verschiebung zu vermeiden.

c) Der Transport der fertigen Sektionen von Teilkammerkesseln am Kran darf nur durch Aufhängung an den Kammern, nicht aber an den Rohren erfolgen.

d) Die Rohrüberstände sollten möglichst gleichmäßig etwa 10—15 mm groß sein. Gleichmäßiges konisches Aufweiten der Rohrenden mit einer guten Walze empfiehlt sich.

e) Die Deckel sind, um Beschädigungen der Sitzflächen zu vermeiden, auf der Baustelle sorgfältig aufzubewahren.

39   Vor Beginn des Einwalzens prüft man das Spiel der Rohre in den Rohrlöchern nach, wobei auf Gleichmäßigkeit auf dem ganzen Umfang zu achten ist. Um einseitiges Walzen, insbesondere bei Gelenkwalzen, zu vermeiden, sollte die Spindel mit einer Führung versehen werden. Das Umbördeln der Rohre mittels Dornen ist unzulässig. Bei stärkerem Frost dürfen keine Walzarbeiten vorgenommen werden. Müssen eingewalzte Rohre entfernt werden, so ist darauf zu achten, daß diese nicht zu nahe an der Walzstelle abgebrannt werden, um Beschädigung zu vermeiden.

40   Gußeiserne Economiser erfordern eine besonders genaue Auflagerung und Passung aller Dichtungsstellen. Künstliche Hilfsmittel zum Abdichten schlecht sitzender Flansch- und Stemmverbindungen sind zu verwerfen.

41   Alle Verbindungsstellen, Nietnähte und Walzstellen müssen bis zur gemeinsamen Wasserdruckprobe leicht zugänglich gehalten werden. Kesselüberhitzer, Economiser und die zugehörigen Verbindungsrohrleitungen sowie alle Absperr- und Sicherheitsventile müssen bei der gemeinsamen Wasserdruckprobe bereits montiert sein. Für geeignete Füll- und Entleerungsleitungen soll vor der Wasserdruckprobe gesorgt werden.

42　Die Einmauerung des Kesselkörpers darf erst beginnen, wenn das Dichthalten aller Verbindungen durch die Wasserdruckprobe nachgewiesen ist. Bei guter Werkstattarbeit und sachkundiger Montage sollte das Nachwalzen und Nachstemmen von Kesselteilen nicht mehr notwendig sein.

Bei mehrmaligen erfolglosen Dichtungsversuchen liegt gewöhnlich eine fehlerhafte Arbeit vor.

43　Die Einbauten im Kesselinnern für Speisewasserverteilung sowie Temperaturregler, Schlammfänger, Dampftrockner usw. sind so zu befestigen, daß sie sich nicht durch die Wasserwallung losreißen oder durch Schwingungen den Trommelmantel beschädigen können. Die Schrauben sind, mindestens teilweise, sorgfältig zu sichern. Zuglenkplatten, Abdeck- und Schutzsteine dürfen nicht gewaltsam eingepaßt werden und sind gegen Herabfallen zu sichern. Gußeiserne Zuglenkplatten von Schrägrohrkesseln müssen genügend unterteilt sein und bequem ausgebaut werden können. An den Rohrdurchbrüchen sind reichlich große Spiele vorzusehen. Die richtige Lage der Rußbläser-, Schau- und Putzöffnungen, sowie der richtige Sitz der eingebauten Instrumente ist während der Montage nachzuprüfen. Die Überhitzerschlangen sind so zu lagern und zu befestigen, daß sie während des Betriebes ihre Lage nicht mehr verändern können.

44　Wo Kesselteile das Mauerwerk durchdringen, müssen sie allerseits freiliegen. Die Hohlräume sind mit Asbest oder Schlackenwolle zu verstopfen und durch Blechmanschetten abzuschließen. Auf ausreichende Dehnungsfugen und zweckmäßige Unterteilung des Mauerwerks ist zu achten. Die Abzugsklappen und Zugschieber sind nach dem Einbau auf richtigen Abschluß zu prüfen, und es ist mit Rücksicht auf die späteren Wärmedehnungen für Leichtgängigkeit in den Lagern und Achsen zu sorgen.

45　Vor dem Verschließen ist der Kessel auf etwa im Innern liegengebliebene Gegenstände nochmals sorgfältig zu besichtigen. Nicht auf ihrer ganzen Länge im Innern zu besichtigende Rohre werden zweckmäßig durchkugelt.

46   Auf gute Befestigung der Steigeisen sowie deren Anbringung an Stellen, die schwierig zu befahren sind, ist besonders zu achten.

47   Alle Kessel- und Zubehörteile sind auf etwaige Reste von Bauschutt usw. nachzuprüfen.

48   Die Rohrleitungen sind vor Inbetriebnahme gut durchzuspülen und gründlich auszublasen.

Die Enden großer Rohre sind zum Schutz gegen das Eindringen von Schmutz beim Transport oder auf der Baustelle durch weiche Stopfen oder Holzscheiben zu verschließen.

49   Sämtliche Inbetriebsetzungsmaßnahmen dürfen nur nach Einverständnis der Betriebsleitung vorgenommen werden.

50   Nach Vollendung der Montage ist es zweckmäßig, den Kesselmonteur auch mit der Inbetriebsetzung und der Dampfprobe zu betrauen.

51   Soweit auf der Baustelle noch Kesselschmiedearbeiten auszuführen sind, müssen diese Arbeiten nach den in der Bestellung gemachten Vorschriften über die Bauüberwachung ausgeführt werden.

IV. Kesselleistung.

52   Um bei hoher Kesselleistung und gutem Wirkungsgrad einen störungsfreien Betrieb zu erzielen, ist es erforderlich, daß bei der konstruktiven Ausführung des Kessels und seines Zubehörs alle erprobten technischen Erkenntnisse Berücksichtigung finden.

53   Die Leistung der Kessel ist hauptsächlich beeinflußt:

a) von der Leistung der Feuerung (Rost),

b) von der Größe und Bauart des Feuerraumes,

c) von der Größe und Anordnung der Strahlungsheizfläche,

d) von der Größe, Anordnung und Verteilung der übrigen Heizflächen,

e) von der richtigen Anordnung der Zirkulationswege und Querschnittsverhältnisse für die Bewegung des Wassers, Dampfes und der Heizgase,

f) von der Größe des Ausdampfraumes der Obertrommel,

g) von dem verfügbaren Brennstoff.

Da bis 1930 geschweißte Trommelschüsse ohne Rundnaht nur bis etwa 12 m Länge und geschmiedete Trommeln nur bis etwa 14 m geliefert werden können, ist es wichtig, auf der hierdurch gegebenen Kesselbreite eine möglichst hohe Leistung unterzubringen. Die Leistung je m Kesselbreite (Breitenleistung) dient hier als Vergleichsmaß.

54 Sind die genannten konstruktiven Vorbedingungen für den Kessel richtig gewählt, so können nach den Erfahrungen der Betriebe bei mittleren Dampfdrücken folgende spezifische Dauerdampfleistungen der Kessel erzielt werden:

Flammrohr-, Rauchrohr- und Siederohrkessel 18—23 kg/m² h
Schrägrohr-Kammerkessel . . . . 20—50 „ „
Schrägrohr-Sektionalkessel . . . . 35—50 „ „
Steilrohr-Trommelkessel . . . . 35—60 „ „
Steilrohr-Sektionalkessel . . . . 35—60 „ „

Bei höheren Drücken und bei Anwendung reichlicher Strahlungsheizflächen sind höhere Leistungen erreichbar.

55 Der Wirkungsgrad für Kessel, Überhitzer und Vorwärmer soll mindestens 82 % betragen. Bei hoher Vorwärmung der Verbrennungsluft ist ein Wirkungsgrad von mindestens 85 % erreichbar.

Bei billigen Brennstoffen ist nachzuprüfen, ob ein geringerer Wirkungsgrad durch Ersparnis von Vorwärmerheizfläche nicht betriebswirtschaftlicher wird.

56 Die stündliche Verbrennungsleistung je m³ Rostfläche bei nicht vorgewärmter Verbrennungsluft soll bei Anwendung

von Steinkohlen auf einfachen Wanderrosten etwa 100—150 kg,
„ Braunkohlenbriketts auf einfachen
Wanderrosten . . . . „ 150—200 kg,
„ Steinkohlen auf Zonenwanderrosten . „ 200—300 kg,
„ Rohbraunkohlen auf Schrägrosten . „ 250—350 kg,
„ Rohbraunkohlen auf Muldenrosten . . „ 250—400 kg,
„ Rohbraunkohlen auf mech. Rosten . „ 300—450 kg
betragen.

Bei Staubzusatzfeuerungen erhöhen sich die vorstehenden Werte.

57 Die Erfahrungen in den Betrieben der VGB ergaben, daß neuere, gut durchgebildete Kessel bei entsprechender Wartung noch größere Dauerleistungen ohne Schaden ertragen, so daß die angegebenen Leistungen noch kein Höchstmaß darstellen.

58 Zur Nachprüfung der aufgestellten Forderungen dient ein Verdampfungsversuch. Es empfiehlt sich, dem Lieferanten vor diesem Versuch Gelegenheit zu einigen Vorversuchen zu geben. Nach deren Beendigung erfolgt der Hauptversuch, zu welchem möglichst ein unparteiischer Sachverständiger hinzuzuziehen ist und für dessen Vorbereitung und Durchführung die Regeln für Abnahmeversuche an Dampfkesselanlagen (herausgegeben vom VDI) in ihrer neuesten Fassung angewendet werden können.

Es kommen hierfür ferner folgende Normblätter in Frage:

DIN DVM E 3711 Probenahme und Probeaufbereitungen von stückigen festen Brennstoffen.

DIN DVM E 3712 Probenahme von Brennstaub.

DIN DVM E 3716 Verbrennungswärme und Heizwert fester und flüssiger Brennstoffe.

DIN DVM E 3721 Chemische Prüfungen für feste Brennstoffe.

Da bei Verdampfungsversuchen mit Braunkohlenfeuerungen während der Versuchsdauer Beschaffenheit und Heizwert der Braunkohle stark wechseln können, empfiehlt es sich, während des Versuchs eine größere Anzahl von Kohlenproben zu entnehmen und einzeln untersuchen zu lassen.

Wichtig ist es, zur Feststellung etwaiger ungünstiger Veränderungen der Leistung oder des Wirkungsgrades im Laufe der Betriebszeit von Zeit zu Zeit eingehende Betriebsversuche vorzunehmen, für deren Zeitpunkt das Ergebnis der regelmäßigen Betriebsaufzeichnungen maßgebend sein wird.

ZWEITER TEIL

V. Anheizen, Inbetriebsetzen und Abstellen.

Vorbereitung zum Anheizen.

59   Vor dem Anlegen des Feuers bringt man den Wasserstand auf eine Höhe, die der Ausdehnung des Wassers beim Anheizen Rechnung trägt. Ist vorheriges Auffüllen nötig, so paßt man die Temperatur des Füllwassers möglichst der Temperatur der Kesselwandungen an. Wird wärmeres Wasser gespeist, so füllt man den Kessel langsamer.

60   Man überzeugt sich, ob alle Blindflanschen aus Rohrleitungen entfernt, ob Wasserstandsvorrichtungen, Manometer, Ablaß- und Absperrventile betriebsmäßig richtig stehen und ob die Sicherheitsventile des Kessels, Überhitzers und Vorwärmers sich in der vom Kesselprüfer festgelegten Einstellung befinden.

Ferner überzeugt man sich, ob die Bohrungen der Wasserstandsvorrichtungen bzw. der Anschlußrohre bis ins Kesselinnere durchstoßbar sind und die Manometerleitung frei ist. Auch ist nachzuprüfen, ob sich die Kegel der Sicherheitsventile auf ihren Sitzen leicht drehen lassen.

61   Die Rauchklappen werden auf ihre richtige Einstellung und Gangbarkeit geprüft, worauf die Feuerzüge nochmals durchlüftet werden. Überhitzer-, Vorwärmer- und Zugventilatorklappen, Aschenverschlüsse und Schlackenroste werden anheizbereit gestellt und in ihrer Einstellung gesichert. Bei dieser Gelegenheit werden die Zugmesser und Rauchgasprüfer auf ordnungsmäßigen Anschluß, die Einsteigtüren und Schauöffnungen auf dichten Abschluß untersucht.

Kühlwasser für Schlackenstauer, Feuerbrücken, Lagerkühlung und dergleichen Einrichtungen, sowie die Antriebsmotoren und maschinellen Einrichtungen der Roste, Ventilatoren und Pumpen werden probiert und vorschriftsmäßig angelassen.

62   Zur Schonung der Kesselteile empfiehlt es sich, das Anheizen möglichst bei mäßig bedecktem Rost mit nur geringem Zug und mit gleichmäßiger Wärmeentwicklung vorzunehmen, damit die Kesselteile nicht ungleich erwärmt werden.

Man belegt zu diesem Zweck die Rostfläche gleichmäßig mit Holz oder Kohle und bringt das Brennmaterial langsam zur Entzündung. Die Entzündung wird erleichtert durch Einleitung von Warmluft, Auflegen glühender Kohlen in der Nähe der Feuertüren oder Anheizen mit Öl oder Gas.

Bei Kesseln, die mit Zugsperre ausgerüstet sind, ist der Zugsperrschieber kurz vor dem Anheizen ganz zu öffnen, und zwar vor dem Öffnen des Rauchgasschiebers bzw. der Rauchgasklappe, damit etwa in den Heizgaszügen vorhandene explosible Gase rechtzeitig nach dem Schornstein abziehen können. Aus dem gleichen Grunde sind die Zuführungsklappen zu den Vorwärmern zu schließen und ihre Ableitungsklappen zu öffnen. Beim Wiederanfahren gebänkter Feuer ist vor Aufgabe frischen Brennstoffes das noch vorhandene Feuer anzufachen.

Anheizdauer und Dehnung.

63 Die Anheizzeit ist abhängig von der Bauart des Kesselsystems, seiner Dehnungsfähigkeit, der Größe des Wasserinhalts und von den Dampf- und Wasserumlaufsverhältnissen. Elastische Kessel mit gutem Wasserumlauf können in 1 bis 2 Stunden, weniger elastische Kessel in 4—6 Stunden, Walzen- und Flammrohrkessel in 6—10 Stunden hochgeheizt werden.

Wo Unterlagen über die Dehnungsfähigkeit der Kesselsysteme fehlen, ist es zweckmäßig, die Dehnung durch Messung festzustellen.

64 Kessel für Spitzenbetriebe oder Reservekessel, welche durch ihre Bauart außerordentlichen Dehnungsbeanspruchungen gewachsen sind, können erfahrungsgemäß bei Bedarf in kürzeren Zeiträumen in Betrieb gesetzt werden, wenn günstige Wasserumlauf- und Dampfabzugsverhältnisse vorhanden sind.

65 Einblasen von Dampf oder noch besser von warmem Wasser in den Wasserraum an der kältesten Stelle des Kessels (Untertrommeln von Steilrohrkesseln) zwecks Vermeidung von größeren Temperaturunterschieden im Kesselsystem wird zur Abkürzung der Anheizzeit angewandt; doch sind dabei die Dehnungsvorgänge zu beachten.

Bei der Benutzung von Einblaseleitungen ist darauf zu achten, daß die Einrichtungen zur Verhinderung des Rückströmens von Kesselwasser in Ordnung sind.

66   Die Dehnung der Kesselteile beginnt mit dem Anheizen und verstärkt sich entsprechend der Temperaturzunahme; dies gilt auch für die Eisenteile des Traggerüstes, für die Kesseleinmauerung und deren Verankerung.

Werden die Kessel vor dem Anheizen mit heißem Wasser gefüllt, so treten die Dehnungsvorgänge bereits zu Beginn des Auffüllens ein, äußern sich jedoch wesentlich schroffer als beim normalen Anheizen, weshalb die Auffüllung langsam vorgenommen wird. Ähnliche Vorgänge treten im Kessel auf, wenn die Temperatur des Kesselinhaltes durch Einspeisen zu kalten Wassers in größeren Mengen oder durch Anwärmen mit Dampf raschen Änderungen unterworfen wird.

67   Nach dem Anheizen des Kessels beobachtet man das Manometer und probiert den Wasserstandsanzeiger auf gute Anzeige. Zeigt das Manometer Druck an, so werden Kessel und Überhitzer durch das zugehörige Ventil entlüftet, bis nur noch Dampf ausströmt. Das Entlüften erfolgt zweckmäßig nicht am Kesselsicherheitsventil, da dieses hierbei leicht in Unordnung gerät.

Inbetriebnahme.

68   Sind liegende Überhitzer vorhanden, die beim Anheizen zwecks Kühlung mit Wasser gefüllt sind, so werden diese entleert, wenn etwa die Hälfte des Betriebsdruckes erreicht ist. Die Verbindungsleitung zwischen Kessel und Überhitzer wird voll geöffnet, wenn dies nicht schon beim Anheizen geschehen ist. Die Entleerungsventile des Überhitzers können hierbei etwas geöffnet bleiben, bis Sicherheit besteht, daß der Überhitzer von Wasserresten völlig entleert ist.

Bei hängenden Überhitzern oder sonstigen Überhitzerbauarten empfiehlt sich, sofern sie nicht mit Wasser gefüllt werden können, langsames oder stufenweises Anheizen, Abblasen des Dampfes aus dem Heißdampfsammelkasten unter Ausnutzung in Vorwärmern oder dergl. Sind Rauchgasumführungsklappen vorhanden, die einen Teil des Überhitzers aus dem Gasstrom ausschalten, so sind diese während des Anheizens zu betätigen.

69   Ist der Wasserstand infolge der Ausdehnung des Wassers bei der Erwärmung zu hoch angestiegen, so wird das Wasser vorsichtig bis 5 cm über „Niedrigsten Wasserstand" abgelassen. Auf dichten Abschluß des Ablaßventils wird hierbei besonders geachtet.

70   Das Zuschalten des Kessels auf die Hauptdampfleitung erfolgt durch langsames Öffnen des Absperrventils zwischen Überhitzeraustritt und Dampfrohrleitung in der Regel bei einem Kesseldruck, der 0,2—0,5 at niedriger ist als der Rohrleitungsdruck.

In Anlagen mit sehr hoher Überhitzung wird das Zuschalten des Kessels auf die Hauptdampfleitung bei einem Kesseldruck vorgenommen, der 0,2—0,5 at höher ist als der Druck der Hauptleitung, um das Hineinströmen von hochüberhitztem Dampf in den Kessel zu vermeiden. In beiden Fällen ist man bestrebt, durch vorsichtiges Öffnen des Umführungsventils und des Hauptschiebers plötzlichen Druckausgleich zu vermeiden.

71   Ist die Hauptdampfleitung nicht in Betrieb gewesen, so wird diese vor und während des Zuschaltens des Kessels gut entlüftet und entwässert.

72   Ist der Kessel ordnungsmäßig zugeschaltet worden, so wird die Wasserstandseinrichtung und Speiseregleranlage nochmals auf gute Arbeitsweise geprüft.

73   Ist der Kessel bereits einmal aufgespeist, so können etwa vorhandene Rauchgasführungsklappen des Economisers umgestellt und dieser in Betrieb gesetzt werden. Der Anstieg der Wassertemperaturen im Vorwärmer wird bis zum Eintritt des Beharrungszustandes beobachtet.

Bei Kesseln, die mit stark wasserhaltigem Brennstoff beheizt werden und Leerzüge haben, dürfen erst bei genügend hoher Abgastemperatur die Rauchgasführungsklappen des Economisers und Lufterhitzers umgestellt werden, um Kondensatniederschläge auf den Rohren bzw. Lufttaschen zu vermeiden.

74   Mit der kräftigeren Beschickung der Feuerung steigt die Dampfüberhitzung an. Temperaturreguliereinrichtungen werden jetzt in Betrieb gesetzt und beobachtet.

75   Es wird empfohlen, den Beginn des Anheizens, den Zeitpunkt der Zuschaltung und die Anzeige sämtlicher Druck- und Temperaturmeßeinrichtungen kurz nach der Zuschaltung im Kesselwärterbericht zu notieren, um über den Betriebszustand des Kessels bei Beginn der Dampflieferung Klarheit zu haben.

Abstellen der Kessel.

76   Das Feuer läßt man soweit abbrennen, bis sich nur noch leichtes Kopffeuer und Verbrennungsrückstände auf dem Rost befinden. Ist die Nachverbrennung im Kessel beendet und gibt der Dampfmesser keine Leistung mehr an, so wird das Absperrventil am Überhitzeraustritt geschlossen (Ziffer 249).

77   Der Kessel wird hierauf nach Bedarf aufgespeist, worauf Luft- und Wasservorwärmer (Economiser) bei Vorhandensein von Umgehungskanälen aus dem Heizgasstrom durch Schließen der Zuführungsklappen ausgeschaltet und die Speiseventile geschlossen werden.

Bei Kesseln mit Rostfeuerungen werden die Rauchgasschieber bzw. Rauchgasklappen erst vollständig geschlossen

a) sofern keine Zugsperranlage vorhanden, wenn das leichte Kopffeuer auf dem Rost ausgegangen ist,

b) sofern Zugsperranlage vorhanden, wenn der auf dem Rost liegende Brennstoff soweit herabgebrannt ist, daß Schwelgase nicht mehr auftreten.

Die Zugsperrschieber bzw. -klappen schließt man erst nach vorherigem Schließen der Rauchgasschieber bzw. -klappen. Bei kohlenstaubgefeuerten Kesseln können dagegen die Schieber bzw. Klappen nach Abstellen der Brenner geschlossen werden. Bei kurzen Stillständen der Kessel (aufgebänkte Feuer) und bei schwachen Belastungen wird der Rauchgasschieber bis auf ganz geringe Zugstärke gedrosselt und gegebenenfalls Rauchgas- und Luftvorwärmer außer Betrieb genommen. Bei Vorhandensein von Zugsperranlagen sind die entsprechenden Betriebsvorschriften zu beachten.

78   Beim Außerbetriebnehmen und Abstellen von Kesseln ist zu beachten, daß zu rasche Abkühlung des Kesselkörpers durch kalten Luftzug oder zu rasche Entleerung des heißen Kesselinhaltes starke Temperaturänderungen und Spannungen in den Baustoffen verursachen kann.

79   Einseitige Erwärmung einzelner Kesselteile hat die gleiche Wirkung, weshalb man vor dem Entleeren des Kesselinhaltes die heiße Flugasche aus den Kesselzügen entfernt oder abkühlen läßt.

80   Die gleichen Gefahren entstehen, wenn Schlammsammler mit größerem Wasserinhalt, die bei älteren Kesseln oft noch beheizt sind, zu rasch entschlammt oder entleert werden.

81   Abgestellte, nicht mehr befeuerte Kessel auf längere Dauer an die Hauptdampfleitung anzuhängen, um die Kessel unter vollem Druck zu halten, ist wegen der unvermeidlichen einseitigen Erwärmung des Dampfteiles nicht zu empfehlen.

Bei längerem Stillstand kühlen das Kesselwasser und die Kesselwandung erheblich ab, während die durch die Dampfleitung unter Betriebsdruck gesetzten Dampfräume der Kesseltrommeln hoch erwärmt bleiben, wodurch unzulässige Spannungen in den Nietnähten der Trommeln und Böden auftreten können.

82 Abgestellte Kessel wird man gelegentlich vor der Reinigung in den Zügen befahren und von der Feuerseite besichtigen, um die Wirkungen der Kesselbewegung zu beobachten und Ausdehnungshindernisse rechtzeitig auffinden und beseitigen zu können.

83 Da heute noch manche Kesselsysteme nicht genügend Elastizität besitzen, pflegt man beim An- und Abstellen besonders vorsichtig zu sein, um unzulässig hohe Dehnungs- und Biegungsspannungen in den oft schon gealterten Kesselbaustoffen zu vermeiden und dadurch dem Eintreten von Blechrissen, Schweißnaht- und Haarrissen, sowie Beschädigungen der Einmauerung vorzubeugen.

VI. Feuerungsbetrieb.

Allgemeines.

84 In kleinen Kesselanlagen gehört der Feuerungsbetrieb neben der Wartung, Regelung und Speisung des Kessels zu den Obliegenheiten des Kesselwärters. In größeren Anlagen wird der Dienst am Kessel auf verschiedene Kesselwärter verteilt, wobei die Speiser nach den gesetzlichen Bestimmungen den beruflichen Anforderungen entsprechen müssen.

85 Auf die Ausbildung eines tüchtigen Bedienungspersonals ist im Interesse der Sicherheit und Wirtschaftlichkeit des Kesselbetriebes besonderes Augenmerk zu richten. Wo eigenes Ausbildungspersonal nicht zur Verfügung steht, kann die Ausbildung durch Lehrheizer, Heizerkurse oder Wärmeingenieure erfolgen.

Größeren Betrieben wird hierfür die Anstellung eines geeigneten Fachmannes empfohlen.

86 Der beste Beweis für eine gute Feuerführung ist im allgemeinen ein gleichmäßig hoher Kesseldruck. Zweckmäßig wird der Betriebsdruck etwas unter dem Genehmigungsdruck (rote Marke des Manometers) gehalten, um Dampfverluste beim Abblasen der Sicherheitsventile zu vermeiden. Durch häufiges

Abblasen werden die Sicherheitsventile undicht. Blasen sie trotzdem ab, so sind der Zug und die Rostbeschickung einzuschränken und gegebenenfalls nachzuspeisen. Bei heruntergezogenen Manometern ist die Wassersäule zu berücksichtigen. Es empfiehlt sich die Beschaffung eines geeichten Kontrollmanometers zur Nachprüfung der Betriebsmanometer.

Öffnen der Feuer-, Schau- und Einsteigetüren führt zu plötzlicher Abkühlung und ist daher für Kessel- und feuerfeste Baustoffe äußerst schädlich. Zu diesem Hilfsmittel darf daher nur im äußersten Notfalle gegriffen werden.

87 Etwa vorhandene Feuergewölbe über dem Rost, hinter der Feuertür und über dem hinteren Teil des Rostes, sowie der ausgemauerte Teil des Feuerraumes sind dauernd glühend zu erhalten, um die Entzündung des frischen Brennstoffes zu erleichtern. Abgekühlte Gewölbe und Teile der Brennkammereinmauerung erhitzt man wieder durch vorsichtige Zugminderung (Stauhitze) und langsame Rostbeschickung.

88 Zur Erzielung eines wirtschaftlichen Feuerungsbetriebes ist der Eintritt falscher Außenluft in die Feuerung und in die Züge des Kessels, Überhitzers und Vorwärmers zu verhindern. Daher ist besonders zu achten auf Dichtheit der Fugen, der Mauerwerksöffnungen, wie Feuertüren, Schau-, Einsteige- und Reinigungsluken, Meßstellen, Aschenklappen, Abstreifer, Feuerbrücken. Undichtheiten, wie Risse und dergl., sind nicht mit Lehm zu verschmieren, der erfahrungsgemäß bald wieder ausbröckelt, sondern mit Schamottemörtel, Schlackenwolle, Asbestschnur oder dergl.

Das Abschlacken soll in kürzester Zeit in regelmäßigen Zeiträumen unter Verminderung des Zuges erfolgen. Falschluft tritt bei Wanderrosten in erheblichem Maße durch die Brennstoffschicht ein, wenn der Rost nicht vollständig und gleichmäßig bis an sein Ende (Abstreifer oder Feuerbrücke) mit Brennstoff oder Verbrennungsrückständen bedeckt ist. Bei neueren Zonenrosten ist daher bei schwacher Belastung im hinteren Teil des Rostes die Luft zu drosseln oder ganz abzusperren.

Vollkommene Verbrennung.

89 Die beste Ausnutzung des Brennstoffes in der Feuerung wird im allgemeinen bei möglichst hohem Kohlensäuregehalt (CO_2) der Rauchgase (vergl. Ziffer 94) und möglichst niedrigem Sauerstoffgehalt (O_2), d. h. bei möglichst niedrigem Luftüberschuß, erzielt. Bei zu niedrigem Luftüberschuß tritt jedoch unvollkommene Verbrennung ein, die sich im Auftreten brennbarer Gase, wie Kohlenoxyd, Wasserstoff, Methan, in den Rauchgasen bemerkbar macht. Rauchgasprüfer geben für den Betrieb brauchbare Anhaltspunkte. Sicherer ist jedoch die Feststellung nach dem B u n t e - Diagramm, das die theoretische Summe $CO_2 + O_2$ bei verschiedenem CO_2 für einen bestimmten Brennstoff anzeigt. Bei Braunkohlenfeuerungen läßt das B u n t e - Diagramm keine zuverlässigen Rückschlüsse auf die Anwesenheit von unverbrannten Gasen zu. Man wendet deshalb zweckmäßig in diesen Fällen das O s t w a l d ' s c h e Abgasdreieck an.

Da das Mauerwerk nie vollkommen dicht ist, so ist der Kohlensäuregehalt in der Nähe des Mauerwerks immer geringer als in größerer Entfernung davon. Bei Kesseln mit mehreren Feuern haben daher die äußeren Feuer in den hinteren Zügen geringeren CO_2-Gehalt als die inneren Feuer.

Der Mittelwert für $CO_2 + O_2$ liegt bei Stein- und Braunkohle bei 19 %. Wird er unterschritten, so kann man auf unverbrannte Gase schließen. Bei vollkommener Verbrennung von Kohlenstoff zu Kohlensäure werden 8000 kcal/kg entwickelt, bei Verbrennung zu Kohlenoxyd nur 2440 kcal/kg, d. h. der Wärmewert des Kohlenstoffs ist dann nur zu etwa 30 % ausgenutzt[1].

Die Verbrennung beginnt erst, nachdem der Brennstoff durch Grundfeuer oder Strahlungshitze oder beides auf die Entzündungstemperatur gebracht ist. Diese beträgt bei

Steinkohle . . . . 300°—500°,
Braunkohle . . . . 250°—450°,
Koks . . . . 700°,
Heizölen . . . . 500°—650°,
Gasen . . . . 550°—800°.

Daher ist die dauernde Aufrechterhaltung einer genügenden, zur Sicherheit einige 100° über der vorstehenden liegenden Temperatur des Verbrennungsraumes von größter Wichtigkeit. Hohe Temperatur beschleunigt die Verbrennung und steigert die Wärmeabgabe an die Heizfläche. Zu hohe Temperatur zerstört das Mauerwerk. Die Temperaturen werden daher bei mechanischen Rostfeuerungen auf 1300°—1400° gehalten, bei Staubfeuerungen 100°—200° höher. Bei gekühlten

---

[1] Herberg, Feuerungstechnik und Dampfkesselbetrieb, 4. Aufl., S. 153. Z. d. VDI 1919, S. 411 und 1920, S. 515. „Feuerungstechnik" 1919, S. 53. Archiv für Wärmewirtschaft 1926, S. 287.

Kohlenstaub-Brennkammern kann man noch etwas höher gehen, es sei denn, daß die Kühlflächen hohe Temperaturen nicht zulassen.

Unvollkommene Verbrennung.

90　Die Verbrennung wird gestört durch Luftmangel, übermäßigen Luftüberschuß, zu große Schichthöhen, ungeeignete Luftgeschwindigkeiten und durch ungünstige Eigenschaften der Asche und Schlacke. Bei Luftmangel verbrennen insbesondere die Gasbestandteile nur unvollkommen, die Feuerung rußt oder raucht. Rauch und Ruß bestehen aus feinsten bis flockigen Kohlenstaubteilchen, die durch Spaltung von Kohlenwasserstoffen in der Feuerung entstehen. Noch unwirtschaftlicher wirken in der Regel die nicht sichtbaren unverbrannten Gase: Wasserstoff (H_2), Methan (CH_4), Kohlenoxyd (CO). Bei übermäßigem Luftüberschuß können feste oder flüchtige brennbare Bestandteile unter die Entzündungstemperatur abgekühlt werden. Die brennbaren Bestandteile entweichen dann teilweise unverbrannt. Übermäßig hoher Luftüberschuß führt auch zu hohen Luftgeschwindigkeiten und daher leicht zur Krater- und Flugkoksbildung, wodurch erhebliche Verluste eintreten können. Der größte Verlust entsteht jedoch meist durch die mit hoher Temperatur entweichenden überschüssigen Luftmengen. Luftüberschuß kann daher unwirtschaftlicher sein als Luftmangel.

Praktisch　erprobte　Luftüberschußzahlen.

Brennstoff- und Feuerungsart	n
Gase	1,1—1,3
Öle	1,2—1,4
Kohlenstaub	1,2—1,4
Steinkohle und Koks mit Handbeschickung	1,5—2,0
Steinkohle mit Planrost und mechanischer Beschickung	1,4—1,7
Steinkohle auf Wander- und Schubrost	1,3—1,6
Braunkohle auf Treppen- oder Muldenrost	1,3—1,5.

Staub-, Öl- und Gasfeuerungen arbeiten also mit geringerem Luftüberschuß und ergeben in der Regel einen höheren Wirkungsgrad.

Zu hohe Kohlenschicht verursacht Rückbildung der bei der Verbrennung entstehenden Kohlensäure (CO_2) zu Kohlenoxyd (CO) und damit ebenfalls Verluste an unverbrannten

Gasen. Die Höhe der Kohlenschicht richtet sich nach dem Brennstoff (s. Ziff. 95).

91 Bei hohem Flußmittelgehalt der Asche (Kalk, Eisenoxyd. Eisenoxydul, Gips, Alkalisalze) liegt ihr Schmelzpunkt meist sehr niedrig (1000°—1200°), während bei geringem Flußmittelgehalt der Schmelzpunkt der Asche meist über 1200° liegt. Bei ungünstiger chemischer Zusammensetzung tritt auch während der Erweichung der Asche eine chemische Umbildung ein, die den Schmelzpunkt ebenfalls erniedrigt. Der Schmelzpunkt allein ist für das Verhalten der Asche in der Feuerung nicht maßgebend. Einen guten Anhalt für Rostfeuerungen gibt das Erweichungsdiagramm nach B u n t e - B a u m , das den Erweichungsverlauf vom Beginn der Erweichung bis zum Schmelzen der Asche kennzeichnet. Wichtig ist dabei der Temperaturabstand von der Erweichung bis zum Schmelzen. Fließende Schlacke verschmiert den Brennstoff, bildet Klumpen und Kuchen, stört dadurch die Verbrennung, greift Roststäbe und Mauerwerk an und verschlechtert so die Verbrennungsbedingungen.

Weiche, klebrige Flugasche mit tiefem Erweichungspunkt verursacht Nesterbildung und Ansinterung an Heizflächen und Einmauerung. Durch geeignete Kohlenmischungen, richtige Bemessung und Anordnung bestrahlter Heizflächen und genügend große Teilung der ersten Rohrreihen können ungünstige Eigenschaften der Asche und Schlacke gemildert werden.

92 Zur Nachprüfung der Verbrennungsvorgänge und des Zustandes der Feuerzüge sollte in allen Kesselanlagen ein geeigneter Rauchgasprüfer (Orsatapparat) für Handbedienung zur Verfügung stehen, womit jeder Kessel in gewissen Zeiträumen planmäßig zu untersuchen ist. Außerdem empfiehlt sich die laufende Anzeige durch selbsttätige Rauchgasprüfer (chemisch, aerodynamisch, elektrisch), die in der Regel nur CO_2, manchmal auch O_2 und $CO + H_2$ messen. Die Kohlenoxydbestimmung ist sowohl beim Orsatapparat als auch bei den selbsttätigen Rauchgasprüfern meist ungenau.

Die Handhabung solcher Apparate ist so einfach, daß auch der Heizer an ihre regelmäßige Benutzung gewöhnt werden kann. Bei Rauchgasprüfern mit Chemikalienfüllung ist diese rechtzeitig zu erneuern, insbesondere die Kupferchlorürlösung zur Bestimmung des CO-Gehaltes.

93 Bei Gasfeuerungen ist Kontrolle nur möglich bei bekannter Zusammensetzung des Gases (z. B. für Hochofengas CO_2 max. $= 24\%$, für Koksofengas CO_2 max. $= 12\%$). Bei größeren Schwankungen in der Zusammensetzung ist die Kontrolle mit den üblichen Geräten ungenau.

Allgemeine Heizregeln.

94 Ein sicherer Maßstab für die Beurteilung der Feuerführung ist der Vergleich des Kohlensäuregehaltes in den Abgasen mit der Angabe des Zugmessers. Der CO_2-Gehalt soll möglichst hoch (12—14 %, vergl. Ziff. 89), die Zugstärke dagegen möglichst niedrig gehalten sein. Diese richtet sich nach dem Querschnitt und der Beschaffenheit der Züge, nach der Höhe der Feuerschicht und der Gasgeschwindigkeit (Belastung). Die Feuerführung ist gut, wenn das Feuer hell und klar ist und ein gleichmäßiger Dampfdruck bei gut bedecktem Rost gehalten werden kann. Als einfache Regel gelte: „Halte hohe Feuerraumtemperaturen, helles Feuer, hohen Kohlensäuregehalt ohne Luftmangel, niedrige Abgastemperatur und geringe Zugstärke".

Treten bei Rostfeuerungen CO-Gase auf, während die Feuerraumtemperatur sehr hoch und das Feuer gut ist, so ist zunächst mehr Verbrennungsluft unter oder über dem Rost zu geben. Tritt dagegen H_2 auf, so ist die Kohle nicht genügend durchgewärmt, und die Kohlenschicht ist zu verringern. Die Erkennung, ob es sich um CO- oder H_2-Gase handelt, ist bei einigen Rauchgasprüfern möglich.

95 Die zweckmäßigsten Rostspaltweiten, Schütthöhen und Zugstärken gehen aus nebenstehender Zahlentafel hervor:

96 Die Eigenschaften und Eignungen der verschiedenen Kohlensorten und die daraus sich ergebenden Heizregeln sind nachstehend aufgeführt:

Steinkohlen.
Gas- und Gasflammkohle.

97 28—38 % flüchtige Bestandteile. Sie blähen und sintern, entwickeln bei genügender Luftzufuhr schnell und viel Gas, verbrennen lebhaft mit langer Flamme. Sie sind daher geeignet für stark schwankende und angestrengte Betriebe, neigen jedoch zur Rauchentwicklung. Bei starker Rauchentwicklung und nicht genügender Luftzufuhr ist Oberluft einzuführen, beispielsweise durch die Schaulöcher der Feuertüren. Der Brennstoff ist bei Handfeuerung in geringen Mengen

Zahlentafel 1.

| | Schütthöhen in mm auf | | Heizwert H_u | Rostbelastung | | Erforderliche Zugstärke in mm W.S. | | | | | | Rostspaltenweite in mm | |
| | | | | | | Planrost | | Wanderrost ohne Unterwind | | Wanderrost mit Unterwind | | | |
	Plan-rost	Wander-rost	kcal/kg	kg/m²h	10^3 kcal/m²h	Feuerraum	Kesselende	Feuerraum	Kesselende	Feuerraum	Kesselende	Plan-rost	Wander-rost
I. Gasflammkohle .						5–7	15–20	3–5	10–15	2	8–12		
Nußkohle . . .	70–100	70–100	7400	100–150	740–1110							5–7	5–6
Feinkohle . . .	70–130	70–130	6800	100–150	680–1020	~7	~20	~5	~15	2	8–12	5	2–3
Förderkohle . .	100–150	—	7100	100–130	710–925							7–10	5–8 (Nuß 3)
II. Fettkohle . . .						5–7	15–20	4–5	12–15	1–2	8–11		
Nußkohle . . .	70–100	70–100	7500	80–130	600–975							5–7	5–6
Förderkohle, melierte Kohle .	100–150	—	7300	80–120	585–875							7–10	5–8 (Nuß 3)
III. Esskohle						6–8	18–25	4–7	12–20	1	8–11		
Nußkohle . . .	60–90	60–90	7600	80–120	610–910							6–7	5–6
Feinkohle . . .	60–120	60–120	7000	80–110	560–770							5	2–3
IV. Anthrazit, Gruppe I u. II .						6–10	18–28	5–8	15–25	0–1	8–10		
Nußkohle . . .	50–80	50–80	7600	70–110	530–835							6–7	5–6
Feinkohle . . .	50–100	50–100	7000	70–100	490–700	~10	~28	~8	~25	0–1	8–10	5	2–3
V. Vollbriketts aus Fett-, Ess- und Magerkohle . .	100–200	—	7700	80–130	615–1000	5–7	15–20	—	—			8–12	—
VI. Eiformbriketts .	100–150	—	7700	70–110	540–850	5–7	15–20	—	—	1	8–10	7–12	—

gleichmäßig aufzugeben. Die Kohle verträgt jede Bearbeitung mit dem Schürzeug. Die Schlackenbildung ist selbst bei angestrengtem Betrieb gutartig.

Fettkohle.

98   19—27 % flüchtige Bestandteile. Sie ist geeignet für jeden Betrieb. In der Feuerung backt sie stark zusammen. Bei gutem Schornsteinzug ermöglicht sie starke Überanstrengung der Feuerung. Die Neigung zur Rauchentwicklung ist mäßig, trotzdem empfiehlt es sich, bei Handfeuerung den Brennstoff in geringen Mengen gleichmäßig aufzuwerfen. Die Kohle brennt lebhaft, aber mit heller, etwas kürzerer Flamme als die Gasflamm- und Gaskohle. Da die Kohle backt, ist das Feuer bei Handfeuerungen regelmäßig mit dem Schürhaken zu bearbeiten. Die Schlackenbildung ist je nach dem Aschengehalt mehr oder weniger stark. Die Schlackenschicht ist mit der Stange aufzubrechen, wenn die Lebhaftigkeit des Feuers nachläßt. Bei reinem Feuer soll die Schicht nicht so oft aufgebrochen werden.

Esskohle.

99   12—18 % flüchtige Bestandteile. Diese Kohle bläht schwach und sintert im Feuer zusammen. Sie verbrennt mit kürzerer, helleuchtender Flamme rauchfrei, ist daher geeignet für Betriebe, bei denen Rauchbelästigung vermieden werden muß. Wegen des hohen Heizwertes sind bei gutem Schornsteinzug hohe Leistungen mit dieser Kohle möglich. Überanstrengung und Bearbeitung mit dem Schürhaken ist dagegen zu vermeiden. Aufbrechen mit der Stange ist nur bei Schlackenbildung erforderlich. Der Brennstoff ist bei Handfeuerung in gleichmäßiger Schicht dünn über den Rost zu streuen.

Magerkohle und Anthrazit.

100   6—11 % flüchtige Bestandteile. Die Kohle bläht und backt nicht, sondern sintert im Feuer zusammen. Sie brennt langsam mit kurzer, kaum sichtbarer Flamme rauchlos. Daher ist sie geeignet für gleichmäßige und weniger angestrengte Betriebe, bei denen Rauchentwicklung vermieden werden muß. Sie eignet sich auch zur Mischung mit gashaltigeren Kohlen. Bei Verbrennung auf dem Wanderrost ist sie zweckmäßig mit Unterwind zu verfeuern. Bei Handfeuerung ist der Brennstoff dünn auf das durchgebrannte Feuer zu werfen. Das Feuer selbst ist je nach den Eigenschaften der Schlacke mehr oder weniger stark.

Braunkohlen.

101 Es sind folgende Rohbraunkohlen zu unterscheiden:

a) junge Braunkohle oder Lignite, gelbbraunes Aussehen mit deutlicher Holzstruktur und knorpelige, erdige Braunkohle, je nach vorwiegend knorpeligen oder erdigen Kohlenbestandteilen, Aussehen dunkler als Lignit;

b) Pechkohle, schwarzbraun, fest, mit muscheligem Bruch;

c) fette Braunkohle oder Schwelkohle mit starkem Bitumengehalt, vornehmlich zur trocknen Destillation verwendet.

102 Lignite, knorpelige und erdige Braunkohlen haben einen Wassergehalt von 42 bis 58 %, einen Aschegehalt von 2—10 %, einen unteren Heizwert von 1800—3200 kcal/kg und flüchtige Bestandteile von 20—31 %.

Grundsätzlich ist bei Rohbraunkohle zwischen dem Wassergehalt bei der Gewinnung und dem Wassergehalt bei der Verwendung zu unterscheiden. Auf dem Transport und bei der Lagerung verliert die Rohbraunkohle an Feuchtigkeit, so daß diese bei der Verfeuerung meistens geringer ist, wenn sie nicht am Gewinnungsort oder in dessen unmittelbarer Nähe ohne vorherige Lagerung verbrannt wird.

Die Kohle wird zunächst im ersten Teil des Rostes (Schwelzone) getrocknet und verbrennt dann bei richtiger, der jeweiligen Kohleneigenschaft angepaßter Ausbildung der Feuerung gut mit langer oder kurzer Flamme, je nach Gehalt an flüchtigen Bestandteilen.

Kohlen mit 15—20 % Aschegehalt sind noch verfeuerbar. Der Schmelzpunkt der Asche spielt hierbei eine nicht unbedeutende Rolle.

Braunkohlenbriketts.

103 Zwecks wirtschaftlicher Verwendung an Orten mit mehr als etwa 50 km Entfernung vom Fundort der Kohle erfolgt Trocknung auf 11—17 % Wassergehalt und Brikettierung (Heizwert 4300—5300 kcal/kg).

Braunkohlenbriketts haben gleichmäßige stückige Form und gute mechanische Festigkeit. Sie sind in einem bedeutend größeren Aktionsradius als die Rohbraunkohle mit der Steinkohle konkurrenzfähig. Für industrielle Feuerungen kommen die Briketts hauptsächlich in der kleineren Form der Industriebriketts (Eierform usw.) zur Verwendung und können so in dünnerer und gleichmäßigerer Schicht verbrannt werden.

Sie werden verwendet auf handbeschickten Planrosten (z. B. Lokomotiven und Baggerkessel); für größere Einheiten kann der Wanderrost benutzt werden (Vorteil bei Mangel an Steinkohlen), jedoch sind auch die mechanischen Roste der Rohbraunkohle für die Verbrennung von Industriebriketts geeignet.

Braunkohlenstaub.

104   In getrocknetem Zustand eignen sich Braunkohlen auch zum Vermahlen und sind ausgezeichnet für Staubfeuerungen verwendbar. Bei hohem Gasgehalt der Kohle kann auf große Mahlfeinheit weitgehend verzichtet werden.

Braunkohlen-Schwelkoks.

105   Er wurde früher als lästiges Nebenprodukt betrachtet und besitzt wenig flüchtige Bestandteile und große Neigung zur Selbstentzündung. Bei der Vermahlung bereitet er Schwierigkeiten durch großen Verschleiß, hohen Kraftbedarf und leichte Entzündlichkeit. Es gibt jedoch Sonderkonstruktionen von Rosten, die für Schwelkoks geeignet sind (Unterwind-Zonen-Wanderrost und Schuppenrost).

106   Pechkohlen, Pechglanz- oder Gaskohlen kommen vorwiegend im Gebiet der Tschechoslowakei vor. Sie haben

einen Wassergehalt von 35—36 %,
einen Aschegehalt von 3—10 %,
einen unteren Heizwert von 2200—4000 kcal/kg und
flüchtige Bestandteile von 30—69 %.

Diese Kohlen eignen sich gut zur Verbrennung auf Treppen- und Wanderrosten. Die Asche ist locker und frittet wenig zusammen. Hinsichtlich der Verbrennungseigenschaften entsprechen sie den mitteldeutschen Braunkohlenbriketts.

107   Golpakohle.

Wassergehalt 52—54 %,
Aschegehalt 6— 7 %,
unterer Heizwert 2200—2300 kcal/kg,
flüchtige Bestandteile ungefähr 18 %, ohne H_2O,

Schwefelgehalt 1,8—2 %,

Schlackenschmelzpunkt bei ungefähr 1350 °.

Es kommt auch sandhaltigere Kohle mit etwa 10 % Aschegehalt und einem Schlackenschmelzpunkt von etwa 1100 ° vor.

Die Kohle ist mulmig und mit nur wenig größeren Stücken durchsetzt. Sie ist wenig lignithaltig.

Bei der Siebprobe bleiben

auf dem 80er Sieb 0— 2 % Rückstand,
auf dem 20er Sieb 0—25 % Rückstand,
auf dem 5er Sieb 30—60 % Rückstand,

wobei die höheren Werte sich auf das Hauptkohlenvorkommen beziehen. Der Bitumengehalt der Kohle beträgt ungefähr 4 %. Die Kohle ist wenig gashaltig. Da sie fein ist, neigt sie zur Flugaschenbildung. Die normale Kohle mit 6 % Asche eignet sich für Warmluft (bis 200 ° ausprobiert) und neigt nur in geringem Maße zu Ansinterungen und Schlackenbildung. Jedoch ist die Kohlenart, die 10 % Asche enthält, für Warmluft ungeeignet und auch ohne Warmluft mehr schlackenbildend und ansinternd als die Kohle mit geringerem Aschengehalt.

108   Lausitzer Braunkohle.

Wassergehalt im Durchschnitt 58 %,
Aschegehalt 2,2—3 %,
unterer Heizwert etwa 2000 kcal/kg,
flüchtige Bestandteile 22—24 %.

Bei der Verbrennung entwickelt sie schnell Gas und verbrennt mit sehr langer Flamme, was möglichst hohe Feuerräume und genügend weite Entfernung der Strahlungsheizflächen vom Rost erfordert. Die Asche besteht vorwiegend aus Eisen- und Kalksilikaten. Ihr Schmelzpunkt schwankt zwischen 1250 und 900 °. Ihre Neigung zum Ansintern ist daher ziemlich groß. Die Schlacke ist gutartig. Größere Schlackenkuchen und Verschlackungen der Roste treten bei aufmerksamer Bedienung nicht auf.

109   Lausitzer Braunkohlenbriketts.

Wassergehalt etwa 15 %,
Aschegehalt 5,0—6,5 %,
unterer Heizwert 4700—4800 kcal/kg,
flüchtige Bestandteile 40—45 %.

Bei der Verbrennung vergasen die Briketts schneller als die Rohbraunkohle und verbrennen wie diese mit sehr langer

Flamme. Im übrigen gilt hinsichtlich der Ausbildung der Feuerräume und des Verhaltens der Asche und Schlacke das gleiche wie für die Lausitzer Rohbraunkohle.

110   R h e i n i s c h e   B r a u n k o h l e.

Wassergehalt 46—62 %,
Aschegehalt 2,0—6,5 %,
unterer Heizwert 1750—2720 kcal/kg,
brennbare Substanz 37—49 %,
Verhältnis der flüchtigen Bestandteile zum fixen Kohlenstoff wie 11 : 9.

Wegen ihres hohen Wassergehaltes eignet sich die Kohle vorzugsweise zur Verwendung in der Nähe des Gewinnungsortes. Hier paßt sie sich bei regelbarem Zug und mechanischem Brennstoffvorschub vorzüglich allen Belastungsschwankungen des Betriebes an. Die Asche muß durch absolute Dichtheit der Entaschungsorgane zwecks Verhinderung des Sinterns vor der Berührung mit Außenluft geschützt werden. Unter dieser Voraussetzung läßt sie sich bequem auf hydraulischem Wege entfernen.

111   H i r s c h f e l d e r   B r a u n k o h l e.

Wassergehalt 46—50 %,
Aschegehalt   12—18 %,
unterer Heizwert 1800—2100 kcal/kg,
flüchtige Bestandteile 10—16 % ohne H_2O.

Die Kohle hat sowohl erdige als auch knorpelige Bestandteile. Bei der Siebprobe bleiben im Mittel
auf dem 80er Sieb etwa 8 % Rückstand,
auf dem 20er Sieb etwa 35 % Rückstand,
auf dem 5er Sieb etwa 65 % Rückstand.

Die Kohle ähnelt hinsichtlich der Verbrennungseigenschaften der Lausitzer Kohle, besitzt aber einen wesentlich höheren Aschegehalt.

112   L e i p z i g - A l t e n b u r g e r   B r a u n k o h l e.

Wassergehalt 48—56 %,
Aschegehalt   4— 8 %,
unterer Heizwert 2100—2500 kcal/kg,
flüchtige Bestandteile 24—28 % ohne H_2O.

Die Kohle ist gasreich, in getrocknetem Zustand leicht explosiv. Verbrennung erfolgt bei niedrigem Zündpunkt.

Aschegehalt und Aschebeschaffenheit wechseln stark. Der Erweichungs- und Schmelzpunkt der Asche liegt niedriger als bei Hirschfelder Kohle. Wassergehalte über etwa 53 % sind äußerlich sichtbar und verändern die physikalischen Eigenschaften der Kohle.

Verdampfungsziffern.

113 Zur Kontrolle des Kesselwirkungsgrades im Betrieb ist die Feststellung der Verdampfungsziffer (kg Dampf je kg Brennstoff) unter gleichbleibenden Verhältnissen geeignet. Als Vergleichszahl für die Betriebsergebnisse zweier verschiedener Kesselanlagen ist die Verdampfungsziffer ungeeignet. Sie kann nur als Anhaltszahl in einem und demselben Kesselhaus angesehen werden.

Zur Ermittlung der Verdampfungsziffer sind Waagen oder andere Vorrichtungen zur Gewichtsbestimmung der verfeuerten Brennstoffmenge und der gespeisten Wassermenge bzw. der abgegebenen Dampfmenge erforderlich. Die Verdampfungsziffer ist abhängig vom Heizwert, der Ausnutzung des Brennstoffes und der Erzeugungswärme des Dampfes, daher auch von der Vorwärmung des Speisewassers und der Verbrennungsluft, der Überhitzung des Dampfes, der Abgastemperatur, den brenntechnischen Eigenschaften des Brennstoffes, der Feuerbedienung, der Belastung und den Schwankungen des Betriebes. Von diesen Faktoren lassen sich eine ganze Reihe durch gute Betriebsführung günstig beeinflussen. Insbesondere tragen hohe Speisewasservorwärmung (Abdampf von Speisepumpen, Hilfsturbinen, Hausturbinen, ein- oder mehrstufige Anzapfung der Hauptturbinen), Abgasspeisewasser- und Abgasluftvorwärmer zur Erhöhung der Verdampfungsziffern bei.

Heizwerte.

114 Der Heizwert der Reinkohle hängt ab vom Gehalt an Kohlenstoff (8080 kcal/kg) und Wasserstoff (28 700 kcal/kg); er sinkt mit steigendem Sauerstoff- und Stickstoffgehalt. Daher sind junge Brennstoffe mit hohem Sauerstoffgehalt (Holz, Torf, Braun- und Gasflammkohle) weniger heizkräftig als ältere Kohlen mit geringem Sauerstoffgehalt (Fett-, Ess-, Mager- und Anthrazitkohle). Der Heizwert der Rohkohle wird außerdem durch den Wasser- und Aschegehalt verringert. Als Heizwert kommt für den Betrieb nur der untere Heizwert in Frage, der sich vom oberen Heizwert (Verbrennungswärme) dadurch unterscheidet, daß die Verdampfungswärme der hygroskopischen Feuchtigkeit und groben Nässe und die des Verbrennungswassers vom oberen Heizwert abgezogen wird. Das Verbrennungswasser entsteht durch Verbrennung des disponiblen Wasserstoffes.

Es wird empfohlen, den Heizwert der angelieferten Kohle von Zeit zu Zeit untersuchen zu lassen. Die genaue Untersuchung kann zuverlässig nur durch geübtes Personal ausgeführt werden. Außer der kalorimetrischen Heizwertbestimmung wird die Bestimmung des Aschen- und Wassergehaltes, der flüchtigen Bestandteile und der Koksausbeute, sowie die chemische Elementaranalyse empfohlen, die Aufschluß gibt über den Gehalt des Brennstoffes an Kohlenstoff, Wasserstoff, Sauerstoff, Stickstoff und Schwefel. Ferner ist es zweckmäßig, von der Schlacke regelmäßig Proben zu entnehmen, um festzustellen, ob der Gehalt an Unverbranntem in der Schlacke nicht zu hoch ist. Gehalte an Verbrennlichem in der Schlacke von mehr als dem 2—3 fachen des prozentualen Aschegehaltes in der Rohsteinkohle und 20—30 % bei Braunkohlenfeuerung deuten auf Mängel in der Feuerbedienung oder zu hohen Rostdurchfall. Auch die Flugasche in den Feuerzügen der Kessel ist regelmäßig auf ihren Gehalt an Verbrennlichem zu untersuchen.

Die zur Untersuchung entnommene Kohlenmenge ist gut durchzumischen und die Mischung durch Ausbreiten auf einem Stein- oder Metallfußboden, Vierteilung, Wegnahme zweier Viertel und mehrfache Wiederholung dieses Vorganges zu verkleinern, bis eine Probemenge von etwa 2 kg des Brennstoffes übrigbleibt, wovon 2 Blechbüchsen von je 1 kg Inhalt voll aufzufüllen sind. Die Büchsen sind unverzüglich luftdicht zu verschließen, am besten zu verlöten. Eine Brennstoffprobe geht an das Laboratorium, während die zweite Probe für Reservezwecke bei Mißlingen der ersten Probe aufbewahrt wird. Während der Mischung des Brennstoffes empfiehlt sich die Zerkleinerung desselben, doch ist darauf zu achten, daß dabei die Feuchtigkeit der Kohle nicht vermehrt oder verringert wird. Bei sehr feuchten Kohlen empfiehlt es sich, während des Versuches Feuchtigkeitsproben von der Versuchskohle zu entnehmen und deren Feuchtigkeitsgehalt unabhängig von der Heizwertprobe zu bestimmen.

Für die Untersuchung gelten die in Ziffer 58 aufgeführten Normen.

Feuerungsarten.

Allgemeines.

115 Für die verschiedenen Kohlensorten, sortiert und unsortiert, auch Gries- und Schlammkohlen, Braunkohlenbriketts und Rohbraunkohlen, sowie staubförmige Brennstoffe stehen bewährte Feuerungen zur Verfügung. Auch Brennstoffe mit außergewöhnlich hohem Wasser- und Aschegehalt werden auf Sonderfeuerungen mit Erfolg verfeuert. Die Feuerung muß in jedem Falle den Eigenschaften des jeweiligen Brennstoffes besonders angepaßt werden, sowohl hinsichtlich Größe und Anordnung der Rostfläche als auch bezüglich der Ausgestaltung des Brennraumes, der Brennkammer und etwaiger Zünd- oder Strahlungsgewölbe.

Die Feuerung soll den Wärmewert des Brennstoffes ohne wesentliche Rauch- und Rußentwicklung mit hohem Nutzeffekt freimachen und Verbrennungstemperaturen entwickeln, die nahe an die theoretischen heranreichen. Durch geeignete Anordnung bestrahlter Heiz- und Kühlrohrflächen im Feuerraum ist die Abstrahlung des glühenden Brennstoffbettes, sowie die Gas- und Flammenstrahlung für die Wärmeabgabe auszunützen, soweit dies unter Berücksichtigung der Abkühlungswirkung der Heizflächen zulässig ist. Der Grundsatz, daß die Feuergase und Flugaschenteile ausgebrannt sein müssen, bevor sie die Heizfläche berühren, ist in jedem Falle zu beachten. Vorbedingung hierfür ist ausreichende Zufuhr der Verbrennungsluft an richtiger Stelle, gegebenenfalls Zufuhr von Zweitluft in den Brennraum, sowie ausreichender Zug zur Abfuhr der entwickelten Heizgase. Bei der Anlegung der Gewölbe und Ausgestaltung des Brennraumes ist zu beachten, daß eine gründliche Durchmischung der Brenngase bei gleichzeitiger Zufuhr möglichst vorgewärmter Verbrennungsluft erforderlich ist, da andernfalls unvollkommene Verbrennung oder Nachverbrennungen in den Kesselzügen und im Überhitzer entstehen können. Das lästige Kesselbrummen ist hauptsächlich auf Störungen des Verbrennungsvorganges zurückzuführen.

Geeignete Aschen- und Schlackenaustragvorrichtungen sind Vorbedingung für eine brauchbare Feuerung. Die Brennleistung der Feuerungen kann durch Vermehrung der Luftzufuhr, durch Schürung und Auflockerung der Brennschicht gesteigert werden, wofür allerdings nur unvollkommene Hilfsmittel zur Verfügung stehen.

Da die Rostlänge durch die Brenngeschwindigkeit des Brennstoffes gewissermaßen begrenzt ist, gibt die Breitenleistung des Kessels je m Feuerungsbreite einen gewissen Maßstab für die Feuerungsleistung.

Wanderrostfeuerungen.

116 Die Wanderroste haben sich für alle Steinkohlensorten gleichmäßiger und ungleichmäßiger Körnung unter 50 mm-Stückgröße sowie für Braunkohlenbriketts bewährt. Voraussetzung hierfür sind kräftige Durchbildung und Ausführung aller Einzelteile und des Gesamtaufbaues. Die Verwendung geeigneten Werkstoffes und einwandfreie Werkstattarbeit aller Antriebs- und Rostteile sind ebenso unerläßlich wie sachgemäße Behandlung während des Betriebes.

117 Der Aufbau des Rostes muß unabhängig von dem Aufbau der benachbarten Kesselteile durchgebildet sein, damit die Auswechslung wichtiger Träger oder dgl. ohne gegenseitige Beeinflussung durchgeführt werden kann.

118 Die zur Auflagerung und zum Vorschub des eigentlichen Rostes dienenden Rollen, Kettenglieder und Bolzen sollen niedrigen Flächendruck haben und müssen gehärtet, leicht kontrollierbar und bequem auswechselbar sein. Das gilt insbesondere auch für die Lager der hinteren Wellen der Wenderäder. Hierfür haben sich kräftige Walzenlager bewährt, sofern eine sicher wirkende und gut zugängliche Schmiervorrichtung vorhanden ist. Handschmierung und Staufferbuchsen haben in vielen Fällen versagt.

Die Rostketten müssen sich genügend weit und leicht vom Heizerstand aus nachspannen lassen.

Für den Antrieb haben sich Stirnrädergetriebe mit angebautem Motor oder Reibradwechselgetriebe bewährt. Schneckenräder sind nicht zu empfehlen. Die letzte Stufe wählt man zweckmäßig besonders reichlich. Eine hörbare Rutschkupplung zwischen Antrieb und Rost hilft ernste Schäden vermeiden. Getrennte Antriebe für jeden Teilrost sind erwünscht. Die Rostantriebe erhalten bis zu acht Stufen. Sie müssen sich leicht und stoßfrei umschalten lassen und sollen in allen Stufen geräuschlos laufen. Gute und absolut dichte Kapselung und reichliche und überprüfbare Schmierung ist zu verlangen.

119 Für eine gute Feuerführung ist die Verhinderung der Entmischung von grob- und feinstückiger Kohle Voraussetzung. Es empfiehlt sich zu diesem Zweck, die vom Rohbunker herunterführende Blechschurre in ausreichender Länge schwenkbar auszuführen und den Kohleneinlauftrichter durch senkrechte Bleche in mehrere Felder zu unterteilen.

120 Von Bedeutung ist eine solide, mit Zahnradantrieb und Schneckenübersetzung zu betätigende Einstellvorrichtung des Schichtreglers, verbunden mit einer zuverlässigen Anzeigeskala. Schichtregler werden mit auswechselbaren Schutzsteinen und unten mit auswechselbaren eisernen Schichtleisten ausgerüstet, die zum Ausgleichen der Kohlenschicht dienen. Bei nicht gekühlten Rostwangen sind die beiden seitlichen Lamellen des Schichtreglers kräftig abzuschrägen oder abzurunden, um dadurch eine größere seitliche Schichtstärke entsprechend dem größeren Abbrand in dieser Längszone zu erzielen. Außerdem ist auf guten, seitlichen Luftabschluß zwischen Wanderrost und Seitenwänden großer Wert zu legen, um auch Ansetzen von Asche- und Schlackenteilen an den Seitenwänden zu verhindern. In seitlichen Nuten gelagerte, kräftige Rundeisenstäbe haben sich hierfür bewährt. Bei Verfeuerung von Kohle mit stark backender Schlacke sind wasserdurchströmte Kühlbalken in den Seitenwänden vorteilhaft, jedoch muß die Kühlwasserführung organisch in den Wasserumlauf des Kessels eingeschaltet sein. Um eine kräftige Strömung im Kühlbalken zu erreichen, legt man das Verbindungsrohr zur Trommel in den Feuerraum (beheiztes Steigrohr), während das Fallrohr kühl liegen soll. Im Kühlbalken darf sich kein Dampf bilden.

Da die Roststäbe beim Wandern in der Feuerung zuerst kalt sind, müssen sie zunächst locker sitzen. Die konstruktive Durchbildung des Rostbelages muß jedoch die Durchfallkohle auf eine Mindestmenge beschränken, da sonst der Betrieb gezwungen ist, die Durchfallkohle wieder aufzugeben, was bisher nur von Hand auf umständliche Weise möglich ist. Bei Abnahmeversuchen darf im allgemeinen die Durchfallkohle nicht wieder aufgegeben werden.

Der Durchfall feinkörniger Kohle kann durch Anfeuchten vermindert werden, wie überhaupt das Anfeuchten bei vielen Kohlensorten aus feuerungstechnischen Gründen zur Erleichterung der Zündung und Verbrennung mit Erfolg angewendet wird. Eine über dem Kohlentrichter angeordnete Tropfeinrichtung ist zweckmäßig.

121 Die Verschlackung des Rostes kann bei verschiedenen Kohlensorten sehr erheblich sein; bei Rosten, die nicht als selbstreinigende Roste angesprochen werden können, haben sich gut durchkonstruierte Schlackenreinigungsvorrichtungen bewährt. Hierzu gehören auf weichen Federn gelagerte Nockenwalzen, Klopf- oder Rüttelkloben, hin und hergehende Klopfvorrichtungen. Die einfachste Einrichtung ist hierbei die beste. Sie darf auch bei sehr ungleich abgebrannten Roststäben nicht zu Störungen Anlaß geben. Die beiden erstgenannten Vorrichtungen erfüllen diese Bedingungen am besten.

Die Größe der freien Rostfläche muß den zu verfeuernden Brennstoffen angepaßt sein. Roststäbe mit zweistufigen Nocken für die wahlweise Einstellung von engen und weiten Spalten sind zu empfehlen.

Über die notwendige freie Rostfläche hinaus sind Lückenlosigkeit und Schlackenfreiheit des Rostbelages entscheidend für einen guten Ausbrand der Kohle und für eine Feuerführung, bei der jeder Eingriff auf das Feuerbett von Hand überflüssig wird. Letzteres muß weitgehend angestrebt werden.

Die Abnutzung der Roste wird begünstigt durch wärmestauende Anhäufungen der Brennschicht oder durch Strahlung des Feuerraumes auf entblößte Stellen der Rostbahn. Solche ungleichmäßigen Erwärmungen verursachen ungleichmäßige Abnutzung der Roststäbe und der Rollenketten und haben unregelmäßigen Lauf, Zwängungen, Roststab- und Getriebebrüche zur Folge.

Eine gründliche Überholung sämtlicher Teile des Rostes wird nach etwa 10—15 000 Betriebsstunden erforderlich, Teilüberholungen erheblich öfter.

122 Für schwer zündende Steinkohlensorten sowie für niedrige Feuerräume ist hinter dem Schichtregler ein kurzes und schräg ansteigendes Zündgewölbe erforderlich. Für hohe Feuerräume sind Zündgewölbe in den meisten Fällen überflüssig. Hinter dem Schichtregler angeordnete Zündgewölbe dürfen die Einstellung der richtigen Brennschichthöhe nicht behindern.

Gasreiche Brennstoffe verlangen nicht zu große, dagegen genügend hohe und steile Zündgewölbe. Magere Brennstoffe erfordern in der Regel besondere Strahlungs- und Zündgewölbe.

Rostvorschub und Stärke der Kohlenschicht richten sich nach den Kohlensorten und ihrer Körnung sowie nach der jeweiligen Belastung. Es ist Aufgabe des Heizers, die Kohlenzufuhr so einzustellen, daß die kurz vor dem Rostende angestaute Brennstoffschicht ausgebrannt ist.

Der Schichtregler selbst wird selten verstellt, beispielsweise nur einmal für die Nachtlast heruntergelassen. Die Kohlenzufuhr wird demnach in der Hauptsache durch Geschwindigkeitsänderung des Rostvorschubes bewirkt.

123 Für den rückwärtigen Rostabschluß werden luftgekühlte Staupendel aus hochfeuerfestem Gußeisen verwendet. Auch wassergekühlte Pendel haben Eingang gefunden.

Bei manchen Rostbauarten haben sich Nachverbrennungsroste oder Schlackenausbrennschächte bewährt. Warmluftzufuhr zum Zwecke der Nachverbrennung der Herdrückstände ist empfehlenswert.

Grobe Schlacken müssen mit besonderen Einrichtungen gebrochen werden, da der Feuerungsbetrieb bei Handbearbeitung der Schlacken erheblich behindert wird. Walzenförmige Schlackenbrecher werden hierfür mit Erfolg angewandt.

Die Staupendel müssen von Hand von außen so verstellbar sein, daß sie den Durchgang nötigenfalls vollkommen freigeben. Die Erfahrungen mit Staupendeln sind verschieden. In manchen Fällen wird zwar das glühende Schlacken- und Koksgemisch angestaut und dadurch eine Abdichtung gegen Frischluft erreicht. Doch wird häufig die Verbrennung aller restlichen brennbaren Bestandteile nicht vollkommen erreicht. Das Ergebnis ist um so unbefriedigender, je aschereicher die verfeuerte Kohlensorte ist. Der prozentuale Gehalt an Verbrennlichem in der anfallenden Schlacke steigt mit dem prozentualen Aschegehalt der verwendeten Kohlensorten so rasch an, daß für Betriebe, die auf sehr aschereiche Kohle angewiesen sind, unter Umständen eine besondere Schlackenscheidung am Platze sein kann. Die hohen Anlage- und Betriebskosten sowie die nur teilweise Rückgewinnung der in Koksform vorhandenen, noch brennbaren Rückstände können jedoch die Wirtschaftlichkeit einer derartigen Schlackenscheidung in Frage stellen.

124 An die Roststäbe werden sehr hohe Anforderungen gestellt. Ihre genügende Beweglichkeit muß durch die Formgebung gewährleistet sein (die gewellte Form des Kopfes hat die weiteste Verbreitung gefunden). Auf die Lebensdauer haben das Roststabmaterial, die verfeuerten Kohlensorten und die Art der Feuerführung Einfluß. Die Werkstoffzusammen-

setzung allein gibt noch keinen Aufschluß über die Eignung des Roststabes für den Dauerbetrieb. Für gewöhnlich wird Elektroguß mit Hämatitzusatz und gehärteter Brennbahn gewählt. Aluminium oder Chromzusatz verbessert, aber verteuert das Roststabmaterial. Auf einen möglichst niedrigen Schwefelgehalt wird Wert gelegt.

In einem gut geführten Betrieb und bei Verwendung von nicht aggressiver Kohle lassen sich mit gutem Roststabmaterial mehr als 12 000 Betriebsstunden erreichen. Nur eine Gewähr für die auf den Stäben verfeuerbare Kohlenmenge kann den Betrieb vor Rückschlägen durch minderwertige Roststäbe bewahren.

Um bei Schwachlast den Rostbelag zu kühlen und angesinterte Schlacke abzuschrecken, kann fein zerstäubtes Wasser mit Erfolg angewandt werden. Wichtig ist hierbei, die gleitenden und drehenden Konstruktionselemente vor Spritz- und Tropfwasser durch Schutzbleche zu schützen, und vorgereinigtes Wasser zu verwenden, um Verstopfungen in den Zerstäubungsdüsen zu vermeiden.

Zwecks vollständiger Außerbetriebnahme von Kesseln während der Nachtzeit haben sich die beiden nachstehenden Verfahren des Aufbänkens und des Halbaufbänkens bewährt:

125   Aufbänken. Die drehbaren Kohlenklappen unter dem Kohlentrichter werden vollkommen geschlossen. Nach etwa ½—1 Stunde wird der Schichtregler vollständig hochgedreht, die vorderen Türklappen werden geöffnet und etwas Kohle abgelassen, die über die zusammengeschürte, glühende Kohlenschicht hinübergeschoben wird. Hierdurch soll sich in etwa ½ m Entfernung hinter dem Schichtregler eine hohe Bank bilden, die im Innern glühende Kohle und außen herum vollkommen schwarze Kohle enthält. Hierauf werden die Türklappen wieder geschlossen und der untere vordere Türspalt mit Kohle abgedichtet. Die Zugklappe am Kesselende ist geschlossen, desgleichen das Hauptspeiseventil. Der Rost bleibt stehen.

Die aufgebänkte Kohlenmenge muß so groß gewählt werden, daß sie später in auseinandergeschobenem Zustand etwa drei Viertel des ganzen Rostes bedeckt.

Bei Wiederinbetriebsetzung wird die Drosselklappe geöffnet, desgleichen die Vordertürklappe, und die Kohlenbank auseinandergerissen und verteilt.

Der Nachteil des Verfahrens besteht darin, daß ein etwa vorhandenes Zündgewölbe kalt wird und der Heizer beim Wiederanfahren gezwungen ist, so zu schüren, daß glühende Kohle in die Nähe des Schichtreglers kommt, damit die Zündung wieder vorsichtig eingeleitet wird. Häufig wird es notwendig sein, fremde glühende Kohle zu Hilfe zu nehmen.

126   H a l b a u f b ä n k e n. Nach Beendigung des normalen Betriebes werden die drehbaren Kohlenklappen geschlossen, der Vorwärmer umgangen, die Zugklappen geschlossen und der Schichtregler bis auf 150—250 mm hochgestellt. Das Speiseventil wird abgestellt, desgleichen der Rostvorschub; nur etwa alle 1—3 Stunden wird der Rost um etwa eine Roststablänge nachgefahren, so daß ein ganz langsames Durchbrennen stattfindet. Hierbei darf das aufgebänkte Feuer aber nicht soweit durchbrennen, daß der Schichtregler zum Glühen kommt. Dann wird soviel Kohle durch Öffnen der drehbaren Kohlenklappen abgelassen, bis die beiden Vordertüren innen wieder abgedichtet sind.

Ein vorhandenes Zündgewölbe bleibt hierbei warm und der Heizer kann ohne große Schürarbeit mit dem Kessel stets wieder in Betrieb gehen. Es ist zu diesem Zwecke nur der Schichtregler wieder auf die normale Schichthöhe einzustellen und mit geöffneter Zugklappe der Rost weiterzufahren.

Guter Luftabschluß unter dem Rost ist für das Halbaufbänken wünschenswert, damit der Feuerraum Unterdruck behält und der Kessel nicht gast.

Welches der beiden Verfahren, die beide in Anwendung sind, für den betreffenden Betrieb am vorteilhaftesten ist, muß durch Versuch bestimmt werden.

Unterwindwanderroste.

127   Die Brennleistung des Wanderrostes wird durch Unterwind erheblich gesteigert. Unterwindwanderroste finden, vorwiegend in Anlagen mit natürlichem Schornsteinzug, bevorzugte Anwendung für feinkörnige oder minderwertige Kohlen, besonders für Grieß- und gasarme Magerkohle bis etwa 6 % flüchtige Bestandteile. Selbst Stückkoks und Koksgrus und Lokomotivlösche werden auf solchen Rosten unter Anwendung warmer Verbrennungsluft mit Erfolg verbrannt. Backende Kohlen eignen sich wegen geringerer Flugaschenbildung für Unterwindbetrieb besser als nichtbackende. Manche Betriebe verringern die Flugaschenbildung nichtbackender Brennstoffe durch leichtes Anfeuchten der Kohle. In anderen Fällen wird der übermäßige Flugaschenverlust sowie gleichzeitig die übermäßige Ventilatorantriebsleistung durch geeignete Zufuhr eines Teiles der vorgewärmten Verbrennungsluft unmittelbar über dem Rost vermieden.

Wo rasches Hoch- und Abheizen sowie große Beweglichkeit bei Leistungswechsel gefordert wird, also bei Spitzenbetrieb, eignen sich Unterwindfeuerungen gut.

128 Die Vorwärmung der Verbrennungsluft steigert die Brennleistung. Mit Rücksicht auf die Haltbarkeit des Rostbelages überschreiten die Lufttemperaturen nicht 200°.

Durch Zoneneinteilung der Unterwindeinrichtung wird eine Abstufung der Luftmengen nach den örtlichen Erfordernissen der Kohlenbettbeschaffenheit und nach dem Grad der Verbrennung der Kohlenschicht und somit eine bessere Ausnutzung der Rostfläche als bei Wanderrosten mit natürlichem Zug erzielt. Die Höhe der Luftpressung hängt von der Beschaffenheit der Brennstoffschicht einer jeden Zone ab und steht in einem bestimmten Verhältnis zur Brennleistung. Dieses Verhältnis ist durch Versuche zu bestimmen.

Allseitiger dichter Abschluß des unter Luftpressung stehenden Feuerungsunterbaues sowie der Heiz- und Aschenfalltüren ist erforderlich. Außerdem ist für die Möglichkeit des getrennten Abzuges der Durchfallkohlen und der Feinasche Sorge zu tragen. Die Vorrichtungen hierzu müssen genügend großen Querschnitt haben und dürfen sich bei Erhitzung nicht verbiegen oder zwängen. Auch auf gleichmäßige Verteilung der Verbrennungsluft über die ganze Rostbreite ist zu achten, da sonst ungleichmäßiger Abbrand der Brennstoffschicht, Haufenbildung, leere Roststellen und deren Beschädigung durch Strahlung aus dem Feuerraum, ferner Flugaschenaufwirbelung und unvollkommene Verbrennung hervorgerufen wird.

129 Die Bedienung von Unterwindrosten erfordert eine gewisse Geschicklichkeit. Es sind aber mit ihnen leicht Kohlensäuregehalte von 13—15 % bei hohen Rostleistungen zu erzielen. Dem Bedienungspersonal müssen neben den üblichen Rauchgasprüfern und Zugmessern geeignete Meßinstrumente für den jeweiligen Winddruck der einzelnen Zonen und oberhalb des Rostes zur Verfügung stehen.

Unterwindroste, die mit gebänkten Feuern in Bereitschaft stehen, sollen mit Beobachtungstüren unterhalb des Rostes versehen sein, die es gestatten, die Erwärmung des Rostbelages während des Stillstandes zu beobachten bzw. zu verhindern. Einzelne Betriebe wenden gegen unzulässige Erwärmung des Rostbelages bei Stillstand Kühldampf an, der durch Strahldüsen unterhalb des Rostes eingeblasen wird. Die Möglichkeit der natürlichen Belüftung bei stillstehenden Unterwindventilatoren ist vorzusehen.

Ist der Brennstoff unregelmäßig gekörnt, so muß das Brennstoffbett ab und zu geschürt werden. Hierzu sind geeignete Schau- und Stocheröffnungen erforderlich. Diese Notwendigkeit begrenzt die Verwendung großer Rostbreiten für Großkessel.

130   Für alle Wanderroste können bei plötzlichem Dampfmangel in selteneren Störungsfällen Ölzusatzbrenner einfacher solider Ausführung für einen Teil der Kesselnormallast eine wertvolle Hilfe darstellen.

Unterschubfeuerungen.

131   Unterschubfeuerungen für Steinkohle (Stoker) unterscheiden sich von Wanderrosten hauptsächlich dadurch, daß ihr gesamter Rostbelag im Betrieb mit frischem Brennstoff, der dem Brennstoffbett auf die ganze Rostlänge von unten her zugeführt wird, bedeckt ist. Gleichzeitig wird durch diese Art der Zuführung das Feuer dauernd lebhaft geschürt und die Schlacke ausgetragen. Eine Abkühlung des Rostbelages, wie beim Wanderrostrücklauf, ist daher nicht erforderlich. Die normale Schichthöhe beträgt beim Stoker 500—600 mm.

Der Aufbau der Unterschubfeuerungen erfolgt fast ausnahmslos durch Aneinanderreihen von gleichen Elementen zu beliebigen Rostbreiten. Ein Element besteht bei den gebräuchlichsten Unterschubfeuerungen aus einer Mulde (Retorte) und seitlich darüber angeordneten Düsenreihen, die beide in Richtung der Brennstoffbewegung geneigt sind. Der Brennstoff wird vom Kohlentrichter durch zylindrische Kolben jeder Retorte einzeln zugeführt.

132   Beim T a y l o r - S t o k e r erfolgt der weitere Vorschub des Brennstoffes durch mehrere am Boden der Mulde angeordnete Vorschubkolben mit verstellbarem Hub. Durch entsprechende Einstellung des Vorschubes wird beim Taylor-Stoker eine mäßige Brikettierung des Brennstoffes erreicht, wodurch insbesondere bei schwach backender und feinkörniger Kohle die Flugkoksverluste verringert werden. Außerdem wird dadurch ein Herunterbrennen gasreicher Kohlen in die Mulden verhindert.

Die Kohlenzufuhr beim **R i l e y - S t o k e r** erfolgt ebenfalls durch Kolben. Während bei den Taylor-Stokern die Düsen stillstehen und der Kohlenvorschub durch die beweglichen Vorschubkolben am Boden der Retorten erfolgt, wird bei der Riley-Konstruktion der Kohlenvorschub bei stillstehenden Mulden durch die beweglichen Düsenreihen erzielt. Beim Riley-Stoker sind lediglich am unteren Ende der Retorten in dieselben noch bewegliche Austragsvorrichtungen eingebaut. Der Brennstoff wird bei dieser Bauart lose vorgeschoben.

Zum besseren Ausbrand der Rückstände wird bei großen Unterschubfeuerungen an den Rost ein **A u s b r e n n s c h a c h t** angebaut, in welchem die Schlacke unter Luftzufuhr noch mehrere Stunden verbleibt, bevor sie über den Schlackenbrecher ausgetragen wird. Ablöschvorrichtungen mit Wasser zum Schutz der Brecherwalzen sind für die meisten deutschen Kohlen erforderlich.

133 Der **A n t r i e b** von Unterschubfeuerungen muß in weiten Grenzen und möglichst feinfühlig regelbar sein und kann erfolgen durch Dampfturbinen, hydraulische Vorrichtungen, regelbare Elektromotore (Leonard-Aggregate oder Kollektormotore) oder Stufenvorgelege.

Für die Regelung der Kohlenverteilung und der Schichthöhe längs des Rostes ist die Vorschublänge der einzelnen Vorschubkolben bzw. der beweglichen Düsenreihen einstellbar. Für die Kohlenzufuhr und die Regelung des Brennstoffbettes in der Rostbreite ist es erforderlich, daß die Antriebe der Zuteilkolben und damit der Vorschubkolben bzw. beweglichen Düsenreihen einzeln oder paarweise gegenüber den übrigen eine Erhöhung der Hubzahl zulassen.

Bei der Projektierung von Unterschubfeuerungen ist zu beachten, daß bei gleicher Kessel- und Feuerraumhöhe und gleichem freien Durchgang unter den Schlackentrichtern der Schlackenkeller wegen der Rostneigung um 1,0—1,5 m höher ausfällt als beim Einbau von Wanderrosten. Durch die größere spez. Leistung der Stoker wird durch Ersparnis an Rost- und Grundfläche dieser Nachteil meist aufgewogen.

134 Empfehlenswert ist es insbesondere bei nicht regelbarem Antrieb der Unterwindgebläse für Stoker, dieselben mit rückwärts gekrümmten Schaufeln auszustatten, weil dann die Charakteristik der Gebläse steil wird und dadurch eine gewisse

Selbstregelung der Verbrennungsluftpressung eintritt. Bei größer werdender Luftmenge und gleicher Drehzahl fällt die Pressung ziemlich stark ab, wodurch beim Auftreten von Löchern oder dünnen Stellen im Feuer ein sehr starkes Ansteigen des Luftüberschusses vermieden wird. Die Feuer werden mit Luftpressungen von etwa 200—300 mm W.S. betrieben

Ob man zweckmäßig Unterschubfeuerungen mit einer stark unterteilten Z o n e n r e g u l i e r u n g des Unterwindes ausrüstet oder nur eine grobe Unterteilung vorsieht, ist zur Zeit noch nicht mit Sicherheit zu entscheiden. Dem Vorteil erhöhter Regelbarkeit im ersten Falle stehen die Nachteile schlechter Revisionsmöglichkeit während des Betriebes und stark vermehrter Arbeit bei Reparaturen entgegen.

135   Zum guten Ausbrand der Flammen, zur Verringerung des Flugkoksverlustes und zur Erzielung einer gleichmäßigen Überhitzungstemperatur sind für Stoker mittlere Feuerraumhöhen von 5—8 m erforderlich.

Über den Grad der B r e n n k a m m e r a u s k l e i d u n g mit Kühlrohren entscheidet die Auswahl der zu verfeuernden Kohlensorten. Zweckmäßig ist es, die Feuerraumvorderwand nur dann mit Kühlflächen auszustatten, wenn dauernd eine nicht zu gasreiche, gut zündende Kohle verfeuert wird.

136   Für die Auswahl der B r e n n s t o f f e sind folgende Gesichtspunkte zu berücksichtigen:

Taylor- und Riley-Stoker sind für Steinkohlen mit 15—30 % flüchtigen Bestandteilen vorwiegend geeignet. Unter 15 % flüchtige Bestandteile wird eine starke Brennkammerkühlung durch Wasserrohre wegen der Zündschwierigkeiten nicht ratsam sein. Bei sehr langflammigen Kohlen besteht die Gefahr erhöhter Rauchbildung, wenn die Brennkammer zu niedrig oder zu stark gekühlt ist. Auch beim schnellen Anfahren kann bei langflammigen Kohlen leicht ein Rauchen der Feuerung eintreten. Abhilfe kann zweckentsprechende Zuführung heißer Wirbelluft über dem Feuerbett oder Mischungen mit Magerkohle bringen. Kurzflammige Kohlen sind in dieser Hinsicht leichter zu verbrennen.

Bei einem Gehalt von über 30 % flüchtige Bestandteile neigen einige deutsche Kohlen bei nicht genügend sorgfältiger Überwachung der Feuerung dazu, bis auf die Düsenplatten und Retorten durchzubrennen.

Die K ö r n u n g spielt bei der Auswahl der Kohle ebenfalls eine Rolle. Kohle mit 30—40 % Korn unter 5 mm verhält sich auf dem Rost günstiger als gewaschene Nußkohle, weil erstere ein dichteres Brennstoffbett bildet und daher ein Herunterbrennen bis auf den Rostbelag auch bei nicht sehr sorgfältiger Feuerüberwachung weniger leicht eintritt. Neben dem feinen Korn kann Stokerkohle ohne Nachteil Stücke bis Faustgröße enthalten. Eisen und größere Holzteile sollen möglichst aus der Kohle entfernt sein, da sie zum Festklemmen der Zuteilkolben Anlaß geben. Je höher der Schlackenschmelzpunkt einer Kohle, desto geringer ist der Verschleiß des Rostbelages. Kohlen mit einem Schlackenschmelzpunkt unter 1050° C lassen sich vermutlich auf Stokern nicht wirtschaftlich verbrennen. Die Kohle muß ferner eine gewisse Backfähigkeit besitzen, da sonst infolge der verhältnismäßig hohen Unterwindpressung trotz der Brikettierung die Flugkoksverluste stark steigen und an den freigeblasenen Stellen Rostschäden auftreten. Wenn auch der Flugkoks bei genügend hohen Feuerräumen hauptsächlich in den Schlackenschacht gelangt, so ist der Verlust doch fühlbar, da der Flugkoks hier in größeren Mengen nur unvollkommen ausbrennt. Zu hohe Backfähigkeit kann ebenfalls nachteilig sein, weil durch Bildungen großer Brennstoffkuchen CO-Verluste eintreten. Ausweg ist die Mischung verschiedener Kohlen.

Vorwärmung der gesamten Verbrennungsluft auf 150—200° hat nicht zu Schwierigkeiten geführt.

137 Die Bedienung von Stokern erfordert bei großen Feuerungen wesentlich mehr Aufmerksamkeit als bei großen Staubfeuerungen, jedoch vermutlich nicht mehr als bei Unterwind-Wanderrostfeuerungen gleicher Größe und Leistung. Die Lastaufnahme ist bei vorbereitetem Feuer in sehr kurzer Zeit (Dauer 1—2 Minuten) ohne Qualm möglich. Abstellen von hoher Leistung auf niedrige Last (10—20 %) ist in wenigen Minuten zu erreichen. Die Kessel haben jedoch wie bei allen Feuerungsarten einige Stunden lang geringe Dampfleistung bei niedriger Überhitzung. Die Regelung der Dampfleistung ist bei Stoker-Feuerungen auch im Kraftwerkspitzenbetrieb leicht durchzuführen. Änderungen der Verbrennungsluftmenge wirken sich sofort aus. Körperliche Arbeit braucht das Heizpersonal bei gut durchgebildeten Stokern nicht zu leisten. Sie eignen sich daher auch gut für sehr breite Feuerungen. Bei Klemmungen in den Vorschubteilen brechen die leicht auswechselbaren Scherbolzen, so daß großer Bruch nicht eintreten kann.

138   Steht die Feuerung mit gedämpfter Brennschicht über Nacht oder längere Zeit still, so darf diese nur aus entgastem Koks bestehen, der die ganze Brennfläche des Rostes überdecken muß. Der Luftzutritt zum glühenden Koks ist durch Abschluß der Zugklappen und der Abschlußorgane der Windleitung zu verhindern. Hierbei sind wie bei den übrigen Rostbauarten die Vorkehrungen gegen Gasverpuffungen oder Gasexplosionen (Ziff. 199) zu beachten. Einzelne Betriebe ziehen es vor, die Zugklappen ihrer Kessel bei gedämpfter Brennschicht nicht völlig zu schließen, um durch Aufrechterhaltung der Glut oder des Kopffeuers die Abstrahlungsverluste des Kesselblockes auszugleichen.

139   Bei R e p a r a t u r e n sind die Verschleißteile der Stoker-Feuerungen leicht zu ersetzen, wozu jedoch meist Außerbetriebnahme des Kessels erforderlich ist. In eiligen Fällen kann eine Reparatur des Rostbelages in etwa 20stündiger Unterbrechung der Dampflieferung erfolgen, wenn bei Auftreten des Rostschadens das Feuer mit Wasser von oben abgelöscht wird. Auch Störungen am Antrieb des Rostes führen in kurzer Zeit zum Abfallen der Kesselleistungen, daher ist stabile Ausbildung des Antriebmechanismus und möglichst Reserve für die Antriebskraftquelle vorzusehen.

140   Zusammengefaßt läßt sich folgendes sagen:

Im Vergleich zum Wanderrost läßt sich der Stoker leichter in größeren Einheiten bauen. Er schürt im Gegensatz zu diesem das Brennstoffbett dauernd und ist auf die Breite im Vorschub regelbar.

Der Stokerbetrieb ist mit feinkörniger Kohle leichter zu führen als mit gewaschener Nußkohle. Die flüchtigen Bestandteile der Kohle sollen nicht unter 12—15 % und über 30 bis 32 %, der Schlackenschmelzpunkt nicht unter 1050 ° C liegen. Die Kohle muß eine gewisse Backfähigkeit besitzen.

Der Stoker ist ungünstiger beim Ersatz von Rostplatten, da er hierzu außer Betrieb genommen werden muß, während beim Wanderrost der Ersatz meist ohne Außerbetriebnahme vorgenommen werden kann.

Die Betriebserfahrungen beziehen sich auf deutsche Kohlen.

141   Für aschehaltige, wasserreiche Brennstoffe, Grießkohle, Steinkohlenschlamm, Rohbraunkohlen und Waschberge, jedoch nicht unter 1500 kcal/kg Heizwert, kommen Rückschubroste, z. B. der Martinrost, in Frage.

Braunkohlenroste.

142   Der hohe Wassergehalt der Rohbraunkohle erfordert große
Rostflächen. Die am meisten gebräuchlichen Roste für Braunkohle sind Treppenroste und Muldenroste und ihre teilweise
oder ganz mechanisierten Ausführungen; sie finden für alle
Sorten Braunkohle Verwendung. Maßgebend für die Leistung
ist die Länge und Breite der Brennzone, daher größere Kesselbreitenleistung beim Muldenrost. Um die Kesselbreitenleistung
beim Treppenrost zu erhöhen, ist die Hintereinanderschaltung
zweier Roste zur Anwendung gekommen.

Feststehende Roste normaler Leistung finden in der Ausführung mit 5 bis max. 6 Feuerläufen bis zu Kesselgrößen von
750 m² Heizfläche Verwendung; bei größeren Kesseln und
Höchstleistungen werden die Roste mechanisiert und unter
Kesseln von 1000—1500 m² bei einer Kesselleistung von 50 bis
75 kg/m²h mit Erfolg verwendet.

Feststehende Treppenroste.

143   Ihre Neigung muß der Kohlenbeschaffenheit und dem vorhandenen normalen Kesselzug angepaßt werden; eine geringe,
meist jedoch schwierige, daher wenig benutzte Verstellbarkeit
der Rostneigung ist möglich. Der Treppenrost läßt wegen
seiner Abhängigkeit vom Kesselzug nur geringe Leistungs-
veränderungen zu („er ist träge“), und zwar um so weniger,
je feinkörniger der Brennstoff ist. Er ist empfindlich für
wechselnde Kohlenbeschaffenheit, verträgt jedoch auch schlak-
kende Kohle, wobei nur die Schürarbeit erhöht wird. Be-
rüchtigt ist das Herausschlagen der Flamme, das nur bei Sieb-
kohle ganz vermieden werden kann und auf Überschüttungen
und leichte Gasverpuffungen zurückzuführen ist. Ein Heizer
kann bei mittlerer Kohle etwa 8 bis max. 12 Rostläufe bedienen.

144   Bewährte, praktisch erprobte Heizregeln für den festen
Treppenrost sind folgende:

Um eine gute Ausnutzung der Kohle bei rauchschwacher
Verbrennung zu erzielen, ist eine regelmäßige Bedienung der
Feuer unbedingt erforderlich. Die Feuer müssen mit Schüreisen durchgearbeitet werden, und zwar von unten nach oben,
nicht umgekehrt. Das Schüren erfolgt von der Mitte nach
außen, weil die Kohle in der Mitte stärker liegt und nach beiden
Seiten verteilt werden soll. Die Gleichmäßigkeit der Schichthöhe wird auch verbessert durch geringe Wölbung des Rostes

oder durch entsprechende Form der Schichtregler. Das Durcharbeiten des Feuers hat den Zweck, die Asche und die sich ansetzenden Schlacken nach unten auf den Planrostschieber zu befördern und das Nachrutschen der Kohle zu erleichtern, wodurch gleichzeitig das Herausschlagen der Feuer vermindert wird. Der Schürwagen ist nur beim Abschlacken der Feuer zum Aufhalten der Kohle zu benutzen. Der Schürwagen darf nur als Rost betrachtet und als solcher nur mit dem Schüreisen bearbeitet werden.

Haben sich auf dem Schürwagen reichlich Schlacken angesetzt, was sich mit dem Schüreisen leicht feststellen läßt, so muß abgeschlackt werden. Das Abschlacken geschieht möglichst bei Belastungspausen in der Weise, daß man bei geschlossenem Blind- und Vollschieber unter dem Planrost und möglichst bei verminderter Zugluft des Kessels einen Planrostschieber nach dem anderen zieht und von den Schlacken reinigt, dann den Schürwagen, den man vor der Reinigung nach hinten geschoben hat, wieder in die Stellung der Rostlage bringt, und nun die Kohle mit dem Schüreisen auf dem ganzen Rost verteilt. Hierbei kann der Wagen, um ein dichtes Feuer zu erhalten, einige Male bewegt werden. Die Schlacken bleiben in dem Kasten unter dem Planrostschieber, b i s s i e e r - k a l t e t s i n d. Dann erst werden sie in den Aschenfall abgelassen. Ein gut dicht gemachtes Feuer hält etwa 30 Min. aus.

Der Gesamtzug des Kessels soll nicht über 20 bis max. 24 mm WS sein. Der Differenzzug ($=$ Rauchgasmenge) soll für gewöhnlich einen bestimmten, durch Versuche festgelegten Teil des Gesamtzuges betragen. Sollte sich dieses Verhältnis wesentlich ändern, und zwar der Differenzzug größer werden, so liegt die Kohlenschicht auf dem Feuer zu schwach und läßt zuviel Luft eintreten. Es müssen in diesem Falle die Feuer mit dem Schüreisen durchgearbeitet werden. Sollte dieses nicht genügen, so muß die Kohlenschicht durch Höherstellen der Schichtregler stärker eingestellt werden.

Wird dagegen im umgekehrten Falle der Differenzzug wesentlich kleiner, so liegen die Feuer zu dick und haben Luftmangel. Das kann eintreten durch verschlackte Feuer, durch zu starke Kohlenschicht oder durch Verlegung der Züge mit Flugasche. Auch in diesem Falle muß sofort für Abhilfe gesorgt werden, indem die Feuer abgeschlackt, die Schichtregler tiefer gestellt oder die Züge gereinigt werden.

Das Wichtigste ist, daß der Planrost als Hauptverbrennungszone stets richtig bedeckt und schlackenfrei gehalten wird.

Zur besseren Kontrolle der inneren Feuer sind die Schaulöcher in den Zwischenwänden gut frei von Flugasche und Ansinterungen zu halten. Auch gibt die Beobachtung des Aussehens der Flamme vor den ersten Rohrreihen gute Rückschlüsse auf die richtige Feuerführung. Wenn noch leuchtende Flammen bis zu den Rohren reichen, so sind meist unverbrannte Gase vorhanden; eine mäßige Zugabe von Sekundärluft ist dann zweckmäßig. Meist wird jedoch mit zu hohem Luftüberschuß gefahren, was in erster Linie an dem Grundfeuer zu erkennen ist. Wenn an den unteren Stufen die Glut ins dunkelrote übergeht oder hier und auf dem Planrost flackerndes Licht zu erkennen ist oder gar durch die Kohlenstückchen hindurch helle Flammen gesehen werden können, so zieht an diesen Stellen zuviel Luft durch.

145 Um die Handarbeit am feststehenden Rost zu vermindern und gleichzeitig das Überstürzen der Feuer zu verhindern, kann evtl. auch nachträglich noch in der Mitte der Brennbahn ein beweglicher Roststab eingebaut werden. Dieser reguliert die nachrutschende Kohle und ermöglicht eine gleichmäßigere Höhe der Brennschicht im unteren Teil des Rostes.

Feststehende Muldenroste.

146 Beim Muldenrost ist infolge der längeren Brennzone sowohl eine höhere Rostleistung als auch eine bessere Regulierbarkeit erreichbar. Auch verbrennt er mulmige Kohlensorten besser als der Treppenrost.

Die Schütthöhe ist beim Muldenrost im Betrieb nicht verstellbar und muß beim Bau den Eigenarten der Kohle angepaßt werden. Da der Muldenrost mit Oberluft arbeitet, kann er mit geringerem Unterdruck im Feuerraum auskommen.

147 Folgende Heizregeln haben sich im Betriebe bewährt:

Das Feuerlegen auf dem Muldenrost erfolgt in einfacher Weise dadurch, daß leicht brennbares Material, Holzwolle und Holz auf die Roste gebracht wird, oder jede Rostbahn mit zwei bis drei Schaufeln brennender Kohle, die einer benachbarten Feuerung entnommen werden, bedeckt und darnach der Brennstoff aufgegeben wird. Bei wenig geöffnetem Rauchgasschieber breitet sich in kurzer Zeit das Feuer auf die Rostlängen aus und der Kessel wird in einer von der Bauart des Kessels ab-

hängigen Zeit bis zur Inbetriebnahme hochgeheizt. Das Hoch-
heizen des Kessels erfolgt in der Weise, daß die Feuer bei gering geöffnetem Rauchgasschieber nach Bedarf entschlackt
werden und darnach wieder Brennstoff zugeführt wird. Die
Zuführung des Brennstoffes erfolgt dadurch, daß mit der Feuer-
krücke von hinten nach vorn an den beiden seitlichen Schacht-
ausläufen entlang gefahren wird.

Nach Inbetriebnahme des Kessels wird der Rauchgasschieber
(Unterdruck im Feuerraum) entsprechend der Körnung des
Brennstoffes eingestellt, um den CO_2-Gehalt der Rauchgase und
somit den Wirkungsgrad der Feuerung auf die bestmögliche
Höhe zu bringen und zu erhalten.

Die Feuerführung ist im wesentlichen abhängig von der
Beschaffenheit des Brennstoffes.

148 Bei mulmigem, klarem Brennstoff ist die Brennstoffschicht,
um einen guten Durchbrand zu erzielen, verhältnismäßig
schwach zu halten. Der in der Mitte der Roste liegende Kipp-
rost, der zum Abschlacken dient, ist bei Verbrennung dieses
Brennstoffes nicht zu betätigen, da sonst mit der Schlacke ein
hoher Prozentsatz des selbsttätig und ungewollt nachrutschen-
den Brennstoffes abgeworfen wird. Die Entschlackung der
Feuer hat lediglich mit der Krücke zu erfolgen. Die bis zur
Feuertür vorgezogene Schlacke bleibt bis zur nächsten Entschlackung auf den mit Sekundärluftlöchern versehenen
Schlackenschiebern zur Nachverbrennung liegen und wird dann
durch die geöffneten Schlackenschieber den Schlackenbunkern
zugeführt. Die Bedienung der einzelnen Rostbahnen erfolgt in
jedem Falle in gleichmäßigen Zeitabschnitten, indem die Feuer
mit geraden Zahlen, also 2, 4 usw. nacheinander und dann die
Feuer mit ungeraden Zahlen 1, 3, usw., abgeschlackt und mit
Brennstoff beschickt werden, um einen möglichst gleichmäßigen
Verbrennungsvorgang über die gesamte Kesselbreite zu erreichen. Der CO_2-Gehalt wird durch entsprechende Einstellung
des Rauchgasschiebers auf 12—14 %, gemessen am Kesselende,
gehalten.

149 Bei stückigem Brennstoff ist die Brennstoffschicht wesentlich stärker zu halten. Die Entschlackung der einzelnen Feuer
hat in gleicher Weise, wie vorher gesagt, zu erfolgen. Auch
bei dieser Art des Brennstoffes ist das Entschlacken der Feuer
mit den Kipprosten zu unterlassen, da hierbei größere, noch
unverbrannte Kohlenstücke sowie der während des Kippens
selbsttätig und ungewollt nachrutschende Brennstoff in die

Schlackenbunker abgeworfen und der Verlust an Unverbranntem einen unverhältnismäßig hohen Wert erreichen würde. Der Rauchgasschieber ist ebenfalls so einzustellen, daß ein CO_2-Gehalt von 12—14 %, gemessen am Kesselende, erreicht wird. Bei heller klarer Flamme und richtiger Einstellung des Rauchgasschiebers schwankt der CO_2-Gehalt am Kesselende durchweg zwischen diesen Werten, während er bei einem abgebrannten Feuer und unmittelbar nach Aufgabe von Brennstoff auf das Feuer bis herunter auf 6 % fällt und sich erst mit dem Fortschreiten des Verbrennungsvorganges wieder auf den Sollwert erhöht.

Die Verfeuerung von Rohkohle mit einem Aschegehalt und Sandgehalt von 15—18 % oder hohem Tongehalt erfordert wegen des ungleichmäßigen Ausbrandes und der anfallenden Schlacke in großen Mengen erhöhte Aufmerksamkeit und Mehrarbeit. Mit der diesem Brennstoff entsprechenden Einstellung des Rauchgasschiebers kann ein CO_2-Gehalt von 10—12 %, gemessen am Kesselende, erreicht werden. Die Entschlackung der Roste kann bei Verfeuerung dieses aschenreichen Brennstoffes in vorsichtiger Weise außer mit der Krücke auch mit den Kipprosten erfolgen, wobei allerdings nicht zu vermeiden ist, daß ein Teil des Brennstoffes mit der Schlacke abgeworfen wird.

Nasser und tonhaltiger Brennstoff neigt zur Brückenbildung in den Kohlenschächten der Feuerungen und muß von oben nachgestoßen werden, da andernfalls durch den fehlenden Brennstoff auf den Rosten die Feuerleistung wesentlich zurückgeht und das Mauerwerk und die gußeisernen Zahnträger durch Einwirkung der Feuerraumtemperatur beschädigt werden.

150 Im allgemeinen kann gesagt werden, daß sich die Muldenroste zur Verfeuerung jeder Art von Braunkohle, gleichgültig, ob mehr oder weniger Aschegehalt enthalten ist, eignen. Stehen den Betrieben mechanische Treppenroste und handgeschürte Muldenroste zur Verfügung, so ist es vorteilhaft, die Rohbraunkohle mit einem Asche- und Sandgehalt von 15—18 % oder hohem Tongehalt auf den Muldenrosten zu verfeuern, da sich hier durch die Handbeschickung ein gleichmäßigerer Abbrand erzielen läßt als auf den mechanischen Rosten, bei welchen ein gleichmäßiger Abbrand des Brennstoffes mit angegebener Beschaffenheit kaum möglich ist. Auch tritt bei Muldenrosten ein Verschleiß bei Verfeuerung von sandhaltigem Brennstoff nicht ein, dagegen ist bei mechanischen Treppenrosten in diesem Falle ein hoher Verschleiß festzustellen.

151 Wird ein Kessel mit Muldenrostfeuerung kurze Zeit (bis 24 Stunden) für den Betrieb nicht benötigt, so ist es in jeder Beziehung von Vorteil, ihn nicht abzufeuern, sondern die Feuer durch Drosseln des Rauchgasschiebers und Abdecken mit Schlacke in Ruhe zu stellen. Hierdurch wird ein wesentlicher Teil des Brennstoffes, welcher zum Anheizen des abgefeuerten Kessels notwendig wäre, erspart, da demgegenüber die Brennstoffmenge, die während der in Ruhe stehenden Feuer verbraucht wird, sehr gering ist. Der Wärmeverlust des Kessels ist unwesentlich, und der Kessel ist nach dem Entschlacken der Feuer in kürzester Zeit wieder betriebsbereit.

152 Die Wiederinbetriebnahme von Muldenrosten, die längere Zeit unter Feuer in Ruhe gestanden haben, erfordert besondere Vorsicht, da ja die Schwelung der Kohle auf den Rosten nicht ganz unterbrochen wird und die Schwelgase sich in den Zügen der Kessel und der Vorwärmer sowie in den Füchsen ansammeln und bei Wiederinbetriebnahme der Feuerung zu gefährlichen Verpuffungen die Ursache sein können.

Um die Schwelgase ununterbrochen nach dem Schornstein abzuführen, darf der Rauchgasschieber auch in geschlossener Stellung nicht dicht sein. Zur sicheren Abführung der Schwelgase in den Rauchgaszügen und Füchsen ist der Rauchgasschieber mindestens 20 Minuten vor Wiederinbetriebnahme des Rostes, also vor dem Öffnen der Feuer- und Schlackentüren, aufzumachen, wobei auch die Vorwärmerklappen zu öffnen sind. Ferner ist es ratsam, vor dem Öffnen der Feuer- und Schlackentüren die Rauchgaszüge der Kessel und der Vorwärmer sowie der Füchse, je nach ihrer Bauart, an geeigneter Stelle zu belüften.

Mechanische Treppenroste.

153 Ähnliche Gesichtspunkte sind auch für die mechanischen Treppenroste, bei denen im allgemeinen die Form der festen Roste beibehalten ist, maßgebend; jedoch ist die Rostneigung geringer. Der Transport der Kohle wird durch die Bewegung einiger Rostplatten erreicht. Der Vorteil der Mechanisierung besteht in der Möglichkeit, größere Rostlängen und -tiefen gut zu beherrschen, in der Erleichterung dauernder und intensiver Schürarbeit (hohe Rostleistung und besserer Ausbrand), in der größeren Unempfindlichkeit gegen Veränderung der Kohleneigenschaften und des Zuges (daher „elastischer").

Die Rostleistungssteigerung und Verbesserung des Wirkungsgrades ist jedoch zu einem großen Teil durch die gleichzeitige bessere Ausbildung des Feuerraumes und durch den bei mechanischen Rosten möglichen Übergang zu Unterwind und Warmluft bedingt. Entsprechend dem verschiedenen Luftbedarf der Kohle auf dem Rost kommt bei Unterwind eine Zoneneinteilung mehr und mehr zur Anwendung.

154   Die Bedienung der mechanischen Roste erfordert größeres Verständnis des Heizers. Die einzige Handarbeit wird nur durch unerwünschte Haufenbildung in der Brennzone verursacht, die vermieden werden muß, da sonst leicht ein Erglühen und Überbeanspruchen des Rostes eintritt.

Eine Verstellung der Rostneigung ist bei richtiger Wahl des Neigungswinkels nicht erforderlich. Mechanische Roste mit normaler Neigung lassen eine Unterwindpressung bis zu 10 mm WS zu.

155   Der Rostantrieb ist elektrisch oder hydraulisch (meist unentzündliches Bohröl aus zentralen Öldruckanlagen für das ganze Kesselhaus). Er muß gut und sehr feinstufig regulierbar sein und darf nicht ruckweise erfolgen. Bei Öldruckbetrieb ist äußerst feine und genaue Regelung möglich.

Mechanische Muldenroste.

156   Bei vollmechanischen Muldenrosten spezifisch hoher Leistung kommt der Sekundärluftzufuhr erhöhte Bedeutung zu. Die erforderliche Sekundärluftmenge hängt von der Beschaffenheit der Kohle, insbesondere von Korngröße, grober Feuchtigkeit und Gasreichtum ab. Die richtige Sekundärluftmenge wird vom Heizer im Betriebe jeweils ausprobiert und eingestellt. Die Beobachtung der Rauchfahne des Schornsteins kann nur grobe Fehler zeigen, da ihr Aussehen stark von Feuchtigkeit und Temperatur der Atmosphäre und der Rauchgase und von der Beleuchtung abhängt. Im großen und ganzen läßt ein leichter bräunlicher Rauch auf richtigen Gang des Feuers schließen.

Die zweckmäßige Rostbedeckung richtet sich auch nach der Kohle, besonders auch die Lage und Breite der Brennbahn. Das Feuer liegt im allgemeinen richtig, wenn die Kohle noch ein Stück unterhalb der Kohlenschlitze schwarz steht unter reichlicher Wasserdampfentwicklung. Der Übergang zur Brennbahn ist ziemlich unvermittelt infolge der dort lebhaft einsetzenden Verbrennung. Die Beobachtung der Flamme kann richtige Anhaltspunkte geben, die sich jedoch nach der Gesamtanordnung des Feuerraumes richten. Bei reichlich bemessenem Feuerraum und der Abgabe strahlender Wärme vom Rost an die Siederohre, deutet ein blendend helles Feuer auf Luftmangel hin. Bei solchen Feuerräumen ist das Feuer im allgemeinen gut, wennn die Flamme beim Eintritt in die Siederohre durchsichtig und nicht zu heiß ist. (Etwa 1000—1150° C.) Wegen des Einflusses der Kohlenbeschaffenheit und der Anordnung des Feuerraumes erfordert die Beurteilung der Rostbedeckung, der Brennbahn und der Flamme große Erfahrung. Es ist daher die Zuhilfenahme von Rauchgasprüfern, die auch unverbrannte Gase anzeigen, sehr zu empfehlen.

157 Bei Feuerungen ohne Unterwind regelt sich die Sekundärluft mit der Kesselleistung selbständig. Bei Unterwind wird bei steigender Leistung die Sekundärluftmenge relativ geringer, wenn die Leistungssteigerung nicht durch höheren Unterdruck über dem Rost, sondern durch größere Pressung unter dem Rost erzielt wird. Für solche Fälle schließt man zweckmäßig einen beträchtlichen Teil der Sekundärluftzufuhr an die Unterwindleitung an. Der Heizer ist dann von der Regulierung der Sekundärluft mit wechselnder Belastung befreit und braucht nur den Kohlenvorschub der jeweiligen Kesselleistung anzugleichen.

Die Geschwindigkeit des Kohlenvorschubs wird so eingestellt bzw. nachreguliert, daß die oben beschriebene günstige Feuerlage sich im Beharrungszustand erhält, d. h., daß die Brennbahn weder breiter noch enger wird. Bei mittlerem Aschegehalt der Kohle von 7—8 % erfolgt das Abschlacken zweckmäßig in Abständen von $^5/_4$ Stunden. Man ist an die genaue Einhaltung dieser Zeit nicht gebunden und kann sie notfalls auch einmal auf etwa zwei Stunden ausdehnen. Mit zunehmender Verschlackung des Rostes wird die Brennbahn etwas breiter gehalten.

158 Bei backender Schlacke reißt man die Schlacken mit der Stange auf, was auch bei 5½ m langen Rosten noch gut möglich ist, und läßt dann rund 10 Min. ausbrennen, bevor der Schlackenrost auseinandergefahren wird. Nachdem der Schlackenrost wieder geschlossen ist, wird kurz der Kohlenvorschub ziemlich schnell gefahren, um den Rost wieder gut zu bedecken. Der Ausbrand der Schlacke erfolgt auf dem unter dem Schlackenrost angebrachten Ausbrennrost, der erst vor dem nächsten Abschlacken wieder gekippt wird.

Manche Kohlen neigen dazu, nach dem Abschlacken reichlich unverbrannte Gase zu liefern. Weiß dies der Heizer, so gibt er nach dem Schlacken etwa 3 Min. lang mehr Sekundärluft.

Es empfiehlt sich die Sekundärluftöffnungen daraufhin zu überwachen, ob sie noch richtig ziehen und nicht verstopft sind.

Zusatzfeuerungen.

159 Eine größere Elastizität und eine Leistungserhöhung bis zu 50 % der Rostfeuerungen wird durch Staubzusatzfeuerungen erreicht, die bei nicht mechanischen Rosten meist auch eine Verbesserung des Wirkungsgrades der Feuerung mit sich bringen. Sie ermöglichen außerdem die Verheizung von Abfallkohlen, die auf der vorhandenen Rostfeuerung nicht mit verbrannt werden können.

Hierbei ist zu beachten,

daß die Feuerräume groß genug sein müssen, um die vollkommene Verbrennung des Zusatzbrennstoffes noch zu ermöglichen,

daß die Druckverhältnisse im Verbrennungsraum durch die Zusatzluft gewissen Veränderungen unterliegen und

daß die höhere Brennleistung eine entsprechend größere Zugstärke erfordert.

Die Feuerraumtemperaturen steigen bei Anwendung von Zusatzfeuerungen in der Regel an, was bei Rostfeuerungen mit gasarmen oder sehr wasserhaltigen Brennstoffen erwünscht sein kann. Staubzusatzfeuerungen sind sowohl bei Wanderrosten, als auch bei Treppen- und Muldenrosten mit Erfolg ausgeführt worden. Von allzu großer Leistungssteigerung wird abgeraten, da die Verschiedenartigkeit der Feuerungsbedingungen für Rost- und Staubfeuerungen in diesem Falle keinen wirtschaftlichen Nutzen mehr ergibt.

Die Anforderungen bzw. Mahlfeinheit und Wassergehalt sind bei Zusatzfeuerungen geringer, da nicht in der Schwebe verbrannte Teilchen auf dem Rost ausbrennen können. Je feiner und trockener der Staub ist, desto leichter können Verpuffungen auftreten.

Die Frage, wie weit man bei einem beabsichtigten nachträglichen Einbau oder Neubau einer kombinierten Kohlenstaub-Rostfeuerung den Anforderungen der Kohlenstaubfeuerung (Feuerraum) entgegenkommen kann, ist von der Zahl der Benutzungsstunden der Zusatzfeuerung abhängig; eine günstigste Lösung muß von Fall zu Fall gesucht werden.

Kohlenstaubfeuerungen.

160 Kohlenstaubfeuerungen eignen sich für die Verfeuerung aller Sorten Steinkohle und Braunkohle, die im gemahlenen Zustand eine gewisse Feinheit sowie eine bestimmte Maximalfeuchtigkeit besitzen. Vorbedingung für eine gute Feuerführung ist eine gleichmäßige und leicht regelbare Zufuhr des brennfertigen Staubes und der Verbrennungsluft.

161 Bei der E i n z e l m a h l a n l a g e erfolgt die Zufuhr des Staubes in den Brennraum durch die Rohkohlen-Aufgabevorrichtung zur Mühle und anschließend durch die Förder- oder Erstluft zum Brenner. Bei der Z e n t r a l m a h l a n l a g e erfolgt die Zufuhr des Staubes durch die Zuteilschnecken oder durch Zellenräder, die den Staub aus den Staubvorratsbunkern abziehen, und dann ebenfalls durch die Erstluft. Diese erfaßt den aus den Schnecken kommenden Staub und bläst ihn durch die Zuteilrohre und die Brennerköpfe in den Feuerraum. Damit der Staub von den Zuteilern ungehindert und gleichmäßig gefördert werden kann, muß der Bunker steile Wände von mindestens 60° besitzen. Der beste Schutz gegen Festbacken des Staubes, Selbsterwärmung und dergleichen ist die Wahl möglichst kleiner Staubbunker vor den Kesseln, damit der Durchsatz rasch erfolgt; für den Vorrat ist ein Zentralbunker in der Mahlanlage empfehlenswert. Sind Luftdüsen zur Staubauflockerung in den Bunkern vorgesehen, so müssen Luftleckageöffnungen als Schutz gegen undichte Ventile vorgesehen sein. Der Staubbunker wird unten gegen die Schnecken durch leicht zu betätigende große Flach- oder Trommelschieber abgesperrt.

162 Der Antrieb der Schnecken kann einzeln mittels einer Gleitkupplung erfolgen. Die Lager der Zuteilschnecken, sowie die gesamte Antriebsvorrichtung sind vom Zuteilschneckengehäuse getrennt und so abgeschlossen durchgebildet, daß der aus dem Schneckengehäuse austretende Staub niemals in die Lager oder Antriebsgehäuse gelangen kann. Das im Antriebsgehäuse befindliche Öl darf nicht an der Welle entlang austreten; dies wird durch Dichtungen und Entlastungskammern verhindert. Jeder Schneckenantrieb ist für sich allein zwecks Überholung auseinandernehmbar, und sein Ausbau darf durch die durchgehende gemeinsame Antriebswelle nicht behindert werden.

Auch die Schnecken sind so durchzubilden, daß sie zum Festbacken von Staub keinen Anlaß geben. Gut bewährt haben sich Schnecken, deren äußerer Schneckendurchmesser unter der Bunkeröffnung von hinten nach vorn gleichmäßig zunimmt bei konstantem Durchmesser des Schneckengrundes. Für gut getrockneten Staub sind lange Schnecken mit kleinerem Durchmesser, d. h. verhältnismäßig hoher Drehzahl sowie mit stark ausgerundetem Gangprofil vorzuziehen. Wichtig sind vor allem genügend lange Schnecken, damit ein Durchschießen des Staubes weitgehend verhindert wird. Für die Förderluft werden vor den Zuteilschnecken g r o ß e Luftsammelrohre angeordnet, um einen gleichzeitigen Ausfall mehrerer Schnecken zu vermeiden, wenn ein Verbindungsrohr zwischen einer Zuteilschnecke und dem Brenner verstopft ist. In den Zuführungsrohren zu den Brennern sind Reinigungsöffnungen vorzusehen.

163 Mit Rücksicht auf die Haltbarkeit der Seitenwände empfiehlt es sich, die Förderleistung der beiden Seitenbrenner je nach Ausbildung der Feuerraumkühlung nur etwa ⅔ bis ½ so groß zu wählen, wie die der übrigen Brenner. Die Erstluft muß für jeden einzelnen Brenner einzeln einstellbar sein, die Zweitluft desgleichen möglichst weitgehend.

164 Für die B e d i e n u n g der Kohlenstaubfeuerung haben sich folgende Regeln bewährt:

Vor I n b e t r i e b s e t z u n g werden die Zubringerschnecken von Hand durchgedreht und auf Leichtgängigkeit geprüft. Die Antriebe und alle drehenden Teile werden regelmäßig mit Öl bzw. Fett versehen.

Vor jeder Inbetriebsetzung der Feuerung wird der Kessel durch Anstellen des Zuges kurze Zeit kräftig durchgelüftet.

165 Die weitere Inbetriebsetzung geschieht folgendermaßen:

Einschalten des Saugzugmotors oder Öffnen des Fuchsschiebers.

Einschalten des Zweitluftmotors (wenn vorhanden) und geringes Öffnen der Zweitluftklappen.

Abstimmung von Kesselzug und Zweitluft, so daß derjenige Unterdruck in der Brennkammer vorhanden ist, der den durch Versuch ermittelten günstigsten Verhältnissen entspricht.

Ingangsetzen des Erstluftgebläses und der gemeinsamen Förderschnecken-Antriebswelle.

Anzünden der Lunten oder Zündbrenner.

Öffnen und Einstellen der Erstluftklappen von einzelnen oder mehreren Förderschnecken.

Kuppeln der dazugehörigen Förderschnecken.

Öffnen der entsprechenden Staubschieber.

Hat der Staub sicher gezündet, so können die Zündbrenner je nach Gasgehalt nach einigen Minuten wieder außer Betrieb genommen werden.

Mißglückt nach erfolgter Kohlenzufuhr die Zündung oder reißt die Staubflamme während des Betriebes ab, so wird man die betreffenden Zuteilschnecken auskuppeln, die dazugehörigen Staubschieber schließen (unter Umständen in umgekehrter Reihenfolge) und die Erstluftklappen geöffnet lassen.

Die Wiederingangsetzung erfolgt wie vorher beschrieben. Waren sämtliche oder die Mehrzahl der Brenner erloschen, so wird vor Wiederholung der Ingangsetzung der Kessel erneut belüftet, um Verpuffungen vorzubeugen.

Nach Zündung wird der Unterdruck in der Brennkammer so eingestellt, daß an keiner Stelle des Systems Überdruck herrscht. Erstluftdruck und Drehzahl der Zubringer richten sich nach den baulichen Verhältnissen und werden entsprechend den während des Probebetriebes festgestellten günstigsten Verhältnissen eingestellt.

166 Ein kalter Kessel wird zweckmäßig mit möglichst wenig Staubbrennern und bei wiederholtem Brennerwechsel langsam bis zur Dampfabgabe hochgeheizt. Sofern dies infolge der Kesselbauart oder des verfeuerten Brennstoffes nicht möglich ist, legt man mehrere Pausen während des Hochheizens ein. Aus dem Überhitzer ist stets kräftig Dampf abzublasen, gegebenenfalls durch Überleitung in einen Vorwärmer, Verdampfer oder Speisewasser-Reiniger.

167 Abstellen der Kessel.

Bei kurzzeitigen Außerbetriebsetzungen empfehlen sich je nach Kohlenart, Bunkerhöhe und evtl. Vorhandensein von Bunkerrauchgasschutz folgende Maßnahmen:

Wenn möglich, Bunker auf etwa die Hälfte oder ein Viertel leerfahren, da die Gefahr der Selbstentzündung des Staubes bei niederer Druckhöhe geringer ist. Rauchgasschutz, sofern vorhanden, auf dem Bunker stehen lassen.

Nach Schließen der Staubschieber und Abschalten der Zubringer die Zweitluft vollkommen abstellen.

Die Erstluft noch etwa 10 Minuten angestellt lassen, damit alle Ablagerungen in den Zuführungsrohren und Brennern möglichst ausgeblasen werden; durch Abklopfen der Fallrohre nachhelfen!

Sämtliche Schieber und Klappen der Luft- und Gaskanäle zur Verminderung der Abkühlung schließen. Es ist häufig zweckmäßig, Unterdruck in der Brennkammer auf etwa 0,5 mm zu halten, um Ansammlungen von explosiblen Gasen zu vermeiden. Die üblichen Undichtigkeiten der Zugklappen genügen hierzu im allgemeinen reichlich bei gut dichtschließenden Aschentrichterschiebern und Sekundärluftklappen.

168 Bei l ä n g e r e n Außerbetriebsetzungen:

Bunker restlos leerfahren. Gegen Schluß öfters abklopfen und Peil- oder Schabervorrichtungen betätigen, um Ablagerungen abzustoßen.

Zubringer wechselseitig laufen lassen.

Erstluftklappen wiederholt öffnen und schließen, wodurch die Entleerung des Schneckentroges unterstützt wird.

Im übrigen wie vorher bei kurzzeitiger Außerbetriebnahme.

Wenn vorhanden, Schutzgaszuführungen zum Bunker nach etwa 1 Stunde abstellen, Einsteigtüren öffnen, Bunker auf evtl. Ablagerungen unter Verwendung vorschriftsmäßiger, explosionssicherer Lampen nachprüfen. Eventuell noch vorhandene Ablagerungen abstoßen, Bunker schließen, evtl. wieder Rauchgase aufgeben und Brenner nochmals bis zur vollkommenen Entleerung der Bunker anfahren.

Wenn Leerfahren des Bunkers nicht möglich ist, so wird der Staub durch eine Umpumpeinrichtung in einen anderen Bunker gefördert, oder wenn eine solche Einrichtung nicht vorhanden ist, mittels großer biegsamer Stahlschläuche in den Nachbarkessel abgefahren.

169 Nach langsamer Abkühlung des Kessels wird die Brennkammer befahren zur Feststellung ihres Verschmutzungsgrades und der Beschädigung des Mauerwerks.

Feststellung des Verschleißes der Brennermündung, Überprüfung der Luftkanäle, sowie sämtlicher Saugzug- und aller übrigen Klappen auf gute Gängigkeit.

170 Für die **Flammenbildung** und den **Flammenweg** ist die Anordnung, Durchbildung und Einstellung des Brennerkopfes von Bedeutung. Ein kleiner Gesamtaustritts-Querschnitt erzielt höhere Geschwindigkeiten des Staubluftgemisches und besitzt größere Richt- und Durchschlagskraft. Eine gute Vermischung von Staub und Luft wird durch eine zweckentsprechende, jedoch nicht zu weitgehende Unterteilung oder Formgebung des Austrittsquerschnittes unterstützt. Durch Ausrichten der Brennerachse wird der anfängliche Flammenweg eingestellt. Bei seinem Eintritt in die Feuerung wird das Staubluftgemisch jedes Brenners durch die kalte oder bis zu 400° vorgewärmte Zweitluft möglichst weitgehend eingehüllt. Die U-förmige Flamme wird bei neueren Anlagen meist nicht mehr angewandt. Vielmehr werden meist Wirbelbrenner an der Kesselstirnwand oder an den Ecken des Feuerraumes eingebaut, die gute Durchmischung und kurzen Flammenweg ergeben.

Durch die Einstellung der notwendigen Erstluftmenge, durch richtige Bemessung der Zweitluft, sowie durch die Größe des Zuges am Vorwärmerende wird der Weg und die Länge der brennenden Staubflamme beeinflußt: Vergrößerung der Erstluftmenge **v e r l ä n g e r t** den Flammenweg, Erhöhung des Kesselzuges **v e r k ü r z t** ihn im allgemeinen.

Bei Staubkesseln mit Granulierrost soll die Staubflamme ihren unteren Wendepunkt unmittelbar über oder zwischen den schrägen Granulierrohren haben. Zeigen diese keine Gefahr zu Ausbeulungen usw. oder sind sie auf der beheizten Seite gegen zu starke Einstrahlung durch geeignete Einrichtungen geschützt, so darf die Staubflamme durch die Granulierroste durchschlagen, sofern ein besserer Ausbrand durch die hiermit erzielte Verlängerung des Flammenweges erreicht wird.

171 Bei U- oder hakenförmiger Flamme und zu starkem Kesselzug besteht die Gefahr des Kurzschlusses, d. h. daß Staubmengen sich vorzeitig aus der allgemeinen Flamme ablösen und auf dem kürzesten Weg in den Kesselzug eintreten. Den hiermit verbundenen Verlusten begegnet der Heizer durch Abschwächung des Zuges oder, sofern der Feuerraumunterdruck dies nicht mehr gestattet, durch Erhöhung der Förderluft. Sollte dies nicht mehr angängig sein, so hat der Heizer mitunter die Möglichkeit, sich durch Verstellung der Zweitluftmenge unter Beachtung des vorgeschriebenen CO_2Gehaltes zu helfen.

172　　Die Flamme soll hell-weiß-gelb aussehen, ruhig erscheinen und vor Eintritt in die 1. Rohrreihe ausgebrannt sein. Der Staub brennt gut und sicher, wenn die Flamme bis zur Brennermündung zurückbrennt. Wird die Flamme unruhig, so ist die Staubzufuhr zu gering oder ungleichmäßig, oder bei hoher Belastung sind die Luftzufuhr- und Gasabfuhrverhältnisse nicht in Einklang. Der Unterdruckmesser sowie der CO_2-Anzeiger deuten auf die zu ergreifenden Maßnahmen hin.

173　　Plötzliche Laständerungen sind möglichst zu vermeiden. Bei Laststeigerung erhöht man zuerst die Verbrennungsluftmenge und dann erst die Schneckendrehzahl. Die Luftzufuhr ist so zu bemessen, daß im Feuerraum bei Normallast ein CO_2-Gehalt von 15—17 % oder am Kesselende von 14—16 % herrscht. CO-Gase dürfen niemals auftreten.

Bei verschiedenen Belastungen wird der Unterdruck der Brennkammer sowie der CO_2-Gehalt durch Regulierung des Saugzuges und der Zweitluftzufuhr eingestellt. Die richtige Flammenlänge wird durch die Erstluftmenge einreguliert.

174　　Die Zweitluftzufuhr erfolgt weitgehend an den Brennern selbst; die Seitenbrenner erhalten im allgemeinen weniger als die Mittelbrenner entsprechend der verringerten Fördermenge und zum Ausgleich der im Bereich dieser Seitenbrenner erhöht eintretenden Undichtigkeitsluftmenge aus dem Seitenmauerwerk. Die durch unvollkommen abdichtende Schlackentrichterabschlüsse einströmende geringe Zweitluftmenge ist häufig erwünscht zur Nachverbrennung kleinster, ausgeschiedener, glühender Kohlenteilchen sowie zur Unterstützung der Granulierwirkung.

Gegen zu starken Luftzutritt empfiehlt sich aber mitunter der Einbau von Pendelklappen aus Blech in die Ausläufer der Schlackentrichter, durch welche Schlackenstücke ungehindert durchfallen können. Das hat auch den Vorteil, daß im Betrieb bei Normallast die großen Schlackenschieber geöffnet bleiben können.

175　　Die niedrigste Last, bei der die Feuerung noch betriebssicher arbeitet, ist für die zu verfeuernde Kohle durch Versuch zu bestimmen. Sie wird im allgemeinen durch zwei Maßnahmen erreicht: Abschalten eines Teiles der Brenner und Erniedrigung der Drehzahl. Sind Lufterhitzer vorhanden, so ist auf möglichst hohe Luftvorwärmung gerade bei Niedriglast Wert zu legen. Auch kann unter Umständen eine Erniedrigung der Speisewasservorwärmung für Niedriglast in

Erwägung gezogen werden, d. h. entweder Umgehung des Speisewasservorwärmers oder, wenn dies nicht möglich, oder wenn kein Vorwärmer vorhanden, durch Erniedrigung der Anzapfvorwärmung. Diese Verfahren sind jedoch mit einer gewissen Unwirtschaftlichkeit verbunden.

176 Über die Güte der augenblicklichen Feuerführung gibt (neben der Untersuchung des Flugaschenstaubes) das Aussehen der Schornsteinrauchfahne einen Anhalt. Sie ist als gut zu bezeichnen, wenn sie je nach Witterung farblos bis hellgrau oder bei niedriger Außentemperatur weiß aussieht. Es empfiehlt sich, für Staubfeuerungen, wie für alle Feuerungsarten, dem Heizer, zumindest dem Oberheizer, freie Sicht auf die Schornsteinmündung zu verschaffen. Zur Beurteilung der Güte der Feuerung im allgemeinen ist die Untersuchung des Flugaschenstaubes geeignet.

177 Beginnt bei ungekühlten Feuerräumen die Schlacke oder die Chamotteauskleidung zu tropfen oder zu fließen, so ist zu prüfen, auf welche der nachstehenden Gründe dies zurückzuführen ist:

a) (bei örtlichem Angriff) falsche Lage der Flamme,
b) zu hohe Belastung,
c) zu hoher CO_2-Gehalt bei Überlast,
d) Zweitluft an falscher Stelle zugeführt,
e) zu niedriger Unterdruck,
f) Stauhitze durch zugesinterte Siederohre.

Die Gegenmaßnahmen ergeben sich hieraus zwanglos und sind unverzüglich zu ergreifen, da andernfalls das Mauerwerk unverhältnismäßig rasch zerstört wird.

Für jeden Kessel wird durch Versuche mit verschiedenen Belastungen ermittelt, bei welchem CO_2-Gehalt das Chamottemauerwerk gerade anfängt zu tropfen. Trägt man in einem Diagramm die Dampferzeugung als Abszisse und den ermittelten CO_2-Gehalt als Ordinate auf, so erhält man eine hyperbelähnliche Grenzkurve. Die Feuerführung hat dann so zu erfolgen, daß die Belastung im Höchstfalle etwa 10 % links von dieser Grenzkurve bleibt.

Eine maximale Flammentemperatur einzuhalten, empfiehlt sich nicht, denn diese gibt kein eindeutiges und entscheidendes Bild über die tatsächlichen Verhältnisse. Außerdem erfordert diese Temperaturmessung zusätzliche Meßeinrichtungen.

178 Je nach Beschaffenheit des Brennstaubes und unter Berücksichtigung der Eigenschaften der Asche müssen die vorhandenen Rußbläser etwa je einmal pro Schicht betätigt werden. Hierbei werden Lufterhitzer abgeschaltet, Speisewasservorwärmer umgangen, und der Kesselzug kann etwas erhöht werden.

Ablagerungen unten in der Brennkammer brauchen nur dann beseitigt zu werden, wenn sie über die beiden seitlichsten Granulierrohre hinaus auch das nächste Rohr zu überdecken oder die Trichteröffnung zu verengen drohen. Beim Abstoßen sorge man dafür, daß das Mauerwerk nicht beschädigt wird und in der Entaschung keine Verstopfungen auftreten.

179 Bei Unregelmäßigkeiten oder Störungen ist folgendes zu beachten:

Bei drohenden Ablagerungen in den Zubringerrohren werden diese kräftig von außen abgeklopft. Die Düsenmündungen sind auf Ablagerungen und Verschlackungen zu überprüfen und durch Abstoßen davon zu befreien.

Bei drohender Verstopfung von Brennern bzw. der dazugehörigen Fallrohre werden die zugehörigen Staubschieber ganz oder zum Teil geschlossen. Die Erstluftklappen bleiben geöffnet. Da durch Abklopfen allein diese Verstopfungen meist nicht zu beseitigen sind, so werden die verstopften Rohre mittels starkem Draht und Preßluft durch die hierfür vorgesehenen Reinigungs- oder Stochöffnungen kräftig durchstoßen.

Beim Durchschießen des Staubes durch die Zubringerschnecken werden diese sofort auf möglichst niedrige Drehzahl gebracht, die Staubzufuhr durch teilweises Schließen der entsprechenden Staubschieber gedrosselt und der Unterdruck in der Brennkammer erhöht. Erforderlichenfalls wird die Staubförderung zum Bunker kurzzeitig abgestellt. Nach eingetretener Beruhigung des Staubflusses wird der Kessel vorsichtig und langsam wieder hochgefahren.

180 Grundsätzlich sind sämtliche Antriebsmotore und deren Schalter so auszulegen, daß sie auch bei schweren Netzstörungen nicht außer Tritt fallen oder auslösen können.

Werden einzelne oder mehrere Zubringerschnecken durch verkokten oder festgebackenen Staub, durch Eisenteile oder sonstige Fremdkörper festgebremst, so darf der gemeinsame Antriebsmotor nicht stehenbleiben, sondern es sprechen lediglich die zugehörigen Gleitkupplungen an. Die festsitzende Schnecke wird sofort ausgekuppelt und der entsprechende Staubschieber geschlossen. Wenn die Gefahr des Festsitzens rechtzeitig bemerkt wird, ist möglichst erst der Staubschieber zu schließen und nach Leerfahren des Troges die Schnecke auszukuppeln. Sobald die Schnecke wieder gangbar ist, wird sie wieder zugeschaltet.

Der **Erstluft-Ventilatorantrieb** und Schalter wird mit einer noch höheren Sicherheit ausgelegt, als der Zubringer-Antriebsmotor, so daß der Erstluft-Ventilatormotor unter keinen Umständen früher als der Zubringermotor stehenbleiben kann.

Bei Ausfall eines **Zweitluftantriebes** wird die Leistung des Kessels durch Drosseln der Staubzufuhr sofort entsprechend zurückgenommen, evtl. Reservelüfter eingeschaltet.

Bei Ausfall des **Saugzug** antriebes empfiehlt sich: Umstellen auf natürlichen Zug und entsprechendes Drosseln der Staubzufuhr.

Die Erstluft bleibt stets angestellt, um ein Hochschlagen der Flamme in die Zubringerrohre zu vermeiden. Unter Umständen ist es nötig, die Zweitluftzufuhr zu drosseln.

181 Für die **Ausmahlung** der Steinkohle können folgende Werte als günstig gelten:

	Steinkohle	
	mager (8%)	gashaltig (30%)
Feuchtigkeit hinter der Mühle:		
bei Zentraltrocknern	0,1—0,3 %	0,5— 1 %
bei Mahltrocknung	bis 3 %	bis 5 %
Rückstand auf dem 4900er Sieb .	8— 12 %	15—25 %
Rückstand auf dem 900er Sieb .	0,05—0,2 %	0,3— 1 %

Bei Braunkohlenstaub kann wegen des hohen Gasgehaltes und seiner leichten Entzündlichkeit die Ausmahlung sehr grob sein, ohne daß eine unvollkommene Verbrennung eintritt. Eine Ausmahlung nur bis zu 20 % Rückstand auf dem Sieb 900 und sogar darüber ist möglich. Die Braunkohle wird bis zu 15—18 % H_2O getrocknet.

182 Zur **Zündung** des Steinkohlenstaubes in der Brennkammer sind im allgemeinen Ölbrenner erforderlich. Für sehr gasreiche Steinkohle sowie für Braunkohlenstaub genügen Lunten.

Die besonders bei Braunkohlenstaub bestehende Explosionsgefahr kann durch Verwendung von inerten Gasen (Kesselabgase) anstatt Luft als Fördermittel beseitigt werden; auch der Staub im Bunker kann durch dieses Schutzgas vor Entzündung bewahrt werden.

183   Die Schwierigkeit der Staub-, Flugaschen- und Schlackenbeseitigung ist bei Verbrennung von Braunkohlenstaub größer als bei Steinkohle, wenn die Braunkohle einen großen Asche- und Sandgehalt aufweist und der Ascheschmelzpunkt tief liegt.

Feuerraumkühlwände.

184   Um die strahlende Wärme des Feuerraumes für die Gesamtverdampfung des Kessels nutzbar zu machen und die Haltbarkeit des ff. Mauerwerks durch Kühlschutz zu vergrößern, werden in steigendem Maße die Wände des Feuerraumes mit Kühlrohren ausgelegt. Dabei wird grundsätzlich der Zweck verfolgt, durch Abstrahlung die Temperatur der Feuergase vor der Berührung mit den ersten Siederohrreihen soweit herunterzukühlen, daß sie unter dem Schmelzpunkt der in der Schwebe befindlichen Schlackenteilchen liegt. Die Schlacke muß erstarrt sein, ehe sie an die Siederohre angeschleudert wird, da sie andernfalls in flüssigem oder teigigem Zustand an den Siederohren anbackt und die gefährlichen Ansinterungen hervorruft, die einen normalen Wärmeübergang der Feuergaswärme durch die Rohrwände hindurch beeinträchtigen oder verhindern und Erglühen der Rohre und Beulenbildung herbeiführen. Besonders gefährlich ist dieser Zustand beim Abstellen des Kessels, wenn bei vollem Kesseldruck der Wasserumlauf und die starke Kühlung der Rohre aufhören.

185   Ein organisches Einordnen des Wasser- und Dampfumlaufes der Kühlwände in den Umlauf des ganzen Kessels ist erforderlich. Die Entnahme des Zulaufwassers soll so erfolgen, daß der Umlauf im Kessel hierdurch nicht gestört, den Hauptverdampfungsstellen das Wasser nicht entzogen wird und die Strömung an schwächer belasteten Stellen nicht zum Stillstand oder zur Umkehr kommt. Bei Stillstand des Wassers und der Dampfblasen besteht die Gefahr der Dampfspaltung und der Korrosion in den Siederohren. Diese Gefahr ist vor allem vorhanden bei beheizten Fallrohren.

Andererseits ist dafür Sorge zu tragen, daß den Kühlwänden genügend Wasser zuläuft und für die Abführung des Dampfes die Querschnitte genügend groß, die Widerstände genügend klein sind, weil sonst auch hier Stagnationen aus den gleichen Gründen gefährlich werden.

186   Im allgemeinen ist zu empfehlen, das Umlaufwasser der Kühlsysteme bei Steilrohrkesseln aus der Obertrommel zu entnehmen. Es wird dagegen angeführt, daß bei sinkendem Wasserstand die Wasserversorgung der Kühlsysteme gefährdet sei. Diese Einwände sind nicht stichhaltig, da sonst Feuerraumkühlwände bei Teilkammerkesseln mit einer querliegenden Obertrommel auf große Schwierigkeiten stoßen würden. Der Anschluß der Wasserzubringer an die Untertrommel hat bei Dreitrommel- und Viertrommel-Steilrohrkesseln zu erheblichen Schwierigkeiten und nachträglichen Umbauten geführt, weil der Umlauf des Kühlsystems den Hauptumlauf so empfindlich gestört hat, daß Siederohranfressungen durch Dampfspaltung eintraten. Mit der Möglichkeit des Absinkens des Wasserspiegels bis auf den Grund der Obertrommel braucht bei modernen Kesseln nicht gerechnet zu werden. Der Anschluß der Fallrohre an die Untertrommel hat den schwerwiegenden Nachteil, daß beim Aufreißen eines tiefliegenden Kühlwandrohres der ganze Kessel sich plötzlich in den Feuerraum entleeren kann.

Kleinere Kühlsysteme können gelegentlich an die Untertrommel angeschlossen werden, da dies die gleichmäßige Wasserdurchwärmung dieser Trommeln erhöht, die andernfalls sehr starke zusätzliche Biegungsbeanspruchungen erleiden können.

Die Dampfabführungsrohre werden grundsätzlich oberhalb des Wasserspiegels in die Obertrommel eingeführt.

187   Für die Größe der Auskleidung des Feuerraumes mit Kühlrohren bleibt maßgebend, daß die Zündungstemperatur des Brennstoffes bei einer anzunehmenden niedrigsten Kesselbelastung nicht unterschritten wird; der Gasgehalt des Brennstoffes ist dabei zu berücksichtigen.

Bei Steinkohlenstaub kann wegen des meist geringeren Gasgehaltes die Auskleidung mit Kühlrohren nicht so weitgehend durchgeführt werden wie bei Braunkohlenstaub, wo die Brennkammer vollständig mit Kühlfläche ausgelegt werden kann, ohne daß bis zu den geringsten Belastungen herab die Zündung und die einwandfreie Verbrennung Schwierigkeiten bereiten. Die in den Feuerraum eingebauten Kühlflächen können hier durch Strahlung bereits 60—70 % der zugeführten Wärmemenge aufnehmen.

188 Zur Auskleidung des Feuerraumes werden verwendet: Nackte Rohre, die entweder mit oder ohne Zwischenräume verlegt sind. Bei größerem Abstand der Kühlrohre ist das dazwischenliegende Mauerwerk durch Schlackenansatz und Schlackenfluß gefährdet.

189 Flügel- oder Flossenrohre, bei denen längsangeschweißte Rippen auf ihrer ganzen Länge den Zwischenraum zwischen zwei benachbarten Rohren überdecken. Zwischen der Rippe und dem Rohr treten entsprechend der durchströmenden Wärmemenge naturgemäß Temperaturunterschiede und relative Längenänderungen bzw. Wärmespannungen auf, die um so schädlicher sind, je höher die Belastung, je häufiger die Belastungswechsel und je breiter die Rippen sind.

Die auf das Rohr gestrahlte Wärmemenge geht durch die dünne Wand unmittelbar an das Wasser, während die von der meist zu breiten Kühlrippe aufgenommene Wärmemenge erst durch die ganze Rippe zum Kühlrohr gelangt und am Rippengrund durch einen verhältnismäßig kleinen Querschnitt durch das Rohr zum Wasser gelangt. Zudem wird der Wärmeübergang auch durch die mehr oder weniger homogene Schweißverbindung gefährdet.

Rippen von 50 mm Breite und 10 mm Dicke haben daher in zahlreichen Fällen infolge ihrer elastischen und plastischen Verformungen, die durch die genannten, in ihrer Auswirkung gehemmten Spannungen hervorgerufen werden, den Rohrwerkstoff nach gewisser Zeit zermürbt und Risse im Rohr hervorgerufen. Das häufige An- und Abstellen des Kessels beschleunigt diese Vorgänge.

Eine Unterteilung der Rippenlänge durch vorher oder nachher angebrachte Trennfugen hat nur zur Folge gehabt, daß sich die Spannungen an den Enden der Rippenteile konzentrieren und um so eher zu Rissen in der Rohrwand, quer zur Rippe, in der Trennfuge und längs der Rippe in der Schweißung, ausgehend von der Trennfuge, führen.

Man ist deshalb zunächst zu Rippen geringerer Höhe übergegangen (30 mm). Breitere Trennfugen und weitgehende Abschrägung der Rippenhöhe beiderseits der Trennfuge dürfte ebenfalls da günstig wirken, wo Rohre mit Schmalrippen nachträglich nicht mehr eingebaut werden können.

Kesselstein und Schlamm in den Kühlrohren ist wegen der hohen Verdampfung besonders gefährlich und erhöht in

Flossenrohren die beschriebenen Schwierigkeiten durch zusätzliche Wärmespannungen. Zur leichten Besichtigung und Reinigung sollte angestrebt werden, die Kühlrohre möglichst wenig gebogen anzuordnen, ohne allerdings die Elastizität und Ausdehnungsmöglichkeit hierdurch zu verhindern.

190 G r a n u l i e r r o h r e. Infolge der meist flachen Neigung dieser Rohre besteht an dem der Strahlung besonders ausgesetzten oberen Teile des Rohrumfanges die Gefahr der Steinbildung, des Durchbrennens und der Ausbeulungen. Die geringe Neigung ist auch der Dampfabführung hinderlich. Man schützt sich vor übermäßiger Wärmeeinstrahlung durch Auflegen von gußeisernen Schalen auf die Rohre; diese Schalen werden durch die anfallende Schlacke gegen die Feuerraumstrahlung geschützt, ohne daß hierdurch die Granulierwirkung beeinträchtigt wird.

Bei genügender Höhe des Feuerraumes können, namentlich bei Kohlenstaubfeuerungen, an Stelle der Granulierroste die Wände der Schlackentrichter selbst mit Kühlrohren belegt werden.

191 B a i l e y - W ä n d e. Diese amerikanische Bauart zum Schutz der Feuerraumwände wird auch in deutschen Kesselanlagen angewandt. Gußeiserne Klötze werden an die Kühlrohre angeschraubt und auf ihrer dem Feuer zugekehrten Fläche mit einer Karborundumschicht belegt. Durch diese Platten wird eine vollkommen geschlossene Wand hergestellt.

Bei Verbrennung von Braunkohlenstaub sind die Bailey-Platten nur zu empfehlen, wenn man die Asche flüssig abziehen will. Die Abstrahlung ist durch die Platten geringer als bei Verwendung von nackten Kühlrohren, was zur Folge hat, daß auch die Feuerraumtemperaturen höher bleiben.

Die Anpassung der Gußklötze an die Siederohre muß mit größter Sorgfalt erfolgen, um eine gute Wärmeabfuhr zu gewährleisten. Zur Zeit liegen noch nicht viele Erfahrungen mit solchen Wänden vor.

192 Die Q u e r s c h n i t t e der Zuführungs- und Abführungsrohre sind der hohen Verdampfungsleistung entsprechend reichlich zu bemessen. Sammelrohre dürfen nicht beheizt werden. Vor jedem Siederohr soll ein Verschlußdeckel angeordnet sein. Dieser ist nach maschinenbaumäßigen Grundsätzen sorgfältig mit geringsten Toleranzen auszuführen. Die Sammelkörper sollen aus Werkstoffen höherer Festigkeit bestehen, da ihre Streckgrenze höher liegen soll als die der einzuwalzenden Siederohre.

193 Die W a n d d i c k e der bestrahlten Siederohre soll nicht unnötig groß gemacht werden. Durch die hohe Wärmeeinstrahlung wird die Wand von einer Wärmemenge durchströmt, die, auf den ganzen Rohrumfang bezogen, bis zu 200 000 kcal/m²h betragen kann. Hierdurch entsteht in der Wand ein Temperaturgefälle, daß je nach Wanddicke, Werkstoffart, Wärmeleitzahl, Wärmemenge etwa 20 bis 40° C betragen kann. Dieses Temperaturgefälle zwischen Innen- und Außenfaser bewirkt eine tangentiale Zusatzzugspannung an der Innenfaser, die sich der Zugspannung durch den inneren Überdruck überlagert. Die tangentiale Zusatzdruckspannung der Außenfaser und die achsialen Spannungen können vernachlässigt werden. Wenn auch infolge der räumlichen (mehrdimensionalen) Beanspruchung die Verhältnisse günstiger sind und ein Teil der Kräfte durch plastische Verformungen sich ausgleicht, bleiben doch erhebliche Zusatzkräfte übrig, die nicht durch Erhöhung, sondern nur durch Erniedrigung der Wanddicke beseitigt werden können. In besonderen Fällen müssen für die Siederohre harte oder legierte Stähle, z. B. Molybdänstähle angewandt werden.

Automatische Feuerungsregler.

194 Die automatische Regulierung der Feuerung hat namentlich in Anlagen mit mechanischer Rostbeschickung, mechanischer Zuganlage und Kohlenstaubfeuerungen steigende Verbreitung gefunden. Man verwendet mechanische oder elektromechanische Regler, welche die Brennstoffzufuhr in die Feuerung, die Brennleistung des Rostes, die Zufuhr der jeweils erforderlichen Luftmenge in Abhängigkeit von der Dampfentnahme bzw. vom Kesseldruck den jeweiligen Bedürfnissen entsprechend selbsttätig beeinflussen. Die Apparate finden bereits Anwendung sowohl für einzelne der genannten Regelungen, als auch für die gesamte Feuerungsregelung. Ihre Anwendung k a n n die Wirtschaftlichkeit der Feuerungsanlage steigern, wenn die Kesselanlage genügend groß ist, so daß der zusätzliche Kapitaldienst prozentual gering ausfällt. Die Regelung macht den Betrieb gleichzeitig von der Befähigung des Kesselwärters unabhängiger.

195 Bei Rohbraunkohlenfeuerungen haben Versuche gezeigt, daß die völlige Automatisierung des Betriebes zur Zeit kaum wirtschaftlich ist, da nur eine Regelung der Verbrennungsluftzufuhr mit einfacheren Mitteln möglich ist; die Regelung der Kohlenzufuhr jedoch auf zu große Schwierigkeiten stößt (schwankende Beschaffenheit der Kohle, Schichthöhenschieber, Einzelantrieb der Rostbahnen usw.). Auch bei Unterwindbetrieb wird die Regelung der Verbrennungsluftzufuhr schwierig.

196   In Betrieben, in welchen sich eine vollautomatische Regelung als wirtschaftlich erweist, ist möglicherweise eine teilweise Mechanisierung der Feuerungsanlagen anzuraten, derart, daß jeweils ein Teil der Kesselanlage dauernd mit günstiger Belastung betrieben wird, während der restliche Teil der Kessel die Belastungsschwankungen durch Leistungsregelung aufzunehmen hat.

197   Eine andere Art der Leistungsregelung hat man durch die Anwendung von Zusatzfeuerungen zu erreichen versucht.

Ist die Feuerraumgröße der Zusatzfeuerung angepaßt, so lassen sich hiermit erhebliche Zusatzleistungen mit geringwertigem Brennmaterial vorteilhaft erzielen (siehe Ziff. 159).

198   Die zentrale Zugregelung ganzer Kesselanlagen oder mehrerer Kesselhäuser ist in einzelnen Fällen wirtschaftlich empfehlenswert. Sie erfolgt in der Regel durch elektrisch angetriebene Rauchschieber (Jalousieklappen), welche in die Hauptfüchse zwischen Kesselanlage und Schornstein eingebaut werden.

Zu beachten ist hierbei, daß bei derart eingerichteten Anlagen auch die Brennstoffzufuhr dem jeweiligen Leistungsbedarf durch mechanische Regelung oder entsprechende Handregulierung angepaßt wird.

Maßnahmen zur Verhütung von Feuerrückschlägen und Rauchgasexplosionen.

199   Explosible Gemische können im Feuerungsbetrieb unter gewissen Verhältnissen entstehen, besonders beim Wiederanstellen des über Nacht gedämpften Feuerungsbetriebes. Wird vor Beginn der Morgenschicht frischer, gasreicher Brennstoff in großen Mengen auf den mit schwachem Feuer bedeckten Rost gebracht, so tritt wegen des stark abgekühlten Feuerraumes unter der Einwirkung des Grundfeuers eine Verschwelung und Entgasung des Brennstoffes, jedoch keine Verbrennung dieser Gase ein, da die erforderliche Temperatur fehlt. Die brennbaren Gase sammeln sich mit hinzutretender

Luft an den höchsten Stellen und in toten Ecken der Feuerzüge. Die Luft kann durch unbedeckte Teile des Rostes, durch
Undichtheiten im Mauerwerk, durch Schaberkettenöffnungen
der Rauchgasvorwärmer, durch Einsteigeöffnungen, Schauluken usw. eintreten. Durch mitgerissene Funken oder durch
Wiederanfachen des Feuers kann dann eine plötzliche Entzündung der in den Heizgaszügen angesammelten entzündbaren Gemische hervorgerufen werden. Derartige Verpuffungen verlaufen oft harmlos; in einigen Fällen waren sie jedoch von
verheerender Wirkung.

200 Die Wirkung kann durch Anbringen von leicht beweglichen
Explosionsklappen in fest verankerten Rahmen an geeigneten
Stellen der Züge gemildert werden. Ferner sind tote Ecken
in den Zügen durch geeignete Einmauerung zu vermeiden.
Meist treten derartige Explosionen im Vorwärmer auf, der
dabei u. U. völlig zerstört wird. Der Vorwärmer sollte daher
vor Wiederbeschickung der Feuerung nach schwachem Betrieb
durch Öffnung der Ableitungsklappen besonders gut belüftet
werden. Am Scheitel von Gaslenkwänden sind einige kleine
Löcher zum ständigen Abzug unverbrannter Gase vorzusehen.
Eine Durchlüftung der Kesselzüge mit Hilfe des Schornsteines
vor dem Wiederanfahren nach kürzeren oder längeren Betriebspausen und bei gebänkten Feuern sollte stets vorgenommen werden.

Verpuffungen können auch eintreten durch plötzliches
Öffnen der Feuertür bei mit Luftmangel arbeitender Feuerung.
Die Verpuffung äußert sich durch Herausschlagen der Flamme
aus der Feuertür, wodurch das Bedienungspersonal gefährdet
wird.

201 Die Gründe für Verpuffungen bei Schrägrosten und
Treppenrosten für Rohbraunkohle können sein:

a) Änderungen der Zugstärke. Der Zug ist besonders bei
Rohbraunkohlenfeuerungen nur ganz allmählich zu verändern,
niemals plötzlich.

b) Falsche Rostneigung. Meistens ist sie in solchen Fällen
zu steil.

c) Abdecken der Brennschicht durch Schlacke; wenn auf
dem Rost in der Schwel- oder Entgasungszone schon eine lebhafte Verbrennung der Kohle eingeleitet ist und sich dadurch
bereits auf dem oberen Teil des Rostes in größeren Mengen
backende Schlacke bildet, kann es vorkommen, daß diese dann
durch plötzliches Abrutschen über den Rost läuft und große

Mengen frischer Kohle nachstürzen läßt. Diese Kohle kommt dann unentschwelt in die Brennzone und gibt größere Schwelgasmengen ab.

d) Starker Druck der Kohle aus den Bunkern auf die Feuerung; Zwischenbunker über dem Rost entlasten die Feuerung.

e) Wechselnde Beschaffenheit der Kohle. Hierbei sind Feuchtigkeit, grobe Nässe, Korngröße, hoher Aschengehalt oder Sandbeimengungen von wesentlichem Einfluß.

f) Feinheit der Kohle, Staub aus Fett- und Flammkohlen neigt leichter zu Verpuffungen.

Auf Grund der vorerwähnten Ursachen ergeben sich nachstehende Maßnahmen:

202 a) Richtige und gleichmäßige Brennstoffaufgabe auf den Rost und Nachprüfung der Rostneigung bei Brennstoffwechsel. Da bei Unterwind über dem Rost entsprechend der Belastung der Feuerung noch Überdruck herrschen kann, ist beim Öffnen der Feuertüren und Trichterverschlüsse besondere Vorsicht geboten.

b) Vorsicht beim Aufgeben frischen Brennmaterials, wenn das Feuer während der Betriebspausen abgedeckt war.

c) Ausreichender Luftüberschuß, wobei zu beachten ist, daß die Gase, solange sie nicht vollständig verbrannt sind, nicht unter ihre Entzündungstemperatur abgekühlt werden.

d) Anpassung des Zuges an die Beschickung. Gleichmäßige Bedeckung des Schrägrostes. Ist dies nicht der Fall, d. h. liegt der obere Teil des Rostes frei, so ist das Brennmaterial langsam und vorsichtig aufzugeben.

e) Veränderung der Feuerzüge zwecks Verbesserung der Rauchgasführung und Herbeiführung eines ungehinderten Abzuges der Rauchgase, Beseitigung aller toten Ecken und Winkel. Abdichten der Züge und des Rauchkanals gegen Eintritt von Luft.

f) Einbau von Explosionsklappen bei Kesseln und Rauchgasvorwärmern. Diese sind nach Möglichkeit an hochliegenden Räumen nach außen aufschlagend einzubauen.

g) Reichlichere Bemessung der Zugverhältnisse bei Verwendung von Brennstoffen, welche zu Heizgasverpuffungen neigen. Die Zuganlage soll so beschaffen sein, daß die bei Maximalleistung der Feuerungen entwickelten Heizgasmengen vollständig abgeführt werden. Gewisse Kohlensorten, z. B.

Oberschlesische Kohle neigen weniger zur Bildung von explosiblen Gasgemischen.

203 Bei Kohlenstaubfeuerungen entstehen Explosionen bei einiger Aufmerksamkeit weniger leicht im Feuerraum selbst als außerhalb. Im Feuerraum können sie auftreten bei Einführung von Kohlenstaub in eine zwar stark abgekühlte, jedoch noch warme Brennkammer, so daß Schwelgase entstehen können, die dann bei späterer Zündung verpuffen oder explodieren. Zündet der Brennstoff bei der Einführung in den Feuerraum nicht sofort, so ist dieser daher vor weiteren Zündversuchen zu belüften durch Anstellen des Zuges. Explosionen in den Aufbereitungs-, Transport- und Lagerräumen sind durch peinliche Sauberkeit zu vermeiden (Merkblätter des Reichskohlenrats, Anhang 5). Man kann solche Explosionen dadurch vermeiden, daß man Kohlenstaubbunker, Behälter, Filter und Leitungen unter Schutz von inerten Gasen (z. B. gekühlte Rauchgase) setzt. In diesem Zusammenhange sei auch auf die Ausführungen über Kohlenstaubfeuerungen in Ziffer 161, 165, 182 verwiesen.

VII. Kohlenbunker, Kohlenbrände.

Kohlenbunker.

204 Bei der Anlage von Kohlenbunkern wird heute auf steile Rutschwinkel besonders geachtet. Insbesondere erfordern Rohbraunkohlen wegen ihrer Feuchtigkeit und Haftfestigkeit einen sehr steilen Neigungswinkel (nicht unter 60 °). Unterteilung der Bunker in Einzeltaschen ist beliebt, desgleichen eine Entleerungseinrichtung an jedem Bunkerauslauf, welche den völligen Abzug des Bunkerinhaltes außer Betrieb befindlicher Kessel ermöglicht.

205 Bei Arbeiten im Innern von eisernen Bunkern ist wie bei allen Kesselarbeiten die Verwendung von Niedervolt-Handlampen mit Transformatoren mit getrennten Wicklungen zum Schutz des Personals notwendig. Die Kohlenstaubbunker werden mit Füllungsstandanzeigern versehen. Es kommen hierfür Einrichtungen in Frage, mit denen die Schichthöhe des Staubes abgetastet wird. Andere Messeinrichtungen benutzen für die Anzeige der Schichthöhe eine elektrische Kontaktschaltung.

In Staubbunkern ist bei Trichterbildungen die Anzeige nicht

mehr richtig. Empfehlenswert ist die Anordnung einer Vorrichtung zum Leerpumpen der Bunker, da bei Kesselschäden das Leerfahren des Bunkers unmöglich ist und bei längerer Dauer der Reparatur die Gefahr der Selbstentzündung infolge zu langen Lagerns besteht. Ferner ist es zweckmäßig, an den Austrittsöffnungen der Bunker dichtschließende Absperrvorrichtungen anzuordnen, um bei für kurze Zeit abgestellten Kesseln infolge des beim Füllen des Bunkers leicht entstehenden Überdrucks das Eindringen von Staub in die Brennkammer durch die Förderschnecke und die Möglichkeit der Entzündung dieses Staubes an den evtl. noch warmen Feuerungswänden zu verhüten. Wenn möglich, sollte mindestens eine der Bunkerwände vertikal angeordnet werden. Man vermeidet Steigeisen und andere Vorsprünge an den Bunkerwänden, da sie Anlaß zum Hängenbleiben und zu unzulässigem Erwärmen des Brennmaterials geben.

206   Beim Befahren der Bunker läßt man den eingestiegenen Arbeiter durch einen zweiten obenstehenden am Seil halten und beobachten. Beide sind mit Leibgürtel, Seilsicherung, explosionssicheren Lampen und sonstigen Sicherheitsapparaten ausgerüstet. Kohlenstaubbunker sind vor dem Befahren ausreichend zu lüften.

Kohlenbrände.

207   Die Staubbildung beim Entladen, Fördern und Bunkern kann zu Kohlenbränden Veranlassung geben. Man vermeidet sie gegebenenfalls durch Entstaubungs- und Sortierungsanlagen. Die Durchmischung verschiedener Brennmaterialsorten, besonders deren Staub, beschleunigt die Entzündung. Trockene Rohbraunkohlen, Braunkohlenbriketts und weiche Steinkohlen neigen erfahrungsgemäß bei Lagerung ohne Luftabschluß zur Selbstentzündung.

Um Entzündungen zu verhindern, lagert man solche leicht entzündlichen Kohlen auf offenen Lagerplätzen mit niedriger Schütthöhe und kontrolliert die Erwärmung der Kohlenstapel entweder durch Einsetzen von Thermometern oder durch Einstoßen von Eisenstangen, an deren ungleicher Erwärmung zugleich die Lage der heißesten Stellen erkannt werden kann.

Über den Umgang mit Kohlenstaub hat der Reichskohlenrat ein Merkblatt zur Vermeidung von Gefahren herausgegeben, dessen genaue Beachtung allen Betrieben dringend empfohlen wird. Siehe Anhang 5.

VIII. Entaschung und Flugaschenabscheidung.

Entaschung.

208 Handentaschung sollte wegen der schweren und gesundheitsschädlichen Arbeit und wegen der Gefahr für die in den oft engen und niedrigen Räumen arbeitenden Leute nicht mehr angewandt werden.

Für die Anlegung zweckmäßiger und wirtschaftlicher Entaschungsanlagen ist Kenntnis der Eigenschaften der jeweiligen Brennstoffrückstände erforderlich. Zu unterscheiden ist hierbei, ob grobe oder feine Schlackenstücke, Feinasche oder Flugstaub in heißem oder kaltem Zustande zu fördern sind.

Bei Steinkohle entstehen in der Regel grobe, harte Schlacken und Kleinkorn, bei Braunkohle kleinere Schlackenstücke, Korn, Grieß und Feinasche in glühendem Zustand, bei Holz, Torf und dergleichen in der Hauptsache feiner Flugstaub.

209 Bei Anlagen für Braunkohle ist folgendes zu beachten:

Je nach der Beschaffenheit der Kohle, dem Schmelzpunkt der Schlacke, der Temperatur der Verbrennungsluft und den Rosteigenschaften entstehen kleinere oder größere Schlackenstücke von mehr oder weniger großer Härte. Poröse, mittelgroße Schlackenstücke lassen sich am besten fördern, Sand mit Schwierigkeiten, da er sich gern überall absetzt.

In den Schlackentrichtern sieht man zweckmäßigerweise Öffnungen vor, um backende Schlacke abstoßen zu können. In jedem Fall ist anzuraten, die Aschenkellerhöhe genügend hoch zu wählen und für reichlichen Luft- und Lichtzutritt zu sorgen. Neuere Anlagen werden ausnahmslos so angeordnet, daß die Aschenkellersohle auf Hofsohle liegt, um die Einfahrt von Fahrzeugen zu ermöglichen und Aufzüge samt Kippvorrichtungen mit unangenehmer Staubbelästigung zu vermeiden. Mehrmaliges Umladen der Schlacke verursacht Transportkosten. Um in Störungsfällen Aschen- und Schlackenanhäufungen zu vermeiden, wird neben den Entleerungsstellen der Sammelbehälter ein Schmalspurgleis für Wagenbetrieb vorgesehen. Wasserleitungsanschlüsse für Aufwaschzwecke und reichliche Kanalisierung werden empfohlen.

210 Mit Rücksicht auf den bei Entaschungsanlagen auftretenden starken Verschleiß der Werkstoffe werden bei Bestellungen Garantien für Verschleiß gefordert. Es empfiehlt sich jedoch, diese Garantien nicht auf Betriebszeiten, sondern verfeuerte Kohlenmengen zu beziehen.

Je nach Umfang des täglichen Schlackeanfalles, der Örtlichkeit, Lager und Verwertungsmöglichkeit der Verbrennungsrückstände bedient man sich trockener oder nasser mechanischer, pneumatischer und hydraulischer Förderanlagen. Bewährt haben sich in den Betrieben als mechanische Einrichtungen:

211 **Trockenverfahren.** Als Transportorgan werden eiserne Trogketten, Plattenbänder und Schüttelrinnen verwendet.

Hierbei ist zu beachten, daß bewegliche Einrichtungen durch Hitze und Schlackenstaub einem höheren Verschleiß unterliegen. Sie sollen staubsicher gelagert und nach außen staubdicht abgeschlossen werden. Die Ausführung aller beweglichen Teile soll kräftig und ihre Geschwindigkeit möglichst gering sein. Die Blechverkleidungen solcher Transporteinrichtungen sollen abnehmbar und für Reparaturzwecke leicht zugänglich sein. Fettschmierung ist der Ölschmierung vorzuziehen.

212 **Naßverfahren.** Hierzu zählen Kratzerketten in Rinnen, Spülrinnen, Schrapper, wassergefüllte Schleusen mit mechanischer Austragvorrichtung und Druckwasserverfahren.

Der Naßbetrieb hat sich im allgemeinen bewährt. Es wird praktisch staubfreie Förderung kalter und heißer Schlacken erzielt.

Bei den Naßverfahren fällt die Rost- und Flugasche in Spülrinnen, die den Aschenanfall mittels Spülwasser in den Aschensumpf fördern. Hier wird der Aschenbrei mit Baggerpumpen weitergefördert oder mit Greifern naß entnommen und verladen. Bei Staubkesseln können unangenehme Störungen infolge völligen Zusetzens der unteren Trichter mit erstarrter Schlacke auftreten.

213 Auf den Wasser- und Kraftverbrauch und den notwendigen Schutz gegen Frost sei hingewiesen. Bei Anwendung eines Wasserumlaufsystems wird der Wasserverbrauch sowie die Frostgefahr wesentlich verringert. Bei offenen Spülverfahren ist auch die unangenehme Wasserverdampfung durch heiße Schlacke zu beachten.

Die Baggerpumpen haben selbst bei Ausrüstung mit Verschleißstücken eine hohe Abnutzung und werden häufig zu klein dimensioniert.

214 Andere Anlagen benutzen einen schüsselartigen Aschenverschluß mit Wasserspülung und Syphonrohr, das in eine

wasserdurchflossene Spülrinne mündet. Bei nicht genügendem Gefälle sind Hilfsspüldüsen in der Spülrinne erforderlich. Diese Einrichtung erfordert für backende Schlacke einen Schlackenbrecher und besitzt im übrigen die Eigenschaften der anderen Anlagen.

215   Eine billigere und im Betrieb einfache Fördereinrichtung für grob- und feinkörnige Schlacke in heißem und kaltem Zustand, die praktisch staubfrei arbeitet, ist die Druckwasserspülung mittels Druckpumpe und Wasserstrahldüsen, wobei die Geschwindigkeit des Wasserstrahls in Druck umgesetzt, die Rückstände durch die Diffusorwirkung angesaugt und durch eine Rohrleitung bis auf die Halde gespült werden. Der Wasserverbrauch bei Rückgewinnung und der Kraftverbrauch solcher Anlagen sind verhältnismäßig gering. Sie sind unempfindlich gegen Frost und erfordern keine hohen Unterhaltungskosten, wenn die Leitung wenig Krümmungen aufweist. Die Abnutzung ist gering, wenn die Geschwindigkeit nicht größer gewählt wird, als zur Förderung ohne Verstopfungsgefahr erforderlich ist und die Rohrleitungen nach gewisser Zeit gedreht werden. Einrohr-Druckentaschungen sind in dieser Beziehung vorteilhaft.

Kann die Schlacke nicht auf Halden gespült werden oder muß das Spülwasser wieder verwendet werden, so sind genügend große Absitz- und Klärbecken erforderlich. Zu hoher Kalkgehalt des Aschenwassers kann zur Versteinung von Pumpen und Rohrleitungen führen.

Beim Wegpumpen des Schlackenwassers in Flüsse oder Seen ist Vorsicht geboten, da der in diesem enthaltene Ätzkalk und die wasserlöslichen Sulfide das Wasser in unerwünschter Weise verunreinigen.

216   Für große Aschenmengen hat sich die Förderung durch Ejektoren in zusammengeschweißten Rohrleitungen von kleinem Durchmesser auf langen Strecken bewährt. Jedoch sollten in Abständen von etwa 50 m Flanschverbindungen vorgesehen werden, um die Rohrleitung bei eintretendem Verschleiß jeweils um eine Schraubenteilung drehen zu können. Man verwendet hierzu starkwandige Rohre. Stopfbüchsenkompensatoren und Muffenverbindungen sind möglichst zu vermeiden. Da Umladen nicht erforderlich ist, entstehen nur geringe Transportkosten. Der Wasserverbrauch ist niedrig und ist zweckmäßig vom Lieferer zu gewährleisten. Frostgefahr besteht bei kontinuierlicher Entaschung nicht. Bei sandhaltiger Kohle sollte das Gefälle der Rohrleitung nicht weniger als 12 mm je m betragen.

Da sich bei zementierender Schlacke, selbst bei hoher Geschwindigkeit (3—4 m/sec), die Rohre in kurzer Zeit zusetzen, so fördert man abwechselnd Flugasche und Rostschlacke. Letztere schleift die Ansätze wieder ab.

Als Material für die Strahldüsen hat sich harte Bronze gut bewährt.

217 **Pneumatische Verfahren.** Diese Anlagen ermöglichen den trockenen Transport kalter und heißer Asche und Schlacke in geschlossenen Rohrleitungen. Für härtere Schlacken sind Schlackenbrecher erforderlich. Die notwendigen Wasserring- und Kolbensaugluftpumpen erfordern erhebliche Wartungs- und Reinigungsarbeiten. Der Kraftverbrauch und der Verschleiß der Rohrleitungsteile, besonders der Bogenstücke und Abzweigformstücke, sind erheblich. Unverbrannte Herdrückstände und brennbare Gase können bei Luftzutritt in Rohrleitungen und Sammelbehältern zu Gasexplosionen führen. Man schützt sich dagegen durch Anordnung von Explosionsklappen an abseits gelegenen Stellen.

Schwierigkeiten bereitet infolge großer Staubentwicklung häufig der Weitertransport des trockenen Fördergutes auf die Lagerplätze. Transportschnecken haben sich nicht bewährt. Kleinere Anlagen verwenden fahrbare Sammelbehälter, hauptsächlich für Fein- und Flugasche.

218 **Verbundverfahren.** In verschiedenen Betrieben, in denen die Örtlichkeit keine einfachere Lösung zuläßt, werden die geschilderten Fördereinrichtungen für Schlacken- und Aschentransport in Verbindung miteinander angewandt. Z. B. läßt sich die Förderung der Flugasche dadurch wirtschaftlicher gestalten, daß mehrere Ejektoren auf eine Pumpe fördern, die dann Weiterbeförderung des Aschenbreies übernimmt. Bei Schlacke ergibt sich bei dieser Beförderungsweise ein höherer Verschleiß, der aber durch größeren Wasserzusatz (höhere Pumpenarbeit) behoben werden kann.

Die Kombination mehrerer Verfahren erfordert häufig erhebliche Umlade- und Bedienungsarbeit, die wiederum höhere Kosten verursachen.

Andere Einrichtungen, bei denen Asche und Schlacke mit Dampfdüsenapparaten angesaugt und durch Rohrleitungen mit Dampf oder Druckluft gedrückt werden, haben bisher wegen der hohen Anlage- und Betriebskosten keine Verbreitung gefunden.

219   B e d i e n u n g s r e g e l n. Größte Reinlichkeit in den Schlackenkellern erleichtert den Betrieb und die Unterhaltung der Entschlackungsanlage.

Große Schlackenbunker mit schrägen, möglichst nicht unter 50 ° gegen die Horizontale geneigten Seitenwänden, sowie mit reichlichen Arbeitsöffnungen sind empfehlenswert. Entleerungsverschlüsse sollen gut dicht schließen und sich leicht öffnen lassen. Die Betätigungseinrichtung soll sich wegen der Brandgefahr durch die glühende Schlacke abseits von den Entleerungsöffnungen befinden. Besonders bei Braunkohle ist auf dichte Schlackentrichterverschlüsse zu achten, da schon bei geringem Luftzutritt ein Versintern und Zusammenbacken der Schlacke erfolgt und etwaige noch vorhandene Kohlenteilchen noch verbrennen.

220   Beim Öffnen von Aschen- und Schlackenverschlüssen in Betrieb befindlicher Kessel ist Vorsicht wegen Feuerrückschlages, Gasverpuffungen und Austrittes von glühender Flugasche geboten.

Bei Nachverbrennungsrosten und Schlackenschächten, die mit Zusatzluft (Unterwind oder Druckluft) arbeiten, ist vor Öffnung der Verschlüsse die Zusatzluft dicht abzuschließen; gegebenenfalls ist der Zug zu verstärken.

Vor Befahren der Schlackenbunker und -sümpfe überzeugt man sich, ob Schlackenbrücken oder -nester an den Bunkerwänden vorhanden sind, die einstürzen können.

Flugaschenabscheidung.

221   Die Abscheidung von Flugaschen industrieller Feuerungen, besonders aber des feinen Flugstaubes, bereitet den Betrieben mitunter erhebliche Schwierigkeiten, deren Behebung oft unverhältnismäßig hohe Aufwendungen erfordert.

Die Flugaschenbildung bei der Verbrennung fester Brennstoffe kann durch entsprechende Ausbildung der Kessel- und Feuerungsanlagen gemindert werden,

wenn hohe Feuerraumtemperaturen gehalten werden,

wenn für möglichst langen Aufenthalt der schwebenden Brennstoffteilchen im Verbrennungsraum (große Brennkammer) gesorgt wird,

wenn die Gasgeschwindigkeit in mäßigen Grenzen gehalten wird und

wenn entsprechende Absitzstellen ausreichender Größe, besonders an den Umlenkstellen der Gase, vorgesehen werden.

Möglichst wagerechte Gasführung durch stark geneigte oder steil stehende Heizrohrflächen und lange Gaswege begünstigen die Staubabscheidung. Flugaschen von Rauchgasen mit höherem Wassergehalt werden leichter abgeschieden als solche trockener Gase. Die Anwendung großer Flugaschenräume vor Eintritt der Heizgase in Vorwärmer- und Lufterhitzerheizflächen hat sich in verschiedenen Fällen bewährt. Die regelmäßige gründliche Reinigung der Flugaschenräume, am besten auf pneumatischem oder hydraulischem Wege, ist anzuraten (siehe hierzu auch Ziff. 208 u. f.). Während des Abblasens der Heizflächen von Ruß und Flugasche soll die Gasgeschwindigkeit am Kesselende vermindert werden, um das Wiederabsetzen der aufgewirbelten Staubmengen zu begünstigen.

Zum Entstauben von Rauchgasen vor Austritt aus dem Schornstein werden Trockenfilter, Fliehkraftausscheider, Elektrofilter, Naßfilter und Verbundverfahren verschiedener Art angewandt.

222 T r o c k e n v e r f a h r e n. Hierzu rechnen Zyklonabscheider mit oder ohne nachgeschaltete Tuchfilter, Abstreichfilter- und Schlauchfilteranlagen, wobei der zur Abscheidung des Staubanfalles und Filterung erforderliche Arbeitsdruck durch Exhaustoren, Dampf- oder Wasserstrahlejektoren, mittels Luftpumpen oder Gebläse erzeugt wird. Solche Einrichtungen sind viel im Gebrauch, und der Reinheitsgrad ist befriedigend, besonders bei Rostfeuerungen. Nachteilig ist die Notwendigkeit der Abfuhr des Trockenstaubes aus den Sammelbehältern. Die Reinigung der Filtertücher und Schläuche ist bei feuchten Gasen beschwerlich, bei Betrieb mit heißen Gasen besteht Feuergefahr, besonders wenn unverbrannte Gase abgesaugt werden. Die Gebläse und Transportrohre unterliegen einem erheblichen Verschleiß, weshalb die Gebläse besser auf der Saugseite als auf der Druckseite der Zyklone angeordnet werden. Für Rostfeuerungen und Kessel mit geringen Zugwiderständen dürften Zyklonabscheider ohne kostspielige Filtereinrichtung in den meisten Fällen genügen, bei Kohlenstaubfeuerungen ist jedoch deren Abscheidungsgrad zu gering.

Ein guter Erfolg wird mit Prallplattenabscheidern, Kammerschleusen- und Fliehkraftabscheidern erzielt, wobei die zu reinigenden Gasmengen in einzelne Teilströme zerlegt und deren feste Bestandteile durch Richtungswechsel abgestrichen oder durch die Fliehkraft rotierender Exhaustoren, gegebenenfalls unter Anwendung von Dampf oder Druckluft, aus ihrer Bewegungsrichtung geschleudert und ausgeschieden werden.

Solche Einrichtungen sind unempfindlicher gegen heiße Gase, doch kommen bei zu engen Querschnitten und feuchten Gasen Verstopfungen vor. Die Einrichtungen erfordern einen hohen Kraftverbrauch wegen des hohen Widerstandes. Die Eisenteile werden durch die schweflige Säure der Heizgase angegriffen.

223 Elektrostatische Filteranlagen haben sich zur Entstaubung von Feuerungsgasen gut bewährt. Die Absetzzeiten der ionisierten Staubteile dürfen nicht zu kurz bemessen werden. Da die Einrichtungen nur geringen Zugwiderstand aufweisen, können geringe Gasgeschwindigkeiten gewählt werden. Unverbrannte Flugkoksteile scheiden sich im elektrostatischen Filter nicht befriedigend ab; auch wird kein Ruß zurückgehalten.

224 Naßverfahren. Die staubhaltigen Gase werden hierbei durch wasserberieselte Wäscher, bestehend aus kammerartigen Beruhigungsräumen, Rohrgassen oder durch Abstreichflächen aus richtungändernden Lamellen geleitet, wobei grobe und feine Staubteilchen durch Benetzung mit Wasser niedergeschlagen werden. Als Benetzungsflüssigkeit kann auch Öl angewandt werden. Der Reinigungseffekt ist zufriedenstellend, doch erfordert das abgeschiedene Schlammwasser oder Ölgemisch eine umständliche Klärung im Absitzbecken, bevor es wiederverwendet bzw. in die Kanalisation entleert werden kann. Die Benetzungsflüssigkeit säuert sich aber auch durch Auflösung von Schwefeldioxyd der Rauchgase an, wodurch ungeschützte Eisenteile angegriffen werden. Die Naßentstaubung wird als ein geeignetes Mittel für die Beseitigung der lästigen schwefligen Säure in den Heizgasen bezeichnet. Verbundverfahren mit Trocken- und Naßabscheidung sind bereits mit Erfolg verwendet worden.

In jedem Falle sind vor Einrichtung einer Staubabscheideanlage eingehende Berechnungen und die Angabe von Gewährleistungszahlen erforderlich.

IX. Schornsteine.

225 Die Temperaturabnahme der Rauchgase in Kaminen, die oft mit 1° C je Meter Kaminhöhe angenommen wird, gilt nicht für hohe gemauerte Schornsteine mit großem lichten Durchmesser. Bei diesen kann sie mit etwa $^1/_{10}$ ° C je Meter Kaminhöhe bei normaler Belastung des Kamins angenommen werden.

226   Die Höhe des Schornsteinfutters wird daher nicht mehr durch die Temperaturabnahme der Rauchgase bedingt, sondern normalerweise nur durch den Verschleiß an den Umlenkstellen der Rauchgase, den man von der Schaftsäule fernhalten muß. Das Futter braucht daher bei gemauerten Schornsteinen evtl. nur einige Meter über die Oberkante der höchsten Rauchgaseintrittsstelle hochgeführt zu werden. Nur wo die chemischen Eigenschaften der Abgase (z. B. nasse Flugaschenabscheidung) oder die Eigenschaften des Schornsteinbaustoffes (Beton-Schornsteine) einen Schutz gegen Wärme und Rauchgase verlangen, werden die Futter bis oben hin durchgeführt.

Die Futter werden als Standfutter oder Etagenfutter ausgebildet. Standfutter haben den Vorteil, daß sie durchaus unabhängig von den Windbewegungen der Schaftsäule sind und nur eine Anstoßstelle an das Schaftmauerwerk besitzen. Das kann bei stark schwankenden und leichtgebauten Schornsteinen von großer Bedeutung sein. Jedoch ist die Ausführung als Standfutter nur bei geringen Höhen des Futters zu empfehlen, da die Beanspruchung in der unteren durch die Durchbrechungen der Rauchkanäle geschwächten Zone sonst sehr hoch wird und eine Reparatur an dieser der Ausstrahlung besonders ausgesetzten Stelle meistens den Abbruch des ganzen Futters bedingt. Das Standfutter darf keine feste und starre Verbindung mit dem Schornsteinmantel haben, ein Luftspalt von mindestens 25 cm muß überall gewahrt bleiben.

227   Es ist darauf zu achten, daß die Steigeisen der bei der Montage benutzten inneren Steigfahrt des Schornsteinmantels gut umgebogen oder besser abgebrannt und an keiner Stelle in das Futter eingebunden werden, auch nicht bei geringerer Futterstärke (18,5 cm) durch dieses hindurchgeführt werden. Ebenso ist die Freihaltung des Luftspaltes von Montageschutt sehr wichtig. Es empfiehlt sich deshalb, das Futter erst nach Fertigstellung des Mantels vollkommen unabhängig aufzuführen.

228   Wo hohe Futter erforderlich sind, empfiehlt es sich, sie als Etagenfutter auszubilden. Etwa 6 m hohe Schüsse des Futters ruhen dabei auf aus dem Mantel auskragenden Konsolringen. Die einzelnen Schüsse greifen übereinander, wodurch eine der Vielheit der Etagen entsprechende Zahl von Anstoß- und Abdichtungsstellen bedingt wird. Das Etagenfutter

muß daher zwangsläufig allen Windbewegungen des Schaftes folgen. Gegenüber diesen Nachteilen haben Etagenfutter den Vorteil der Billigkeit und des geringen Querschnittbedarfes, da sie wegen der geringeren Belastung durch Wärmedehnung und Gewicht mit geringer Wandstärke (normal nur 12 cm) ausgeführt werden können.

Sie lassen sich, ihrer Bauart entsprechend, auch billiger, leichter und schneller reparieren.

229 Bei allen Futterausführungen muß der Ausbildung der Anstoßstellen bezüglich Dichtheit und Ausdehnungsmöglichkeit größte Sorgfalt zugewendet werden, da eine Anfüllung des Luftspaltes mit Flugasche zu einer evtl. exzentrischen Beanspruchung des Futters führt und daher auf alle Fälle vermieden werden muß. Alle Durchbrüche und Kanaleinführungen sind — ganz besonders im Futter — durch Entlastungsbögen zu sichern. Diese sind zweckmäßig aus Wölb- bzw. Keilformsteinen im Verband herzustellen.

230 Wenn mehrere Rauchgaskanäle in den Schornstein einmünden, werden Lenk- oder Trennwände in den Schornstein eingebaut. Diese Zungen sollen verhindern, daß die Gase sich stoßen und so Wirbelbildungen und Zugverluste hervorrufen. Sie dürfen, da die Möglichkeit ungleichmäßiger und einseitiger Erwärmung nie ganz vermieden werden kann, nicht mit Verzahnung in das anstoßende Futtermauerwerk eingreifen, sondern es muß hier eine Luftfuge vorgesehen und evtl. durch am Futter auskragende Steinschichten die Standsicherheit erhöht werden. Es ist weiterhin anzuraten, im unteren Teile der Zungen Durchbrüche für den Wärmeaustausch herzustellen oder das Futter kräftiger zu gestalten mit Rücksicht auf Wärmespannungen.

231 Am Schornsteinfuß und an geeigneten Stellen der Füchse werden Entaschungsvorrichtungen vorgesehen. Diese müssen sorgfältig abgedichtet werden, da sonst Versinterungen und Verstopfungen vorkommen.

232 Die äußeren Steigfahrten müssen verzinkt werden und mit Rückenbügeln versehen sein.

Die Flacheisenbandagen, die in Abständen von etwa 2,5 m angebracht werden, sollen Rißbildungen im Schaft verhindern. Da die bisherige Anordnung trotzdem noch Risse entstehen ließ, wird empfohlen, die Abstände zur besseren Aufnahme der Wärmespannungen zu verringern. Sie haben ferner den

Wert, die Anbringung der bei allen äußeren Schornsteinarbeiten erforderlichen Kunsträstungen zu erleichtern. Diese Flacheisenbandagen sollen von Haus aus und auch regelmäßig in Abständen von einigen Jahren gut gestrichen und konserviert werden. Das ist besonders dort wichtig, wo die Abgase niedrigerer Schornsteine auf sie treffen.

233 Für die Ausbildung der Blitzableiter gelten die bestehenden behördlichen Vorschriften. Infolge der bei Erweiterungsbauten häufig nötigen Grundwasserabsenkung wird die Erdung bisweilen illusorisch; es empfiehlt sich, die Blitzableiter daraufhin gelegentlich zu kontrollieren.

234 Füchse und Rauchkanäle sind nach dem Schornstein zu ansteigend anzulegen. Um möglichst viel Flugasche abzuscheiden, ist eine breite Bauart einer hohen schmalen vorzuziehen. Sie dürfen keine Querschnittseinengungen und schroffen Richtungswechsel haben; alle Ecken und Kanten sind abzurunden. Ihre Einführungen in den Schornstein müssen so angeordnet sein, daß die Gase sich nicht stoßen. Tote Ecken sind wegen der Gefahr von Gasansammlungen zu vermeiden. Es sind verdeckte, durchgehende Dehnungsfugen vorzusehen, die nicht nur in den Wangen, sondern auch in der Sohle und Decke bzw. im Gewölbe anzuordnen sind. Dieser Punkt ist sehr wichtig, da namentlich bei den höher über Terrain angeordneten Einmündungen die Gefahr des Abscherens infolge Schwankens des Schaftes gesteigert wird und die Zerstörungen am Futter hier meistens ihren Anfang nehmen.

235 Bei der Ausführung des Schornsteins ist sämtliches zur Verwendung kommende Material, Mörtelzusammensetzung usw. häufiger zu kontrollieren. Es empfiehlt sich, die Baukontrolle an der Baustelle selbst, auch in größeren Höhen, durchzuführen und hierbei auch auf die Güte des Verbandes, Anordnung und Stärke der Fugen zu achten.

Bei der Abführung von Rauchgasen minderwertiger Brennstoffe, die infolge Mitführens von Sand, besonders an den Umlenkstellen, ausscheuernd auf das Mauerwerk wirken, ist auf diese Einflüsse, die zuweilen zu ungeahnten und verheerenden Mauerwerkszerstörungen führen können, bei der Wahl des Stein- und Mörtelmaterials entsprechende Rücksicht zu nehmen. Eine möglichst geringe Fugenstärke ist anzustreben.

236 Schornsteine und Füchse sollen bei allen, meist seltenen Gelegenheiten der Außerbetriebnahme befahren und sorgfältig untersucht werden. Die erforderlichen Reparaturen sollen jedesmal sofort erledigt werden. Bei neu in Betrieb gekommenen Schornsteinen empfiehlt sich eine Revision nach den ersten 8000 bis 10 000 Betriebsstunden.

X. Verhalten bei außergewöhnlichen Ereignissen im Kesselbetrieb.

237   Zu diesen Ereignissen zählen Kesselexplosionen, Dampfrohrbrüche, Kesselsiederohrbrüche, Schweiß- und Nietnahtrisse, Gasexplosionen sowie Erglühen von Heizflächenteilen, Wassermangel, Überspeisen der Kessel, Wasserschläge in den Rohrleitungen, Überhitzerdefekte, Economiser-Rohrbrüche und Feuerrückschläge aus Rosten und Aschensümpfen.

Erfahrungsgemäß können selbst große Störungen im Kesselbetrieb in verhältnismäßig kurzer Zeit und ohne erhebliche Gefährdung von Personal und Einrichtung beseitigt werden, wenn Betriebs- und Aufsichtspersonal in genügender Anzahl vorhanden und mit den Einrichtungsteilen gut vertraut ist.

Es ist Pflicht der Aufsichtsorgane, in solchen Fällen persönlich einzugreifen, um das Vertrauen des Betriebspersonals zur Sicherheit der Einrichtungen zu erhalten. Bei katastrophalen Ereignissen, welche den Bruch ganzer Einrichtungsteile zur Folge haben, ist in der Regel die unmittelbare Gefahr mit dem plötzlichen Freiwerden der Energiemengen beseitigt, so daß durch energisches Eingreifen der Bedienungsmannschaft weitere Schädigungen der Anlageteile verhindert werden können.

Kesselexplosionen.

238   Der Explosion eines Dampfkessels gehen in der Regel außerordentliche Anzeichen, Geräusche oder andere außergewöhnliche Betriebserscheinungen voraus. Man wird deshalb allen Vorgängen am Kessel, Überhitzer, Economiser und in der Feuerung dauernd größte Aufmerksamkeit zuwenden, insbesondere wenn im Kesselinnern Kesselsteinbelag, Schlammanreicherungen und Ölkrusten vermutet werden können. Besonderes Augenmerk verwendet man auf etwaige Ausbeulungen von Flammrohrschüssen, Feuerbüchsen, Mantelblechen von Trommeln, Rauch- und Siederohren sowie auf Geräusche austretenden Dampfes oder Wassers aus Undichtheiten (vergleiche: Regelmäßige Untersuchungen, Ziff. 255 u. f.).

Werden derartige Anzeichen bemerkt, so wird die Einwirkung des Feuers beseitigt und der Kessel möglichst rasch von den übrigen Anlageteilen abgetrennt. Hierauf wird der gegebenenfalls noch vorhandene Dampfdruck vorsichtig abgelassen unter Vermeidung von Stößen oder Rückschlägen. Es eignen sich hierfür am besten die Sicherheitsventile und Rohrleitungsentwässerungen.

Alsdann überzeugt man sich unverzüglich, ob die Kesselspeiseeinrichtungen noch einwandfrei arbeiten und ob in den unbeschädigten Kesseln genügend Wasser vorhanden ist.

Die Verminderung der Feuerwirkung auf die gefährdete Heizfläche kann auch durch Zugverstärkung und Öffnen der Schau- und Aschentüren erzielt werden. Wegen der damit verbundenen zu plötzlichen Abkühlung des Feuerraums und des Kesselkörpers wird diese Maßnahme nur im äußersten Notfall ausgeführt.

Das Einspritzen von Wasser auf den Rost oder in die Feuerung ist gefährlich.

Bei Wassermangel, welcher bereits zum Ausbeulen oder Erglühen der beheizten Kesselwandungen oder Rohre geführt hat, wird Wasser nicht mehr nachgespeist.

239 Kesselexplosionen können infolge Wassermangels, starker Kesselsteinschichten, Schlammanreicherungen und Ölkrusten durch Ausglühen von Heizflächenteilen oder infolge von Werkstoff- und Herstellungsfehlern, durch Aufreißen von Schweiß- und Nietnähten, Mantelschüssen, Kesselböden und Flammrohren entstehen, in einzelnen Fällen auch durch erhöhte Dehnungsspannungen und dadurch bedingte Überschreitung der Streckgrenze der Werkstoffe.

Beim Eintritt solcher Ereignisse versucht man, zuerst die beschädigten Einrichtungsteile der Anlage durch beiderseitige Absperrung sämtlicher Zuleitungen dampf- und wasserseitig abzuschalten. Sofern dies innerhalb des Kesselhauses zu gefährlich erscheint, läßt man die Abschaltung außerhalb vornehmen. Zu diesem Zwecke sind in einigen Anlagen Rohrbruchventile an den einzelnen Kesseln und Schnellschlußventile mit Kraftantrieb (Krämerhähne) in den Hauptleitungen eingebaut, welche außerhalb des Kesselhauses durch Fernsteuerung betätigt werden können.

240 Alle Beobachtungen, welche vor Eintritt des Schadens gemacht wurden, werden schriftlich aufgezeichnet oder mündlich dem Vorgesetzten gemeldet, auch wenn sie scheinbar nicht direkt mit dem Schaden zusammenhängen.

Die Schadenstelle darf vor der Untersuchung nicht aufgeräumt oder verändert werden — soweit dies nicht zur Rettung von Menschenleben erforderlich ist —, damit die Erhebungen der Sachverständigen nicht erschwert oder unmöglich gemacht werden.

Rohrbruch.

241 Dampfleitungs- und Siederohrbrüche können durch Werkstoffehler, Bearbeitungsfehler, unzweckmäßige Bauart, mangelhafte Herstellung oder durch ungewöhnliche Betriebseinflüsse (Schlamm, Kesselstein, Korrosionen, Verschleiß) entstehen.

Die Gefahr des Aufschlagens der Feuertüren in solchen Explosionsfällen vermindert man durch entsprechende Sicherungen an den Riegeln der Türen.

Die Wirkung des Schadens hängt von der Größe und Lage der Bruchstelle ab. In den meisten Fällen ist ein rasches Nachlassen des Dampfdruckes, oft auch ein erheblicher Wasserverlust aus dem Kessel die Folge.

Man ziehe das Feuer des betroffenen Kessels schnellstens heraus und versuche, die Schadenstelle von den übrigen Anlageteilen raschestens abzutrennen.

242 Bei Brüchen von Siederohren mit kleinerem Querschnitt besteht die Möglichkeit, durch Nachspeisen entsprechender Wassermengen den Kessel vor der Einwirkung der Strahlungshitze zu schützen. Doch ist hierbei mit Rücksicht auf die Schädigung des Kesselmauerwerks mit Vorsicht zu Werke zu gehen.

Das Nachspeisen unterbleibt, wenn mit Bestimmtheit anzunehmen ist, daß der Wasserstand im Kessel unter die Linie des höchsten Feuerzuges gesunken ist.

Bei kohlenstaubgefeuerten Kesseln kann auf Grund einer erteilten Sonderbewilligung das Nachspeisen unterbleiben, da das aus der Bruchstelle des Rohres austretende Dampfwassergemisch das glühende Mauerwerk ablöscht, so daß die Gefahr des Ausglühens beseitigt ist.

243 Nach erfolgter Abkühlung überzeugt man sich, wie weit das Kesselwasser gesunken ist, und untersucht daraufhin den Kesselkörper auf Anlauffarben, Beulen, verbogene Rohre und Undichtheiten. Die gefährlichsten Stellen liegen in der Regel

zwischen höchster Feuerlinie und dem tiefsten erreichten Wasserstand.

Bei Schweiß- und Nietnahtrissen sind die gleichen Maßnahmen wie bei Rohrbrüchen zu empfehlen.

Gasexplosionen.

244 Diese können zu Zerstörungen der Kesseleinmauerung, der Tragkonstruktion und auch des Dampfkessels selbst führen, wenn die Gaszüge mit explosiblen Gasgemischen in größeren Mengen angefüllt sind und diese eine plötzliche Zündung erfahren.

Über Maßnahmen zur Verhütung solcher Explosionen siehe Ziff. 199 u. f.

Wassermangel.

245 Wassermangel kann im Kessel entstehen, wenn die regelmäßige Speisung unterlassen wird, wenn die Speiseventile oder Regeleinrichtungen versagen, wenn die Verbindungsrohre für die Wasserstandsanzeiger verstopft sind und dadurch ein höherer Wasserstand vorgetäuscht wird oder wenn der Kessel durch Undichtheiten (Versagen des Abschlämmventils) oder auf andere Weise Wasser verliert, welches nicht rechtzeitig ersetzt wird. Starke Wasserspiegelunterschiede in den Obertrommeln von Mehrtrommelkesseln können die gleiche Wirkung wie Wassermangel ausüben, wenn die Obertrommeln nicht gut gegen Beheizung geschützt sind.

Bei kurzfristigem Wassermangel stellt man die Dampfabgabe des Kessels durch Absperrung des Hauptdampfventils ein und vermindert die Feuerleistung des Rostes durch Verringerung des Zuges bei vorsichtiger Abkühlung.

Hat sich der Kesselinhalt beruhigt und ist der Wasserspiegel im Glase noch nicht sichtbar, so versucht man, dem Kessel mit gedrosselten Speiseventilen vorsichtig in kleinen Mengen Wasser zuzuführen. Schlagen hierbei die Speiseventile am Kessel oder werden dumpfe Schläge im Kesselinnern vernommen, so ist das Wasser tiefer gesunken, als das Speiserohr reicht. Die Speisung wird in diesem Falle eingestellt.

Nach erfolgter Abkühlung überzeugt man sich über die Schadenwirkung, wie in Ziff. 241 u. f. bei Rohrbrüchen beschrieben wurde.

Überspeisen.

246 Das Überspeisen des Kessels über den zulässigen höchsten

Wasserstand bewirkt eine Verminderung der Verdampfungsoberfläche und des Dampfraumes, wodurch der Abzug des erzeugten Dampfes behindert wird.

Das Überspeisen äußert sich in leichteren Fällen durch Mitreißen von Wasser durch den Dampfsammler des Kessels in den Überhitzer oder in die Dampfrohrleitungen. Es treten in der Regel plötzliche Temperaturschwankungen, Undichtheiten an den Walzstellen und Flanschverbindungen der Rohrleitungen auf.

Beim Einspeisen kälteren Speisewassers in längeren Speiseperioden verringert sich zunächst die Dampferzeugung, während anschließend durch die Temperatursteigerung des eingespeisten Wassers und durch die wiederbeginnende Dampferzeugung das Wasservolumen sich derart vergrößert, daß die Gefahr des Überspeisens infolge Anstieges des Wasserspiegels besteht.   Dieselben Erscheinungen können bei zu hohem Gehalt des Kesselwassers an Salzen, organischen Substanzen, Schwebestoffen und Alkalien auftreten.

·In schwereren Fällen erfolgen starke Wasserschläge aus dem Kessel in die Rohrleitung, Aufschlagen der Sicherheitsventile, Abreißen von Armaturen und Beschädigungen der Antriebsmaschinen oder auch Dampfrohrbrüche.

247   Besteht die Vermutung, daß der Kessel überspeist ist, so überzeugt man sich unverzüglich, ob die Wasserstandsanzeiger in Ordnung sind und ob die Speiseventile dicht schließen. Man öffnet die zunächst liegenden Entwässerungsleitungen des Überhitzers und der Dampfleitungen und vermindert die Kesselleistung durch schwächeren Zug. Das Absenken des Wasserspiegels kann durch vorsichtiges Öffnen der Ablaßventile erfolgen.

Sind heftigere Anzeichen des Wasserüberreißens vorhanden, so wird der Kessel schnellstens durch Absperrung der Hauptventile von der Dampf- und Speiseleitung abgetrennt, die Feuerung vorsichtig abgekühlt und das Kesselwasser langsam und vorsichtig so weit abgelassen, bis der normale Wasserstand im Schauglas des Wasserstandsanzeigers erreicht ist.

Die Ablaß- und Entwässerungsventile, welche hierbei benutzt wurden, können durch Schlamm verschmutzt sein und werden nach Abschluß auf Dichthalten geprüft.

Wasserschläge.

248   Diese können eintreten, wenn Wasser in Dampfleitungen kommt. Mangelhaft verlegte Leitungen, ungenügende Entwässerungen und Entlüftungen, undichte Saugleitungen und Dampfbildung in Wasserleitungen begünstigen Wasserschläge.

Diesen Mängeln kann man durch gute Isolierung sowie gute, reichlich bemessene und richtig angeordnete Entwässerung begegnen.

Bei Schlägen in Speiseleitungen prüft man die Rückschlagventile auf ihre Wirksamkeit nach. Über Einspeisen in den Dampfraum siehe Ziff. 245. Es können auch Undichtheiten im Speisewasserverteilungsrohr oder Speisekasten innerhalb des Dampfraumes des Kessels vorliegen, wodurch Dampf in die Speiseleitung gelangt.

Überhitzerschäden.

249 Schäden an Überhitzern werden verursacht durch Schwächung der Wanddicke von außen oder von innen durch Korrosion, Erosion, Erglühen und Verzundern der Rohrschlangen infolge Schlamm-, Stein- oder Salzbelags oder durch Mängel im Werkstoff. Die innere Korrosion ist meist die Folge einer Reaktion zwischen Wasserdampf und Eisen bei zu hoher Dampf- bzw. Rohrwandungstemperatur. Diese ist auf zu große Bemessung der Überhitzerheizfläche (zu niedrige Dampfgeschwindigkeiten) sowie auf ungleichmäßige Dampfverteilung auf die einzelnen Rohrschlangen oder auf starke Nachverbrennungen infolge zu langer Flamme im Feuerraum zurückzuführen.

Beim Anheizen der Kessel schützt man die Rohrschlangen vor Erglühen und Verzundern durch wirksame Kühlung (siehe Ziff. 68).

Beim Abstellen der Kessel ist zu beachten, daß die Überhitzerschlangen eine wesentlich höhere Wandungstemperatur annehmen können als die Kesselwandungen, weshalb die Überhitzerrohrschlangen noch eine gewisse Zeit nach dem Abstellen gekühlt werden sollen; dies kann durch Abblasen von Dampf in eine Verbrauchsstelle niederen Druckes geschehen.

250 Beim Aufreißen von Rohrschlangen wird die Feuerung abgekühlt, der schadhafte Überhitzer durch Abschluß der Ventile von dem Kessel und von der Ringleitung getrennt und danach der Kessel baldigst abgestellt, um ein Ausglühen der noch unbeschädigten Überhitzerrohrschlangen zu vermeiden.

Werden Undichtheiten an Überhitzerrohren festgestellt, so nimmt man den Kessel möglichst umgehend außer Betrieb, um eine Beschädigung der benachbarten Rohre durch den austretenden Dampf zu vermeiden.

Vorwärmerschäden.
(Economiser.)

251 Rohrbrüche an gußeisernen Vorwärmern entstehen durch Materialfehler oder durch übermäßige Verspannung des Systems bei fehlerhaftem Zusammenbau und ungenauer Lagerung der Röhrenelemente bzw. der Rippenrohre, durch Schwächung der Wandstärke infolge innerer und äußerer Korrosionen, vereinzelt auch durch Wasserschläge infolge Dampfbildung in den Vorwärmerrohren, durch Druckstöße bei Anordnung des Speisereglers zwischen Kessel und Vorwärmer und durch Gasexplosionen.

Ist der Schaden derart, daß ein wesentlicher Wasserverlust im Vorwärmer eintritt, so wird er unverzüglich außer Betrieb gesetzt. Bei Braunkohlenfeuerungen können bereits geringe Undichtheiten zu einer raschen Zerstörung des Rohrmaterials führen.

252 Sind Rauchgasumstellklappen vorhanden, so wird der Vorwärmer aus dem Heizgasstrom ausgeschaltet und dann vom Kessel sowie der Speiseleitung durch Absperren der Speiseventile getrennt. Die Absperrung der Speiseventile hat aber tunlichst erst eine angemessene Zeit nach dem Umstellen der Rauchgasklappen zu erfolgen. Bis dahin ist der Abgasspeisewasservorwärmer durch weiteres Speisen in den Kessel nach Möglichkeit zu kühlen.

Wird der Kessel mit der Hilfsspeiseleitung weiter betrieben, so wird darauf geachtet, daß die Rauchklappen, die den schadhaften Vorwärmer ausschalten, dicht abschließen (siehe Ziff. 199 ff.).

Nach dem Ausschalten und Absperren des Vorwärmers wird er durch Öffnen der Zugklappen und Putztüren langsam abgekühlt und darauf das Wasser abgelassen.

253 Die Sicherheitsventile des Vorwärmers werden bei jeder Vorwärmerreparatur durch Unterschieben eines Keiles oder Abheben der Gewichte vollkommen geöffnet, so daß sich im Vorwärmer kein unvorhergesehener Überdruck bilden kann.

Wird die Ausschaltung des Vorwärmers aus dem Feuerzug, die Entleerung seines Wasserinhalts oder das Öffnen der Sicherheitsventile versäumt, der Dampfkessel jedoch weiterbetrieben, so besteht die Möglichkeit der Explosion des Vorwärmers.

Zur Nachkontrolle der Druckvorgänge erhält der Vorwärmer ein Überdruckmanometer mit Schleppzeiger und wirksamer Dämpfung. Besser sind registrierende Manometer, da die Schleppzeiger erfahrungsgemäß oft zu hoch geschleudert werden.

254 Gasexplosionen in Vorwärmern treten meist in toten Ecken und in Räumen auf, die nach oben keinen Abzug haben. Sie haben fast stets neben großen Zerstörungen am Mauerwerk einen Bruch der gußeisernen Rohre und hierdurch eine Verstärkung der Explosionswirkung zur Folge. Über Gasexplosionen siehe Ziff. 199 u. f.

DRITTER TEIL.

XI. Regelmäßige Untersuchungen.

255 Es ist zu unterscheiden zwischen amtlich vorgeschriebenen regelmäßigen Kesseluntersuchungen und solchen Untersuchungen, welche von den Betrieben nach eigenem Ermessen angeordnet werden. Erstere erstrecken sich in der Regel auf äußere Besichtigungen während des Betriebes sowie innere Revisionen und Wasserdruckproben in mehrjährigen Zwischenräumen.

Die Vorschriften für die Vorbereitung der amtlichen Untersuchungen sind in den Revisionsbüchern oder Katastern der Kessel enthalten.

256 Bei den von den Betrieben vorzunehmenden Untersuchungen ist zur Auffindung von Mängeln und Feststellung ihrer Ursachen eine eingehende Kenntnis der Kesselbaustoffe, der Kesselherstellung und der thermischen und chemischen Vorgänge beim Betrieb der Kessel erforderlich.

Solche Kenntnis wird durch langjährige Betätigung auf diesem Sondergebiet erworben und durch Studium des einschlägigen Schrifttums vertieft.

Mit der Untersuchung von Kesselanlagen sollen nur solche Stellen, welche diese Voraussetzungen erfüllen, beauftragt werden. Die folgenden Regeln haben sich in den Betrieben bewährt und können für die Ausführung der Untersuchungen empfohlen werden.

Äußere Untersuchungen.

257 Die Untersuchung auf Undichtheiten des Kesselkörpers soll durch Abhorchen in der Stillstandszeit der Kessel unter Druck oder bei schwachem Betrieb erfolgen, um Anzeichen von Dampfgeräuschen oder Tropfwasser festzustellen, welche auf Undichtheiten schließen lassen. Das Abhorchen erfolgt zweckmäßig in mehrwöchentlichen Zeitabständen. Zum Abhorchen benutzt man die Einsteigeöffnungen oder Schautüren in den Zügen, wobei fremde Außengeräusche abzuhalten sind. Auf nässende Stellen an der Isolierung oder am Mauerwerk ist hierbei besonders zu achten.

258 Nach Abstellen der Kessel empfiehlt sich die Besichtigung der Feuerseiten, wobei noch ein Betriebsdruck von 2—3 atü vorhanden sein soll. Die undichten Stellen sind erkennbar an Ausblühungen von Salzen oder harten feuchten Krusten, die sich an Niet- oder Schweißnähten, Stemmkanten sowie an Walzstellen gebildet haben.

Beim Befahren der Feuerzüge des Kessels achtet man auf Beschädigungen des Mauerwerks, der Hängedecken, Zündgewölbe, Zuglenkwände, des Trommelschutzes (Torkretierung) sowie der Absperrschieber und -klappen.

Nach der Reinigung der Feuerseite des Kessels von Ruß und Flugasche werden die gefundenen undichten Stellen eingehend untersucht.

Bei der Untersuchung der Feuerseiten achtet man besonders auf die Niet- und Schweißnähte, Stemmkanten, Stutzen und Bodenkrempen, sowie auf die Walzstellen und Außenseiten der Siederohre. Hierbei beobachtet man auch äußere Anrostungen an den Mauerwerksanschlüssen und Siederohrwandungen sowie nasse Stellen unter der Flugasche.

Rauch- oder Siederohre mit Walzfehlern (Risse, Schiefer, Schalen) oder Beulen werden ausgewechselt, auch wenn sich die Ausbeulungen erst im Anfangsstadium befinden.

Nietköpfe werden auf ihre Festigkeit durch leichtes Abklopfen untersucht. Stemmkanten, Schweiß- und Nietnähte sowie Kesselböden werden mit Stahlbürsten blank gereinigt und bei Vorhandensein verdächtiger Stellen (feuchte Stellen, die auf Risse schließen lassen) mit der Lupe genau untersucht (evtl. durch Entnahme eines Spanes).

Sind Undichtheiten gefunden, so forscht man den Ursachen nach, ehe man sie beseitigt. (Über das Verhalten bei Befund von Mängeln siehe Ziff. 261 u. f.)

Innere Untersuchungen.

259 Alle zwei Jahre, wo vorgeschrieben, alle drei Jahre, findet eine amtliche innere Untersuchung statt. Darüber hinaus benutzen die Betriebe bei längerem Stillstand des Kessels die Gelegenheit zur inneren Besichtigung in ungereingtem und gereinigtem Zustand. Die Untersuchung des Kesselinnern in ungereinigtem Zustand ist wichtig. Sie erstreckt sich auf die Art und Menge der Stein- und Schlammablagerungen in den

Rohren, Sammelrohren, Wasserkammern, Trommeln und Verbindungsrohren, auf etwaige Verunreinigungen im Dampfraum oberhalb der Wasserlinie, im Dampfsammler und Überhitzer sowie auf Aussehen und Umfang etwaiger Anfressungen.

Dann erst erfolgt die gründliche Reinigung des Kesselinnern. Vorhandene Schlammanhäufungen und Kesselsteinschalen werden mit geeigneten Werkzeugen beseitigt und die Kesselwandungen mit Stahlbürste oder Schaber gesäubert.

Beim Befahren von Kesseltrommeln, deren Mannlöcher denen eines in Betrieb befindlichen Kessels — nur durch den Zwischengang getrennt — gegenüberliegen, ist die Einsteigestelle vor der Gefährdung durch evtl. undichtwerdende Mannlochdichtungen des gegenüberliegenden, in Betrieb befindlichen Kessels zu schützen. Das Einsteigen ohne diese Schutzmaßnahmen ist verboten.

Der Schutz kann geschehen durch Blechhauben, die über das Mannloch des in Betrieb befindlichen Kessels herübergehängt werden, oder durch zwischen den Kesseln aufgestellte Trennwände.

260   Nach der Reinigung untersucht man Böden, Niet- und Schweißnähte, sowie Rohreinwalzstellen und Bördelungen auf Risse und Anfressungen, Einbauten in den Trommeln auf Anfressungen.

Krempen von Kesselböden und Kammern werden auf Furchen, Anbrüche und Krempenrisse untersucht. Bei den älteren Böden mit Krempenradien, die kleiner als ein Zehntel des Bodendurchmessers sind, werden die Untersuchungen in kurzen Zwischenräumen wiederholt. (Über die Durchführung der Untersuchung auf Krempenrisse siehe Anhang 4.) Mit der gleichen Sorgfalt untersucht man die Schweißnähte und deren Umgebung bei Wasserkammern und Trommeln, sowie etwaige frühere Reparaturstellen.

Wasserstands- und Speiserohre werden auf Mängel und Schlammablagerungen geprüft und gereinigt, desgleichen die Inneneinrichtungen der Trommeln, wie Speiseregler, Schwimmer, Temperaturregler und Wasserumlaufeinrichtungen.

Entsprechende Untersuchungen empfehlen sich auch an Abgasspeisewasservorwärmern.

Die Abschlammrohre werden abgenommen und nachgesehen, desgleichen die Sicherheits-, Speise- und Ablaßventile.

Stehbolzen und Hohlanker werden gründlich gereinigt und auf ihre Unversehrtheit geprüft.

Alle Dichtflächen von Mannlochverschlüssen und von Deckelverschlüssen von Teilkammern, Wasserkammern, Überhitzern und Sammelrohren werden auf Unebenheiten und Riefen geprüft und von Resten der Dichtungen befreit. Sie dürfen nicht auf Haufen gelegt, sondern sollen nebeneinander gelagert werden. Beim Neuverpacken empfiehlt sich die Anwendung von möglichst dünnen Dichtungsringen (Klingerit) 1 mm oder 0,5 mm, Weicheisen oder Nickelprofilringen.

Am Kessel angeschlossene Betriebsinstrumente, insbesondere Manometer werden geprüft und gegebenenfalls ausgewechselt.

XII. Verhalten bei Befund von Mängeln an Kesseln.

261 Sind während des Betriebes des Kessels oder während seines Stillstands Anzeichen wahrgenommen worden, die auf eine Undichtheit oder auf einen anderen Mangel am Kesselkörper schließen lassen, so wird zur Klarstellung des Mangels nach Untersuchung durch die Betriebsleitung in schwereren Fällen der zuständige Kesselprüfer und gegebenenfalls weitere Sachverständige hinzugezogen. Ergeben sich Material- oder Herstellungsfehler, so beteiligt sich auch ein Vertreter des Kessellieferanten und des Werkstofferzeugers (Röhrenwerk, Walzwerk) an der Untersuchung.

262 Ist die Ursache des Schadens und sein Umfang soweit als möglich geklärt, so läßt man die Ausbesserung durch ein erfahrenes und vertrauenswürdiges Werk oder, wenn die nötigen Einrichtungen und geschulte Facharbeiter vorhanden sind, durch die eigenen Werkstätten ausführen.

Bei allen Ausbesserungsarbeiten ist große Vorsicht und Sorgfalt anzuwenden, um die Werkstoffe, insbesondere die Kesselbleche zu schonen. Bearbeiten in der Blauwärme führt Alterung oder Blaubrüchigkeit der Bleche herbei. Starke Kaltverformung, Hämmern usw. soll vermieden werden. Nötigenfalls müssen stark kalt verformte Teile nachher vollständig im Holzkohlenfeuer bei Rotglut ausgeglüht und in ruhender Luft langsam abgekühlt werden. Abschrecken führt zur Sprödigkeit.

Aufzunietende Teile müssen sorgfältig aufgepaßt werden. Sie sind mit spanabhebendem Werkzeug (Schmirgelscheibe) zu bearbeiten, bis sie passen. Hämmern und Anwärmen beim Anrichten macht die Bleche spröde. Nietlöcher werden kleiner gebohrt und dann durch alle Bleche gemeinsam sauber aufgerieben. Riefen sollen nicht vorhanden sein. Niete müssen gut entzundert und auf richtige Temperatur angewärmt sein. Sie sollen in das Loch stramm passen und zentrisch sitzen.

263 Man prüft alle Vorgänge bei der Ausbesserung und überzeugt sich von der Güte der Arbeit dann noch durch eine Wasserdruckprobe, welche nicht über den normalen Betriebsdruck hinaus zu erfolgen braucht. Gemäß § 13 der „Allgemeinen polizeilichen Bestimmungen" muß bei Hauptausbesserungen die Wasserdruckprobe durch den zuständigen Kesselprüfer erfolgen.

264 S c h w e i ß a r b e i t e n am Kessel werden abgelehnt, wenn für deren Güte keine Gewähr übernommen werden kann, da sie den Schaden nicht beseitigen, sondern unter Umständen nur vergrößern. Vor Ausführung von Schweißarbeiten an bestehenden Kesseln ist das Einverständnis des zuständigen Kesselprüfers einzuholen.

Solche Arbeiten dürfen nur erfahrenen und geübten Schweißern übertragen werden. In besonderen Fällen läßt man von dem in Aussicht genommenen Schweißer Probeschweißungen ausführen, die in Lage und Art der beabsichtigten Reparaturschweißung entsprechen. Diese Probeschweißungen werden durch Schnitte und Schliffe untersucht.

265 Bei Stemmarbeiten achtet man darauf, daß das gesunde Blech nicht eingekerbt, die Blechauflage nicht hochgestemmt wird und die Stemmkante nicht aufblättert. Sog. Hohlstemmen bietet einen guten Schutz für das darunterliegende Blechmaterial. Undichte Stemmkanten entstehen meist dort, wo Blechverbindungen nicht gut aufliegen oder Stöße nicht gut überdeckt sind.

266 A b m e i ß e l n von Stemmkanten oder Anschweißen solcher sind Behelfsmittel, welche bei fachmännischer Kesselherstellung nicht notwendig werden dürfen. Sie müssen daher vermieden werden.

267 Werden Schweißnaht- oder Blechrisse vermutet, so wird die betreffende Stelle blank geschliffen oder abgemeißelt, gegebenenfalls durchbohrt und durch Ätzung sichtbar gemacht (4 cm³ Salpetersäure vom spez. Gew. 1,14 in 100 cm³ abs. Alkohol, mit sauberem Wattebausch aufgetragen).

Für die Feststellung von Nietlochrissen wendet man allgemein die von der VGB empfohlene Nietlochprobe an (Anhang 3).

Besondere Vorsicht ist bei den im Wasserraum liegenden Längsnähten von Steilrohrkesseln, sowie den Nietnähten der Kammerhälse und Sattelstücke von Schrägrohrkesseln geboten, da diese erfahrungsgemäß beim Anheizen sowie im Betrieb infolge geringerer Elastizität hoch beansprucht sind. Überlappte Längsnähte sind durch Biegekräfte ungünstig beansprucht und neigen daher noch mehr zur Rißbildung als Doppellaschennähte. Besonders ungünstig sind Überlappungsnähte mit ungleicher Blechstärke (z. B. Garbeplatte auf dünnerem Mantelblech). Man pflegt an derartigen Stellen Nietlochproben zu machen, und zwar erstmalig spätestens nach einer Betriebszeit von etwa 10 000 Stunden. Der Nietlochuntersuchung geht am besten eine Wasserdruckprobe voraus, um undichte Stellen, an denen erfahrungsgemäß zuerst Risse zu finden sind, erkennen zu können. Werden keine Nietlochrisse gefunden, dann empfiehlt sich eine Wiederholung nach weiteren 10 000 Stunden. Werden hierbei wiederum keine Risse gefunden, so können die Untersuchungszeiten verlängert werden, falls bei den laufenden Reinigungen und Druckproben keine Undichtheiten festgestellt werden.

268 Die Anschlußkrempen von ebenen Wasserkammern und Sattelstücken an Oberkesseln sollen allerseits am Trommelblech gleichmäßig und ohne Spannung anliegen. Undichte Stemmkanten und Nietnähte an diesen Stellen deuten auf unsachgemäße Arbeit hin. Man wendet in solchen Fällen gleichfalls die Nietlochprobe an.

269 Die stumpfgeschweißten Nähte ebener Wasserkammern und deren Umlaufbleche oder Böden, die gegen Wärmespannungen sehr empfindlich sind, sollten von den Betrieben scharf überwacht werden.

Die Umlaufbleche solcher Kammern dürfen laut behördlicher Bestimmung nicht direkt beheizt werden. Die Schweißnaht und das Umlaufblech müssen während des Betriebes von außen sichtbar sein und sollen regelmäßig auf ihre Unversehrtheit untersucht werden. Empfehlenswert ist das Anbringen von Sicherheitsbügeln oder -schuhen zur Verhinderung des Aufreißens der Schweißnähte, oder in Gefahr drohenden Fällen die vollständige Beseitigung dieser Schweißnähte und das Ansetzen von angenieteten Bodenblechen mit Stehbolzen.

270 Sind undichte Siederohre trotz ein- bis zweimaligen Nachwalzens nicht dicht zu bekommen, so werden sie ausgewechselt, da dann die Undichtheiten zweifellos ein Zeichen für unsaubere Walzstellen, mangelhafte Passung der Rohre in den Rohrlöchern oder Fehler am Rohrmaterial bzw. der Rohrwand sind. Neu einzuziehende Rohre sollen mit geringstem Spiel und gerade im Rohrloch sitzen und gut ausgeglühte Enden haben.

Zur Auffindung von Rissen im Rohrloch kann ein ähnliches Verfahren wie die Nietlochprobe angewandt werden.

271 Die Art der aufgefundenen Mängel an Dampfkesseln, ihr Umfang, ihre Ursachen und die angewendeten Reparaturmaßnahmen werden in ein Lebens- oder Stammbuch des Kessels eingetragen. Die zeichnerische Darstellung der Schäden, insbesondere der Nietlochschäden, ist empfehlenswert. Diese Aufzeichnungen sind für die dauernde Überwachung einer Kesselanlage von großem Wert.

XIII. Kesselreinigung.

Innere Reinigung.

272 Die innere Reinigung wird je nach dem Befund der Niederschläge im Kessel in längeren oder kürzeren Zeitabständen nötig. Die Kessel sollen vorher langsam abkühlen. Das Ablassen unter Druck zur schnelleren Entfernung des Schlammes und Nachspeisen frischen Wassers hat den Nachteil, daß man die Kessel zu rasch abkühlt und die Schlammenge nicht kontrollieren kann. Auch verstopft sich dabei leicht die Entleerungseinrichtung.

Man entleert den Kessel erst, wenn man sich überzeugt hat, daß keine glühende Flugasche mehr auf den Heizflächenteilen liegt und das Mauerwerk genügend kalt ist. Sämtliche Dampf- und Wasserleitungen, welche mit Nebenkesseln verbunden sind, sollen abgenommen werden. Dies gilt insbesondere auch für Kesselablaßleitungen.

273 Bei Beginn der Reinigung nimmt man sämtliche Verschlüsse, insbesondere Mannloch- und Rohrverschlüsse, Ventilanschlüsse und die zugehörigen Ventile zwecks Durchlüftung des Kesselinnern, sowie zur Reinigung und Instandsetzung der Armaturteile ab.

274 Zur Beleuchtung im Kesselinnern verwendet man in der

Regel elektrische Lampen, die den Vorschriften des Verbandes Deutscher Elektrotechniker entsprechen müssen. Diese Lampen müssen mit einem sicher befestigten Überglas und mit Schutzkorb versehen sein und dürfen keine Schalter haben. Die Spannung muß bei Wechselstrom durch Schutztransformatoren mit getrennter Wicklung auf 42 Volt oder weniger herabgesetzt werden. Der Schutztransformator muß unmittelbar an der festverlegten Netzleitung oder nahe am Stecker angeschlossen sein. Das Reinigungspersonal muß sich vor der Benutzung der Lampen von ihrem ordnungsmäßigen Zustand überzeugen.

275 Die Entfernung des Kesselsteins erfolgt von Hand oder durch Fräs- oder Schlagwerkzeuge, welche elektrisch oder mit Wasser bzw. Preßluft angetrieben werden. Bei der Entfernung des Kesselsteins ist darauf zu achten, daß das Kesselblech keine Beschädigungen durch die Schlagwerkzeuge erfährt. Durch längeres Bearbeiten einer Stelle besteht die Möglichkeit der Blechverletzung; bei zu lange ausgedehntem Bohren von Siederohren an einer Stelle kann die Rohrwand geschwächt werden.

Wo die Beseitigung des Kesselsteins infolge seiner Härte oder Unzugänglichkeit Schwierigkeiten bereitet, kann die Auflösung des Kesselsteinbelages durch Auskochen mit 5 prozentiger Natronlauge bewirkt werden. Der Kessel ist nachher sauber zu spülen und von den Resten der Lauge zu befreien. Die Lockerung von Kesselstein durch Phosphatzusatz zum Kesselwasser hat sich gleichfalls schon in zahlreichen Betrieben gut bewährt. Sie geht jedoch je nach der Zusammensetzung des Steines verschieden weit: am leichtesten löslich ist Sulfatstein, schwerer Karbonatstein, am schwersten Silikatstein. Man gibt bei einer solchen Phosphatbehandlung dem Kesselwasser einige Tage vor dem Abstellen des Kessels Trinatriumphosphat, erstmalig etwa 1 kg je m³ Kesselinhalt, zu und dann weiter in Abständen von je etwa 8 Stunden so lange, bis 12 Stunden nach dem letzten Zusatz noch mindestens 100 mg/l Phosphat (P_2O_5) im Kesselwasser festgestellt werden. Da durch die Lösung des Steins die Verschlammung des Kesselinhaltes zunimmt, so wird, um Schäumen zu verhüten, die Kesselleistung nach erfolgtem Zusatz mindestens auf die Hälfte verringert und gleichzeitig der Kesselinhalt öfter abgeschlämmt. Mit der Reinigung des Kessels beginnt man sofort nach der Entleerung, da der entstandene Schlamm an der Luft leicht wieder versteint.

276   Starke Staubentwicklung vermeidet man durch leichtes Anfeuchten der zu bearbeitenden Stellen oder Absaugen der staubhaltigen Luft. Man erziehe die Arbeiter zum Tragen von
Schutzbrillen gegen abspringende Kesselsteinsplitter und bei
stauberzeugenden Arbeiten von Atmungsschützern, die auf
Mund und Nase aufgesetzt werden.

Mit Rücksicht auf etwaige Unfälle läßt man Reinigungsarbeiten gleichzeitig von mindestens 2 Mann ausführen.

277   Vor dem Verschließen des Kessels überzeugt man sich, ob
Werkzeuge und andere Gegenstände (Putzwolle usw.) aus dem
Kesselinnern entfernt, die Inneneinrichtungen wieder ordnungsmäßig angebracht und die Dichtstellen der Mann-, Rohr-
loch- und Überhitzerverschlüsse gut gereinigt sind. Man versieht die Dichtflächen mit einem Magnesit- oder Graphit-
anstrich.

Die Verschlüsse bedürfen nach dem Anheizen des Kessels
oft eines einmaligen leichten und vorsichtigen Nachziehens,
mit Ausnahme der Mannlochverschlüsse.

Äußere Reinigung und Flugaschenbeseitigung.

278   Ehe der Kessel äußerlich befahren wird, entlüftet man die
Feuerzüge nochmals gründlich, schließt dann die Rauchklappen
und sichert sie, wenn möglich und erforderlich, gegen willkür-
liches Öffnen.

Der gesamte in den Feuerzügen befindliche Ruß, sowie die
Flugasche werden sorgfältig entfernt. Flugasche mit hohem
Gehalt an Verbrennlichem kann sich beim Aufwirbeln entzünden und wird daher besonders vorsichtig entfernt. Vor Befahren der Feuerzüge überzeugt man sich von der Dichtheit
der Trennungsmauern zusammengebauter Kessel, da bei Undichtheiten von im Betrieb befindlichen Kesseln Gas in die
Feuerzüge des Nachbarkessels gelangen kann, wodurch Gasverpuffungen und gesundheitliche Schädigungen des Reini-
gungspersonals möglich sind.

279   Der Kesselmantel wird mit Schabern und Drahtbürsten von
dem anhaftenden Ruß, insbesondere dem sogenannten Glanzruß,
vollkommen befreit. Als sehr zweckmäßig hat sich die Reinigung mittels Sandluftstrahles erwiesen, durch den allerdings
nur der Ruß entfernt werden soll. Etwa gefundene Undichtheiten meldet das Personal dem aufsichtsführenden Beamten.
Es ist wichtig, daß dieser den Zustand der schadhaften Stelle

besichtigt, ehe etwa durch Undichtheiten entstandene Krusten usw. beseitigt werden.

Die mechanische Entfernung der Ablagerungen, die sich auf dem Boden der Feuerzüge befinden, durch Absaugevorrichtungen hat sich bewährt.

Das Absaugen erfolgt durch reichlich große Öffnungen im Mauerwerk, um eine leichte Bedienung der Absaugeschläuche zu ermöglichen.

280   Steigeisen und Mauerwerksansätze, die zur Befahrung angebracht sind, werden vor der Benutzung geprüft, da diese durch die Gase und die hohen Temperaturen, denen sie ausgesetzt sind, beschädigt sein können.

281   Selbsttätige Entaschungsanlagen erleichtern die Entleerung der Aschenbunker und Flugaschenansammlungen aus den Kesselzügen. Solche Einrichtungen sind heute in fast allen größeren Kesselanlagen eingebaut, da die Entfernung der Grobschlacke und Flugasche von Hand in der Regel stauberzeugend, für das Bedienungspersonal unangenehm und wegen der großen Mengen und Entfernungen oft zu teuer ist (siehe Ziff. 208 bis 219).

VIERTER TEIL

XIV. Eigenschaften des Speisewassers.

Rohwasser.

282   Für das eingehendere Studium der Speisewasseraufbereitung und Überwachung sei an dieser Stelle auf das Buch „Speisewasserpflege" der VGB hingewiesen. Außerdem empfiehlt sich bei Neuaufstellung von Wasserreinigungsanlagen die Zuhilfenahme der „Richtlinien für Bauart, Abnahme und Betrieb von Wasseraufbereitungsanlagen" der VGB.

283   Fast sämtliche natürlichen Wässer sind mehr oder weniger reich an Salzen, freien oder gebundenen Säuren und Gasen sowie an gelösten und ungelösten organischen Substanzen. Ihre Anwesenheit erschwert oder verhindert durch Kesselstein- und Schlammausscheidung, Gasabspaltung und Anreicherung mit chemischen Verbindungen, wie Sulfaten, Chloriden, Nitraten und Silikaten, die Anwendung der natürlichen Rohwässer zum Zwecke der Dampferzeugung.

Über die Bezeichnung der im Rohwasser enthaltenen Einzelbestandteile siehe Anhang 1.

Als weiche Wässer bezeichnet man im allgemeinen solche bis 8° deutscher Härte (d. H.), als mittelharte Wässer solche von 8°—16° d. H. und als harte Wässer diejenigen über 16° d. H.

284   Die Härte der Wässer wird bemessen nach ihrem Gehalt an Kalzium- und Magnesiumsalzen. Die Gesamthärte ungereinigter Wässer besteht im allgemeinen aus der Karbonathärte, gebildet aus dem Gehalt an Kalzium- und Magnesiumbikarbonaten $Ca(HCO_3)_2$ und $Mg(HCO_3)_2$, die beim Kochen des Wassers zum Teil in Schlammform ausgefällt werden, und aus der Nichtkarbonathärte, gebildet von den Sulfaten $CaSO_4$, $MgSO_4$, Chloriden $CaCl_2$, $MgCl_2$, Nitraten $Ca(NO_3)_2$, $Mg(NO_3)_2$ und Silikaten von Kalk und Magnesia, $CaSiO_3$, $MgSiO_3$, welche auch beim Kochen bei nicht zu starkem Eindampfen gelöst bleiben.

Werden die Härtebildner erst im Dampfkessel ausgefällt, so scheiden sie sich infolge der Beheizung auf den Heizflächen in Form von mehr oder weniger hartem Kesselstein ab. Kalzium- und Magnesiumbikarbonate fallen im allgemeinen in Schlammform aus, während die Salze der Nichtkarbonathärte im allgemeinen festen Kesselstein bilden.

285   Kesselstein, der in der Hauptsache aus den Karbonaten und Hydroxyden der Härtebildner besteht, ist in geringen Mengen praktisch weniger gefährlich. Bei Gegenwart merklicher Mengen von Silikaten, Sulfaten und organischen Substanzen ist jedoch Vorsicht am Platze, da jene auf die Eigenschaften des Niederschlages von ungünstigem Einfluß sind.

286   Von großer Wichtigkeit ist ferner der Gehalt des Rohwassers an freien oder gelösten Gasen und Säuren, da diese erfahrungsgemäß korrodierende Wirkungen auf Eisen und Nichteisenmetalle, Maschinen und Apparate ausüben. Neben einem stark wechselnden Gehalt an freier Kohlensäure, der von den im Grundwasser liegenden Schichten abhängt, enthalten fast alle Wässer gebundene Kohlensäure in Form von Bikarbonaten, die beim Kochen oder durch chemische Umsetzungen leicht die Hälfte ihrer Kohlensäure abgeben.

287   Da selbst eine geringe Kesselsteinschicht auf den Heizflächen je nach Kesselbeanspruchung Ausbeulungen der Flamm- und Siederohre, Feuerbüchsen und Trommelbleche zur Folge haben kann, wird in allen gut geleiteten Kesselbetrieben das Rohwasser in einer Wasserreinigungsanlage aufbereitet.

Speisewasseraufbereitungsanlagen müssen nach einem der Rohwasserzusammensetzung entsprechenden Verfahren betrieben werden und ausreichend bemessen sein. (Entscheidung hierüber nur durch einen unabhängigen Sachverständigen!)

288   Die Misch- und Klärbehälter sollen zusammen mindestens das Doppelte der garantierten Stundenleistung an aufzubereitendem Wasser fassen. Bei einer Temperatur im Reiniger von 90—95° muß die Anlage dann in der Lage sein, eine Resthärte von nicht über 0,5° d im aufbereiteten Wasser zu erzielen. Bei niedrigerer Temperatur im Reiniger muß die Durchsatzzeit vergrößert werden. Höhere Resthärten führen, insbesondere bei Wasserrohrkesseln hohen Druckes und hoher Leistung, zu Schwierigkeiten. Für sehr hohe Drucke sind Resthärten im aufbereiteten Zusatzwasser von 0,3 bis 0,1° anzustreben, besonders dann, wenn die anteilige Zusatzwassermenge größer ist als 5 bis 10 v. H.

289   Organische Substanzen, die sich in besonders reichlicher Menge in Fluß- und Grubenwässern befinden, können sowohl in den Aufbereitungsanlagen als auch im Kessel stark störend wirken. In den Wasserenthärtungsanlagen vermindern sie den Enthärtungserfolg, d. h. sie verhindern die Ausfällung der Härtebildner, wodurch das gereinigte Wasser mit zu hoher Resthärte in den Kessel gelangt. Dies hat wiederum eine stärkere Verschlammung bzw. Versteinung der Kessel zur Folge. Im Kesselwasser begünstigen sie in starkem Maße das Schäumen und Spucken, da sie infolge der eben erwähnten Verzögerung bei der Ausfällung der Härtebildner die Menge der Schwebestoffe im Kesselwasser erhöhen.

290   Vor der Beschaffung von Reinigungsanlagen wird das zur Verfügung stehende Rohwasser in einem chemischen Laboratorium für Wasseruntersuchungen auf seine Geeignetheit für Kesselspeisezwecke untersucht. Mit derartigen Untersuchungen sollten nur sehr erfahrene Sachverständige betraut werden. Die Bestellung, Prüfung und Abnahme der Reinigungsanlage sollte nach den „Richtlinien für Bauart, Abnahme und Betrieb von Wasseraufbereitungsanlagen" der VGB vorgenommen werden (vgl. auch Ziff. 282 und 287).

Kondenswasser und Destillate.

291   Das Kondenswasser aus Dampfmaschinen, Apparaten, Kochern, Heizanlagen und Dampfrohrleitungen eignet sich unter den nachstehend näher behandelten Voraussetzungen gut zur Kesselspeisung. Es ist jedoch zu beachten, daß das Kondensat mit Öl von Kolbendampfmaschinen oder anderen Stoffen aus der Fabrikation verunreinigt sein kann und dann entsprechend vorbehandelt werden muß. Man schaltet hinter Kolbendampfmaschinen Abdampfentöler, die man aber in kurzen Zeiträumen reinigen muß. Auch dann ist ihre Wirkung im allgemeinen nicht ausreichend. Man muß daher das Kondensat selbst behandeln. Hierzu verwendet man Ölabscheider in Behältern, Koks- oder Kiesfilter und dergl., wenn das Öl in Flockenform im Wasser enthalten ist. Geht das Öl mit dem Wasser eine Emulsion ein (milchiges Aussehen des Kondensats), so ist eine Ausflockung durch Chemikalienzusätze, z. B. Aluminiumsulfat, gegebenenfalls mit Kalk- oder Alkalizusatz, in besonderen Behältern und mit nachgeschalteten Filtern erforderlich. Falls eine ausreichend große chemische Reinigungsanlage für das Zusatzwasser vorhanden ist, kann das ölhaltige Kondensat auch mit über den Reiniger geleitet werden. Die Klär- und Absitzzeit der gesamten über den Reiniger geschickten Wassermengen muß jedoch auch in diesem Fall mindestens zwei Stunden betragen. Der Öl- oder Fettgehalt des Speisewassers (Kondensat + Zusatzwasser) sollte 5 mg/l nicht übersteigen. Bei höheren Gehalten muß mit Schäden am Kesselkörper gerechnet werden. Diese treten besonders bei Speisewasser mit höherem Gehalt an Härtebildnern infolge Bildung dicker schwarzer Ablagerungen auf. Die Gefahr ist um so geringer, je weitgehender die Härtebildner entfernt sind. Bei Wasser von 0,1° d Resthärte kann der Ölgehalt 5—10 mg/l betragen.

292 Kondenswasser und Destillat nehmen begierig Gas, insbesondere Sauerstoff, auf. Man führt sie daher in geschlossene Sammelbehälter ein, und zwar derart, daß die Ausmündungen der Zulaufrohre unter den Wasserspiegel zu liegen kommen. Auf dem Wasserspiegel hält man ein Dampfpolster, um Luftzutritt zu verhindern. Der Sammelbehälter erhält ein nicht zu weites Schwadenabzugsrohr, dessen Austrittsöffnung im Gesichtskreis des Pumpen- oder Wasserreinigerwärters liegt. Zwecks Verhütung des Eindringens von Luft bei sinkendem Wasserspiegel kann in dieses Rohr ein Sauerstoffabsorptionsfilter eingebaut werden. Dieses muß jedoch in regelmäßigen, den Schwankungen des Wasserspiegels entsprechenden Zeitabständen erneuert werden.

Zur Entfernung schädlicher Mengen von Sauerstoff und Kohlensäure verwendet man Entgasungsanlagen (siehe Ziff. 357 u. f.). Als schädlich sind bei reiner Kondensat- und Destillatspeisung (reine Heizfläche) bereits Sauerstoffmengen von mehr als 0,1 mg/l anzusehen.

Da mit steigender Kesselwassertemperatur die Gefährlichkeit der Gase wächst, so benötigen Hochdruckkessel vollkommen entgastes Wasser. Anwesenheit von Alkali im Speisewasser bzw. Kesselwasser verringert die Gefährlichkeit der Gase. Sicherheitshalber setzt man daher auch bei reiner Kondensat- und Destillatspeisung Alkali zu. Der Alkalizusatz hat außerdem noch den Vorteil, die durch Undichtheiten der Kondensatoren oder Heizapparate eindringenden Härtebildner in ungefährlicher Schlammform im Kessel abzuscheiden.

293 Da die Möglichkeit des Eintrittes von Kühlwasser aus undichten Kondensatoren sowie von Luft an den Kondensatpumpen stets vorliegt, empfiehlt sich eine laufende, täglich mindestens einmalige Untersuchung des Kondensats auf Härte und Sauerstoffgehalt. Außerdem ist eine wöchentlich einmalige Untersuchung des Kondensats auf seine Einzelbestandteile zweckmäßig; als vorteilhaft hat sich weiterhin der Einbau selbsttätiger Leitfähigkeitsmesser mit Alarmvorrichtungen in die Kondensatleitungen erwiesen.

Chemisch gereinigtes Wasser und Kesselinhalt.

294 Man hat erkannt, daß der Reaktionsverlauf bei der chemischen Enthärtung in der Praxis vielfach anders ist als die Theorie erwarten läßt, weshalb man den praktischen Erfahrungen besondere Beachtung schenken sollte. Maßgebend für die Beurteilung des Endeffektes der Reinigung werden immer der Befund des Kesselinnern sowie die Beschaffenheit des erzeugten Dampfes sein müssen. Daraus sind auch die meisten Grenzzahlen für die Mindest- und Höchstgehalte des Kesselwassers an einzelnen Bestandteilen abgeleitet. Die regelmäßige chemische Analyse hat also in der Hauptsache den sehr wichtigen Zweck, in kürzester Zeit ohne Unterbrechung des Betriebes erkennen zu lassen, ob Bedenken gegen die augenblickliche Betriebsweise zu erheben sind. Rohwasser, aufbereitetes Zusatzwasser, Kondensat und Destillat und das Kesselwasser der einzelnen Kessel sind in angemessenen, durch die Erfahrung bedingten Zeitabständen zu untersuchen.

Für die chemische Untersuchung ist es aus diesem Grunde wichtig, die Grenzwerte zu kennen, bei deren Einhaltung die Gewähr vorhanden ist, daß im praktischen Kesselbetrieb Kesselsteinansätze und Anfressungen des Kesselbaustoffes weitgehend vermieden werden.

295 Ein bewährtes Schutzmittel gegen Kesselsteinansätze und Korrosionen stellt die Einhaltung einer dauernden Mindestalkalität des Kesselwassers dar, welche bei Anwesenheit von Chloriden mit 0,4 g Natronlauge im Liter bzw. 1,85 g Soda im Liter nicht unterschritten werden soll — Schwellenwert der Alkalität . . . . (1)[1].

296 Beide Alkalien können sich im Verhältnis 0,4 : 1,85 oder rund 1 : 4,5 ersetzen, so daß z. B. auch eine Alkalität von 0,3 g Natronlauge und 0,45 g Soda im Liter Kesselwasser ausreichend schützt. Als Maßstab für die zum Schutz des Kessels not-

---

[1] (1) — (9) = Schwellenwerte für die einzelnen Bestandteile.

wendige Alkalität ist die N a t r o n z a h l eingeführt worden,
die folgendermaßen bestimmt wird:

Man dividiert den durch Analyse des Kesselwassers gefundenen und als mg/l berechneten Gehalt an Soda durch 4,5
und addiert zu dieser Zahl den gleichfalls ermittelten und
als mg/l ausgedrückten Gehalt an Ätznatron:

$$\text{Natronzahl} = \frac{Na_2\,CO_3}{4,5} + NaOH \text{ in mg/l.}$$

Die so erhaltene Natronzahl soll stets über 400 liegen, 2000
aber möglichst nicht überschreiten. In zahlreichen Betrieben
wird der obere Grenzwert infolge besonderer Rohwasserverhältnisse überschritten, ohne daß sich dadurch Störungen ergeben haben. (2)

Wird Kondensat und Destillat gespeist, so kann die Natronzahl unbedenklich niedriger gehalten werden. Als zweckmäßig hat sich in solchen Fällen die Einhaltung einer Natronzahl von 200—1000 erwiesen. . . . . (3)

297　Die chemische Untersuchung des Kesselinhaltes erstreckt
sich daher auf die Feststellung der beiden Einzelwerte: Soda
und Ätznatron. Die Ermittlung der Gesamtalkalität hat hier
wenig Wert, da das Maß der Spaltung der im Kesselinhalt befindlichen Soda in Ätznatron und Kohlensäure von den vorliegenden Betriebsverhältnissen stark abhängt, mit stöchiometrischen Regeln nicht erfaßt und daher aus der Gesamtalkalität auch nicht abgeleitet werden kann. Hält man den
Kesselinhalt auf dem angegebenen Mindestalkaligehalt, so
wirkt nach den Erfahrungen der Betriebe auch höhere Konzentration von Chloriden und Nitraten nicht mehr angreifend,
so daß man Anreicherungen des Kesselinhaltes bis zu 4 g Chlorid (Cl) und 1,5 g Nitrat (N_2O_5) im Liter zulassen kann.

298　Steilrohrkessel sind gegen Salzanreicherungen meist
empfindlicher als Schrägrohrkessel. Die geringere Empfindlichkeit ist im besonderen bei Schrägrohrkesseln mit querliegender Obertrommel und Einführung des Dampfwassergemisches über dem Wasserspiegel vorhanden.

Die Erfahrung der Betriebe geht dahin, daß ein Höchstgehalt
des Kesselinhaltes an Salzen von 2° Bé, entsprechend einem
spez. Gew. von 1,014, ermittelt an dem auf 20° C abgekühlten
Wasser, bei Niederdruckkessel noch zulässig ist. . . . (4)

299　Diese Dichte kann jedoch in vielen Fällen, besonders bei
Wasserrohrkesseln, nicht gehalten werden, da der Kessel bereits unterhalb dieser Grenze zu schäumen beginnt. Schuld

hieran können tragen: zu hoher Gehalt des Kesselwassers an organischer Substanz, Schwebestoffen, Alkali und Sulfat, ungeeignete Kesselbauart, plötzliche Belastungsstöße und ungünstige Anordnung der Einführung der Dampfwassergemischrohre in die Obertrommel und der Dampfentnahmeleitungen. Je nach den vorliegenden Betriebsverhältnissen müssen die höchst zulässigen Salzgehalte festgelegt werden. Bei Hochdruck- und Hochleistungs-Wasserrohrkesseln kann im allgemeinen eine Dichte von 0,5 bis 1° Bé gehalten werden. Bei höherer Dichte sind die Abschlämmverluste geringer, da dann die ein- für allemal abzuführende Salzmenge an eine geringere Wassermenge gebunden ist. Teilkammerkessel vertragen im allgemeinen eine höhere Dichte, besonders wenn sie mit querliegender Obertrommel und oberer Einführung des Dampfwassergemisches ausgerüstet sind. Steilrohrkessel sind gegen Schäumen und Spucken empfindlicher. Sie vertragen oft nicht mehr als 0,3° Bé. Der organischen Substanz und den Schwebestoffen ist besondere Beachtung zu schenken. Sie sind nach Möglichkeit aus dem Rohwasser sowie Kondensat zu entfernen. Holzwollefilter sind zu vermeiden, da das heiße alkalische Wasser den Holzstoff auslaugt, so daß die Auslaugeprodukte das Kesselwasser verunreinigen. Schwebestoffe stammen aus mangelhaft filtriertem und enthärtetem Rohwasser.

300　　Der Gesamtgehalt an gelösten Stoffen (Abdampfrückstand) kann annähernd mit der Bauméspindel oder der Spindel für spez. Gew. geprüft werden. Bestünde der Abdampfrückstand nur aus Kochsalz ($NaCl$), so sind 10 g/l = 1 % gleichbedeutend mit 1° Bé = 1,007 spez. Gew. Sind an Stelle der Chloride überwiegend Sulfate (Glaubersalz (Na_2SO_4)) vorhanden, so entsprechen 0,8 % Glaubersalz (Na_2SO_4) 1° Bé. Die betreffenden Zahlen sind für wasserfreie Soda (Na_2CO_3) 0,7 % = 1° Bé, für Natronsalpeter ($NaNO_3$) 1,0 % = 1° Bé, für Ätznatron ($NaOH$) 0,6 % = 1° Bé.

301　　Von der laufenden Bestimmung der organischen Substanzen kann in der Regel abgesehen werden. Nur wenn eine Anlage zur Beseitigung der organischen Substanz vorhanden ist, soll der Permanganatverbrauch täglich bestimmt werden. Ergibt die chemische Untersuchung einen Verbrauch von mehr als 500 mg/l Kaliumpermanganatverbrauch im Kesselwasser, so sollte dieses teilweise oder ganz abgelassen werden. Im gereinigten Wasser sollte der Kaliumpermanganatverbrauch 20 mg/l nicht übersteigen. . . . . (5)

Bei höheren Gehalten sind besondere Einrichtungen zur Beseitigung der organischen Substanz erforderlich.

302   Die Härte des Kesselwassers soll unter 2° d nach B l a c h e r liegen, wobei zu beachten ist, daß von dem bei der Enthärtung entstehenden kohlensauren Kalk unter Umständen bis zu 36 mg/l = 1,9° d in Lösung bleiben können. . . . . . . (6)

Bei höherer Alkalität und steigender Temperatur des Kesselinhaltes nimmt die Resthärte ab. Dafür wird aber der Gehalt an Schwebestoffen bei höherer Härte des Speisewassers zunehmen. Es empfiehlt sich daher, von Zeit zu Zeit neben der Härte auch den Gehalt des Kesselwassers an Schwebestoffen zu ermitteln.

303   Konzentrierte Natronlauge greift Kesselbleche an, die infolge mangelhafter Bauart und Werkstattarbeit über die Streckgrenze beansprucht sind und bei der Herstellung nicht einwandfrei behandelt wurden. Der Werkstoff wird an diesen Stellen rissig. Diese Risse folgen meistens den Korngrenzen. Hohe Konzentrationen können jedoch nur an schlecht hergestellten Niet- und Walzstellen auftreten, da nur dort Undichtheiten entstehen, die eine Verdampfung nach außen gestatten. Auf Grund von Untersuchungen von P a r r und S t r a u b der Universität Illinois[1]) sowie von B e r l und Beobachtungen in amerikanischen Kesselbetrieben wurde der Schluß gezogen, daß Sulfate den Angriff von Natronlauge zurückdrängen sollen. Ermittelt man die Gesamtalkalität des Kesselwassers als Soda und den Sulfatgehalt als Glaubersalz, so soll nach dem amerikanischen „Boiler Code" das Verhältnis von Soda : Glaubersalz = 1 : 0,2 × Dampfdruck in atü sein. . . (7)

Es wird angenommen, daß die Sulfate die im Material aus anderen Gründen (Nieten) entstandenen fehlerhaften Stellen mit einer deckenden Schutzhaut gegen chemischen Angriff schützen.

304   Falls das Verhältnis im Kesselwasser nicht vorhanden ist, setzt man direkt Sulfate in Form von Glaubersalz oder Schwefelsäure dem Speisewasser oder Kesselwasser zu. Bei Verwendung von Säure ist jedoch ganz besondere Vorsicht erforderlich. Insbesondere muß das Speisewasser ausreichend alkalisch sein.

305   Infolge der bei höheren Drücken notwendigen hohen Sulfatmengen läßt sich wegen der Salzanreicherung des Kessel-

---

[1]) Parr und Straub, Bulletins der Universität Illinois (s. Lit.-Verz.).

inhaltes das notwendige Soda-Sulfat-Verhältnis nur schwer einhalten. Für diesen Fall empfiehlt sich die Verwendung von Phosphat, das zudem, ähnlich wie Soda, auf die Härtebildner im Kessel ausfällend einwirkt, wodurch die im Kesselwasser notwendige Alkalimenge niedriger gehalten werden kann. Der Phosphatgehalt sollte etwa 20 mg/l, ausgedrückt als P_2O_5, betragen. . . . . (8)

Die Natronzahl kann dann auf 100—400 mg/l ermäßigt werden. . . . . (9)

306   Phosphat wird dem Speisewasser oder Kesselwasser in Form von Tri-, Di- oder Mononatriumphosphat sowie Phosphorsäure zugesetzt. Die drei letzteren kommen jedoch nur dann in Frage, wenn das Wasser ausreichend alkalisch ist. Erforderlich ist jedoch ein möglichst weitgehend enthärtetes Speisewasser, da die durch die Umsetzung der Resthärtebildner mit dem Phosphat entstehenden Schwebestoffe das Schäumen stark begünstigen. Gegebenenfalls ist öfteres Abschlämmen der Kessel erforderlich. Direkter Zusatz von Phosphat in den Reiniger ist nicht empfehlenswert, da das sich bildende Trikalziumphosphat teilweise durch die Filter hindurchgeht und dadurch zu einer Verunreinigung der Rohrleitungen, Pumpen sowie des Kesselinhaltes führt. Außerdem sind die Kosten für die direkte Reinigung wesentlich höher als bei Verwendung von Kalk, Soda oder Ätznatron. Am besten setzt man das Phosphat vor dem Ekonomiser bzw. Kessel mittels einer besonderen Pumpe zu.

307   Ausscheidungen von Kieselsäure im Kesselwasser bzw. Bildung von kieselsäurereichem Kesselsteinbelag lassen sich wesentlich vermindern,

a) wenn die Resthärte im Kesselwasser möglichst gering ist, d. h. wenn die Härtebildner so weit aus dem Wasser entfernt sind, daß die gelöste Kieselsäure mit ihnen keine wasserunlösliche Verbindung eingehen kann; je höher der Kesseldruck ist, um so rascher tritt Kesselsteinbildung ein.

b) wenn die Löslichkeitsgrenze der Kieselsäure nicht überschritten wird, mit anderen Worten, wenn die Eindickung des Kesselinhaltes nicht so weit getrieben wird, daß die Kieselsäure auch bei Anwesenheit von Härtebildnern allein ausfällt, d. h. also, wenn regelmäßig abgeblasen wird;

c) wenn stets genügend Alkali im Kessel vorhanden ist, sodaß bei Abwesenheit von Härtebildnern die Kieselsäure in der löslichen Form des Natriumsilikates bestehen kann (Einhaltung der Natronzahl);

d) wenn eine ausreichende Menge an kolloid-organischer Substanz die Bildung von festem Stein verhindert bzw. verzögert.

XV. Erfahrungen
mit Speisewasserreinigungsanlagen.
Kalk-Soda-Verfahren.

308 Dieses Reinigungsverfahren wird hauptsächlich angewandt bei Wässern mit freier Kohlensäure sowie solchen mit vorwiegender oder beträchtlicher Karbonathärte. Dem hocherwärmten Rohwasser wird eine der jeweiligen Karbonathärte entsprechende Menge Ätzkalk zugeführt, welcher die gasförmige, die Karbonathärtebildner in Lösung haltende freie und halbgebundene Kohlensäure bindet und der kohlensauren Magnesia die gebundene Kohlensäure entzieht.

309 Die Nichtkarbonathärte (Sulfat- oder Gipshärte, Chloridhärte usw.) wird durch Soda beseitigt, wobei die Härtebildner, also schwefelsaurer Kalk, schwefelsaure Magnesia, Chlorkalzium und Chlormagnesium, in kohlensaure Salze verwandelt werden, die infolge ihrer schweren Löslichkeit ausfallen. Sämtliche Kalksalze des Rohwassers fallen bei richtiger Wahl der Fällungsmittel als wasserunlösliches Karbonat, sämtliche Magnesiumsalze als wasserunlösliches Hydroxyd aus und setzen sich nach mehrstündiger Reaktion im Reinigungsbehälter als Schlamm ab.

Während die Karbonathärte aus dem Wasser verschwindet, ohne daß lösliche Alkalisalze an ihre Stelle treten, nimmt das Wasser eine den ausgeschiedenen Sulfat- und Chloridhärtebildnern äquivalente Menge von Natriumsalzen auf.

310 Die zum Enthärten des Wassers theoretisch erforderlichen Mengen an Kalk und Soda können nach verschiedenen Methoden an Hand einer Vollanalyse des Rohwassers (vgl. Anhang 2, Ziff. 76 und 81—86) berechnet werden. Die hierdurch erhaltenen Zahlen sind stets annähernd richtig. Die praktisch erforderlichen Sodamengen sind jedoch meist um etwa 50 % höher.

311 Die Reihenfolge der Zusätze Kalk und Soda ist gleichgültig. Die Umsetzungen benötigen jedoch eine bestimmte Zeit, welche sich durch Erhöhung der Wassertemperatur abkürzen läßt.

Während für die Umsetzungen bei gewöhnlicher Raumtemperatur etwa 6—8 Stunden benötigt werden, genügen bei 50° C Wassererwärmung etwa 4 Stunden, bei 70° C etwa 3 Stunden, bei 90° C etwa 2 Stunden. Eine Erwärmung des zu reinigenden Wassers auf mindestens 50° ist schon deshalb erforderlich, um den Niederschlag grobflockig zu machen und das raschere Absitzen und Filtrieren zu ermöglichen. Eine wesentliche Steigerung des Reinigungserfolges kann durch Vergrößerung des Klär- und Absitzbehälters erzielt werden. Wo diese Behälter die drei- bis vierfache Stundenleistung der Reinigungsanlage bei Temperaturen von mindestens 60° aufnehmen können, arbeitet die Anlage zufriedenstellend.

312   Ein Überschuß an Ätzkalk ist nach Möglichkeit zu vermeiden, da er Störungen im Kessel verursacht. Sodaüberschuß verhindert jedoch diese Störungen. Bei einem geringen Überschuß an Soda behält das auf 50°—60° erwärmte Reinwasser noch eine hohe Resthärte von durchschnittlich 3°—4° d, bei 50 % Sodaüberschuß und etwa 90° nur noch etwa 0,5° d (weniger als 1° d). Den Ätzkalkzusatz kann man in der Regel auf 97 bis 98 % der Rechnung beschränken, weil ein Teil der Bikarbonate schon durch thermische Umsetzung bei der Erwärmung ausfällt.

313   Kalk und Soda können dem Rohwasser entweder als wässerige Lösungen oder in Pulverform zugegeben werden. In beiden Fällen achtet man darauf, daß die Menge des Zusatzes dem jeweiligen Wasserverbrauch und der Wasserbeschaffenheit angepaßt wird, da gegebenenfalls eine unvollständige Ausscheidung der Härtebildner erfolgt, welche dann teilweise erst im Dampfkessel unter starker Schlamm- und Steinbildung ausfallen.

314   Größeren Schwankungen in der Härte des Rohwassers kann das Kalk-Soda-Verfahren, sowie die in Ziff. 315, 316, 326 u. 328 aufgeführten Verfahren, selbst bei laufender Bestimmung der Rohwasserhärte, meist nicht rasch genug folgen. Dadurch können sich mehr oder weniger starke Schwankungen im Resthärtegehalt sowie im Alkaliüberschuß des gereinigten Wassers ergeben.

Für Wässer, welche niedrigen Gehalt an freier Kohlensäure und niedrige Karbonathärte, dafür aber viel Magnesiasalze enthalten, eignet sich zwar auch das Kalk-Soda-Verfahren, besser jedoch das Ätznatron-Soda-Verfahren.

Ätznatron-Soda-Verfahren.

315 Die chemischen Umsetzungen hierbei sind grundsätzlich die gleichen wie beim Kalk-Soda-Verfahren. Ein Unterschied liegt jedoch darin, daß durch die Wechselwirkung zwischen der Natronlauge und den Kalk- bzw. Magnesiabikarbonaten des Rohwassers nicht nur wasserunlöslicher kohlensaurer Kalk wie beim Kalk-Soda-Verfahren, sondern zum Teil auch Soda entsteht. Durch den Wegfall des Kalkes wird die Menge des ausfallenden Schlammes geringer, weshalb sich das Verfahren für Wässer mit hoher Härte und hohem Anteil an Magnesiasalzen empfiehlt. Die Enthärtung gelingt bei hohem Alkaliüberschuß (50 %) bis auf etwa 0,5° d im Dauerbetriebe.

Soda-Enthärtungsverfahren (Schlammrückführung).

316 In Übereinstimmung mit dem Kalk-Soda-Verfahren fallen auch hier alle Kalksalze als wasserunlöslicher kohlensaurer Kalk, alle Magnesiasalze als wasserunlösliches Hydroxyd zu Boden, jedoch treten im Gegensatz zum Kalk-Soda-Verfahren an die Stelle der Karbonathärte lösliche Alkalisalze. Das so enthärtete Wasser wird also salzreicher als das nach dem Kalk-Soda-Verfahren enthärtete Wasser.

Da die Magnesiasalze durch Soda nicht vollständig ausgefällt werden können, so tritt ein Teil derselben in Form des teilweise wasserlöslichen kohlensauren Magnesiums mit dem Wasser in den Kessel über. Bei den im Dampfkessel herrschenden Druck- und Temperaturverhältnissen spaltet sich ein Teil der überschüssig zugegebenen Soda in Kohlensäure und Ätznatron. Die Spaltung beginnt bei etwa 3 at, erreicht bei 15 at etwa 65 %, bei 20 at etwa 78 %, bei 30 at etwa 85 %. Die so entstandene Natronlauge scheidet das in den Kessel übergegangene Magnesium in Form von Magnesiumhydroxyd vollständig aus. Diese im Kessel erfolgende Nachreaktion hat eine Verschlammung zur Folge, außerdem ist die Bildung der Kohlensäure im Kessel nachteilig.

317 Man trifft dieses Verfahren meist in Verbindung mit der Schlammrückführung. Hierbei wird ein Teil des Kesselwassers ständig in den Reiniger zurückgeführt. Es ist jedoch zu beachten, daß die verhältnismäßig engen Rohrleitungen der Schlammrückführung sich leicht verstopfen können, wodurch der Salzgehalt des Kesselinhaltes unzulässig hoch ansteigen kann.

Infolge der Rückführung von Kesselwasser wird ein mehr oder weniger großer Teil der Magnesiasalze durch die Natronlauge bereits im Reiniger ausgefällt. Die Resthärte ist etwa die gleiche wie bei den Verfahren Ziff. 308 und Ziff. 315 beschrieben.

318   Das Verfahren eignet sich insbesondere für Wässer mit vorwiegender Nichtkarbonathärte bei gleichzeitiger Magnesiaarmut. Weniger empfehlenswert ist es bei hohem Mg-Gehalt, da dann die Natronlaugeerzeugung im Kessel und die Kesselwasserabführung derartig hoch getrieben werden müssen, daß schon in vielen Fällen betriebliche Schwierigkeiten entstanden sind. Insbesondere stört die stark erhöhte Speisepumpenleistung, da das rückgeführte Wasser wieder in den Kessel gebracht werden muß. In solchen Fällen muß außer Soda auch noch Kalk oder Ätznatron zugegeben werden. Außerdem ist bei sehr hartem Wasser der hohe Salzgehalt des Kesselwassers hinderlich (Schäumen und Spucken).

Da aber bei niedrigem Kesseldruck die Sodaspaltung im Kessel und damit die Natronlaugebildung nur gering ist, so kann in solchen Fällen das Soda-Rückführungsverfahren kaum angewandt werden; es muß dann außer Soda noch Ätznatron dem Reiniger zugeführt werden. Die Rückführung in den Reiniger kann natürlich das notwendige Abschlämmen des Kesselinhalts nicht ersetzen. Es muß also neben der R ü c k - führung stets gleichzeitig eine A b führung von Kesselwasser stattfinden.

Basen-Austauschverfahren.

319   Die Enthärtung des Rohwassers erfolgt bei diesen Verfahren bei niedriger Temperatur, nachdem das Wasser vorher von freien Säuren durch Neutralisation mit Kalk oder Soda befreit und die organischen und eisenhaltigen Stoffe durch Kiesfiltrierung entfernt worden sind. Die Enthärtung beruht auf dem Vorgang, daß natürliche oder künstliche Aluminiumsilikate (Zeolithe), welche unter der Bezeichnung „Permutit" in den Handel kommen, das in ihnen enthaltene Alkali gegen die Härtebildner austauschen. In Deutschland ist infolge der patentrechtlichen Lage nur die Anwendung des „Permutits" und des „Neopermutits" möglich. Die im Ausland verwendeten Stoffe, wie Invertit und Crystallit, scheiden bis zum Ablauf dieser Patente aus.

320   Die enthärtende Wirkung des Permutits erfolgt während der Filterung des reinen Rohwassers in der Permutitschicht durch Basenaustausch. Die Kalzium- und Magnesiumbikarbonate des Rohwassers (Karbonathärte) liefern beim Umtausch das wasserlösliche Natriumbikarbonat, während die Verbindungen der Nichtkarbonathärte in die entsprechenden wasserlöslichen Natronsalze umgewandelt werden.

Nach dem Austausch ist das permutierte Wasser von den Härtebildnern befreit. Die Enthärtung erfolgt praktisch bis auf fast 0°.

321 Ist der Austausch des im Permutitmaterial vorhandenen Natriums größtenteils erfolgt, so würde das Kalzium seinerseits beim Weiterbetrieb der Anlage mit Rohwasser das vorher vom Permutit gebundene Magnesium wieder austreiben, so daß sich jetzt im enthärteten Wasser mehr Magnesium finden kann als im ursprünglichen Wasser enthalten war.

Das Permutit im Filter ist dann erschöpft und wird regeneriert.

322 Die Regenerierung erfolgt mit einer höchstens 35° warmen Kochsalzlösung (Chlornatrium). Das Natrium der durch das Filter geschickten Kochsalzlösung treibt das an den Permutitrest gebundene Kalzium und Magnesium wieder aus; beide verbinden sich mit dem Chlorid der Kochsalzlösung zu dem leicht löslichen Kalzium- bzw. Magnesiumchlorid, während das Natrium sich wieder an den Permutitrest anlagert, wodurch das ursprüngliche Material „Permutit" wiederhergestellt wird. Das Kalzium- bzw. Magnesiumchlorid wird mit dem Spülwasser beim Auswaschen des Filters entfernt. Beim Eindampfen des permutierten Wassers im Dampfkessel verwandeln sich die Natriumbikarbonate unter Abspaltung von Kohlensäure in Soda, wodurch eine alkalische Reaktion eintritt. Die Soda selbst geht entsprechend der Kesselwassertemperatur teilweise in Ätznatron und Kohlensäure über.

323 Besonders geeignet ist das Verfahren für Wässer mit stark schwankender Rohwasserhärte (Fluß- und Grubenwasser), da jederzeit Sicherheit für weitgehende Enthärtung besteht. Weiter ist es geeignet für weiche Wässer sowie solche mit geringem Kohlensäuregehalt, niedriger Karbonathärte und hoher Sulfathärte.

324 Der Salzanreicherung des Kesselinhaltes ist besondere Beachtung zu schenken. Zweckmäßigerweise führt man einen Teil des Kesselinhaltes kontinuierlich ab, um eine gleichbleibende Konzentration des Kesselinhaltes zu erzielen.

325   Natriumpermutit kann mit 25 bis 30° warmem Rohwasser noch betrieben werden; bei Neopermutit sind 35° noch zulässig.

Da die Reinigungstemperatur bei diesem Verfahren verhältnismäßig niedrig ist, so ist der Sauerstoffgehalt des enthärteten Wassers, wenn Oberflächenwasser benutzt wird, bzw. wenn vorherige Belüftung zwecks Enteisenung stattgefunden hat, ziemlich hoch. Man pflegt daher derartige Wässer noch besonders zu entgasen. Dadurch wird gleichzeitig ein erheblicher Teil des bei der Umsetzung entstehenden Natriumbikarbonats in Soda umgewandelt und die entstehende Kohlensäure entfernt. Zu der für die Entgasung notwendigen Wasseranwärmung verwendet man Abdampf sowie die in Wärmeaustauschern abgegebene Wärme des kontinuierlich abgeführten Kesselwassers.

Kalk-Ätznatronverfahren.

326   Dieses Verfahren wird selten angewandt. Die freie Kohlensäure sowie die Bikarbonate von Kalk und Magnesia werden durch den Kalk in Form von Karbonaten ausgeschieden. Das Ätznatron scheidet die Magnesia als Hydroxyd unter gleichzeitiger Bildung von Soda aus. Diese Soda wirkt in bekannter Weise auf die Nichtkarbonathärte ausfällend ein.

Das Verfahren kommt nur für Wässer mit hoher Karbonathärte und geringer Nichtkarbonathärte in Frage, da sonst die bei der Umsetzung des Ätznatrons entstehende Soda für die Beseitigung der Nichtkarbonathärte nicht ausreicht. Bezüglich des bei diesem Verfahren zu erzielenden Enthärtungserfolges gilt das gleiche wie bei den Verfahren unter Ziff. 308—318.

Barytverfahren.

327   Das Kalk-Barytverfahren sollte als Ersatz für die Kalk-Sodareinigung dienen, hat sich aber aus betrieblichen und wirtschaftlichen Gründen wenig eingeführt (giftig und teuer). Verwendung finden als Fällungsmittel:

Chlorbarium, kohlensaures Barium, Ätzbaryt und Bariumaluminat.

Bei der chemischen Umsetzung werden im Gegensatz zur Sodaverwendung die Sulfate nicht in wasserlösliche und infolgedessen im Kesselwasser verbleibende Natronsalze (Glaubersalz) umgewandelt, sondern als völlig wasserunlösliches Bariumsulfat im Reinigungsapparat ganz aus dem Wasser entfernt.

Das Barytverfahren hat den Vorzug, daß es bei Anwendung sehr sulfatreichen Wassers, z. B. Grubenwassers, eine Anreicherung des Kesselinhaltes mit Natronsalzen verhindert.

Plattenkocheranlagen.

328 Diese Anlagen machen von der Eigenschaft der Bikarbonate, sich bei Kochtemperatur fast vollständig in Karbonate umzuwandeln und dadurch in Schlammform auszufallen, Gebrauch. In einem geschlossenen Behälter wird das zu reinigende Wasser durch Einblasen von Dampf auf 101 bis 105 ° gebracht und gleichzeitig Soda oder Ätznatron zugegeben. Die Härtebildner scheiden sich teils in Schlamm-, teils in Steinform auf der Sohle des Kochapparates sowie den Einblaserohren und an den zur Richtungsänderung eingebauten Plattenelementen ab. Diese werden von Zeit zu Zeit entsprechend der Rohwasserzusammensetzung, d. h. ihrem Verschmutzungsgrad, herausgenommen und durch Abklopfen oder mittels Sandstrahlgebläse von dem anhaftenden Stein gereinigt.

329 In vielen Fällen, insbesondere bei Anwesenheit von Magnesiahärte, kann die Enthärtung des Wassers mit Soda allein nicht durchgeführt werden. Man muß dann noch Ätznatron zufügen.

Zu beachten ist, daß sich die Löcher der Dampfeinblasevorrichtung leicht mit Härtebildnern zusetzen. Auf deren häufigere Reinigung ist daher besonders zu achten.

Da das Wasser auf Siedetemperatur gehalten wird, so findet gleichzeitig eine Entgasung statt. Das Verfahren kann also auch als Entgasungsverfahren dienen.

330 Um die Verschmutzung des Kochapparates zu verzögern und gleichzeitig den Enthärtungserfolg zu verbessern, wird in neuerer Zeit dem Kocher noch ein besonderer Vorreiniger vorgeschaltet, in dem die Chemikalien zugegeben werden. Dadurch wird die Aufenthaltszeit des Wassers vergrößert und der Reinigungserfolg verbessert. Es gelingt mit derartigen Apparaten, die Härtebildner bis auf eine Resthärte von 0,3° bis 0,5° d, allerdings mit hohem Alkaliüberschuß im enthärteten Wasser (etwa 100 mg/l), zu beseitigen.

Verdampferanlagen.

331 Mit Verdampfern läßt sich sehr reines Speisewasser (Destillat) erzeugen. Gutes Destillat soll eine Resthärte von unter 0,1° d und einen Gesamtabdampfrückstand (bei 180 °) von unter 12 mg/l besitzen. Bei Verwendung derartigen Speisewassers kann der Kessel längere Zeit ohne Abschlämmen gefahren werden, da die Salzanreicherung nur sehr langsam erfolgt. Die Destillaterzeugung erfolgt durch Verdampfen des meist in einer chemischen Aufbereitungsanlage vorbehandelten Rohwassers mittels Anzapfdampf oder Abdampf. Frischdampfbeheizung wird heute aus Gründen der Wirtschaftlichkeit kaum noch angewandt.

Der bei der Verdampfung entstehende Brüden wird in der Regel in Einspritzkondensatoren, die mit Kondensat gekühlt werden, niedergeschlagen. Diese Mischvorwärmer können gleichzeitig als Entgaser dienen. Dadurch beschränkt sich der Wärmeaufwand für die Destillaterzeugung auf die Wärmeverluste der Apparatur durch Leitung und Strahlung sowie auf die Verluste durch die notwendige Ablaugung (Entschlammung) der Verdampfer.

332   Verdampfer lassen sich meist sehr leicht in die Wärmewirtschaft des Kesselhauses einfügen. Sie bringen gleichzeitig entsprechend der erzeugten Destillatmenge eine Vorwärmung des Kondensates, wodurch am Oberflächenvorwärmer Heizfläche gespart wird. Je nach den örtlichen Verhältnissen muß geprüft werden, ob bei der angewandten Stufenzahl die Verdampfungswärme der notwendigen Destillatmenge noch von der entsprechenden Kondensatmenge aufgenommen werden kann.

333   Die Verdampfung erfolgt in Ein- oder Mehrkörperverdampfern. Bei letzteren heizt der Brüden des ersten Körpers den zweiten usw. Verdampfer mit mehr als drei Körpern werden selten ausgeführt, da die letzten Körper infolge des in ihnen herrschenden geringen Druckes zu groß ausfallen. Werden sie nicht reichlich dimensioniert, so wird das erzeugte Destillat unrein (zu hoher Abdampfrückstand). Die kleinsten Abmessungen erzielt man bei Hochdruckverdampfern. Diese haben jedoch den Nachteil der stärkeren Steinbildung und der höheren Ablaugemenge, da die Löslichkeit der Sulfathärtebildner mit zunehmender Temperatur rasch abnimmt. Durch möglichst gute Vorenthärtung des zu verdampfenden Wassers läßt sich dieser Nachteil weitgehend beheben.

334   Als Regel kann angenommen werden, daß Einstufenapparate Anwendung finden können, wo reichliche Heizdampfmengen zur Verfügung stehen und eine hohe Speisewassertemperatur erwünscht ist.

Mehrstufenapparate dürften nur am Platze sein, wo wenig Heizdampf zur Verfügung steht und das Speisewasser mit Rücksicht auf einen vorhandenen Speisewasservorwärmer nicht zu hoch erwärmt werden soll.

Bei mehrstufiger Anzapfspeisewasservorwärmung soll der Verdampfer in eine geeignete Druckstufe eingeordnet werden.

335 Die Ausdampffläche und Dampfraumhöhe der Verdampfer sollten reichlich bemessen sein. Je geringer die Ausdampfflächenbelastung, um so reiner das Destillat. Bei einer Ausdampfflächenbelastung von 1500 m³/m² h wird im allgemeinen noch ein einwandfreies Destillat erzielt. Zu berücksichtigen ist dabei jedoch die Konzentration und Zusammensetzung der Verdampferlauge. Je salzreicher die Lauge, um so größer die Möglichkeit der Destillatverunreinigung.

Verdampfer neigen bei hoher Anreicherung der Salze ebenso zum Schäumen wie Kessel. Durch Betriebsversuche muß im einzelnen Fall der Grenzwert für die zulässige Laugenkonzentration (Eindickung) ermittelt und die Abschlämmenge entsprechend eingestellt werden. Man kann periodisch oder kontinuierlich abschlämmen. Einige Bauarten sehen besondere Abschlämmpumpen vor.

Steinbildung auf den Heizrohren vermindert die Leistungsfähigkeit der Verdampfer hinsichtlich Menge und Qualität des Destillats verhältnismäßig schnell.

336 Um die Verdampfer möglichst lange im Betrieb halten zu können, werden chemische Vorreinigungsanlagen vorgeschaltet. Je weitgehender die Vorenthärtung, um so länger die Betriebszeiten bis zur nächsten Reinigung.

337 Vielfach wendet man an Stelle einer Vorreinigung eine Impfung des Rohwassers mit Salzsäure zur Beseitigung der Karbonathärte an. Sorgfältige Dosierung, Einhaltung einer Restkarbonathärte von mindestens 0,5° d und Einbau einer Signalvorrichtung zur Erkennung eines etwaigen Säureüberschusses ist jedoch dann erforderlich. Die zulässige Eindickung der Verdampferlauge (Sulfatkonzentration) ist mit Rücksicht auf die Kesselsteinbildung vom Lieferanten der Anlage anzugeben. Im allgemeinen ist bei diesem Impfverfahren die abzulassende Laugenmenge größer.

338 In einigen Anlagen sind auch elektrische Verfahren zur Kesselsteinverhütung an Verdampfern eingebaut. Ihre Wirkung ist recht verschieden und unsicher (s. Ziff. 348).

339   Bei Wirtschaftlichkeitsberechnungen ist die abzuführende Laugenmenge zu berücksichtigen. Ausgeführte Anlagen wiesen Ablaßmengen von 10 bis 40 % je nach der Rohwasserbeschaffenheit auf. Die Ablaßmenge jedes einzelnen Verdampferkörpers sollte ebenso wie die Destillatmenge laufend gemessen werden. Bei größeren Ablaßmengen empfiehlt sich der Einbau von Wärmeaustauschern zur Rückgewinnung der abgeführten Wärmemengen.

Zur Abkürzung der Reinigungszeiten sieht man Reserveheizsysteme vor. Die Reinigung, die mit Klopfapparaten, Ketten oder Sandstrahlgebläse üblich ist, kann dann ohne Mehrkosten in den Arbeitsplan des vorhandenen Personals eingefügt werden.

340   Wenn irgend möglich, sollte die Entgasung des zu verdampfenden Wassers vor dessen Eintritt in die Verdampfer erfolgen, da sonst mit Korrosionen gerechnet werden muß. Diese treten besonders dann auf, wenn der Verdampferbetrieb periodisch geführt wird und die Verdampferlauge nicht alkalisch ist. Ist aus betrieblichen Gründen eine Vorentgasung nicht möglich, so muß der Gasgehalt des Destillats nachträglich beseitigt werden, da Speisewasser, das aus Kondensat und Destillat besteht, bei Anwesenheit von Gasen (Sauerstoff) für Rohrleitungen und Kessel besonders korrosionsgefährlich ist. Auch ist für ausreichenden Schutz des entgasten Destillats vor Wiederaufnahme von Gasen zu sorgen.

Vorreinigungsanlagen.

341   Die im Rohwasser in feinster Verteilung (kolloidal gelöst) enthaltenen organischen Substanzen verursachen, wenn sie in größerer Menge vorhanden sind, bei den beschriebenen Aufbereitungsanlagen Störungen in Form von mangelhafter Enthärtung bei chemischen Reinigungsanlagen, Verschmutzung der Filter bei Permutitanlagen und Schäumen und Spucken bei Verdampfern. Man pflegt sie daher in besonderen Vorreinigungsanlagen mittels Aluminiumsulfat, Eisensulfat oder Natriumaluminat zu entfernen. Im allgemeinen arbeitet man mit Aluminiumsulfat (schwefelsaure Tonerde).

342   Das wasserlösliche Aluminiumsulfat reagiert hierbei mit den Bikarbonaten des zu reinigenden Wassers unter Bildung von Aluminiumhydroxyd; die Bikarbonate selbst werden dabei in Sulfate umgewandelt. Notwendig ist daher die Anwesenheit ausreichender Mengen von Bikarbonaten.

Für einen Aluminiumsulfatzusatz von 40 mg/l (Handelsware) ist ein Bikarbonatgehalt im Rohwasser von mindestens 1 ° d erforderlich. Ist weniger Bikarbonat vorhanden, so müssen besondere Alkalizusätze (Ätzkalk, Ätznatron oder Soda) gemacht werden.

343 Muß Alkali besonders zugesetzt werden, so hat man genau darauf zu achten, daß es nicht im Überschuß vorhanden ist, d. h. keine Rötung des Wassers bei Zusatz von Phenolphthalein eintritt, da sonst keine Spaltung von Aluminiumsulfat erfolgt. Falsch und wirkungslos ist daher meist ein unmittelbarer Zusatz von Aluminiumsulfat in den Wasserreiniger. Die Aluminiumsulfat-Ausflockung muß fast in allen Fällen als getrennte Anlage mit besonderem Filter der eigentlichen Enthärtungsanlage vorgeschaltet werden.

Die beste Ausfällung mit Aluminiumsulfat wird bei einer Wasserstoffionenkonzentration von 6 bis 6,5 bei kaltem Wasser und 7 bis 7,5 bei warmem Wasser erzielt.

344 Da Aluminiumsulfat saure Eigenschaften besitzt, so müssen für die Pumpe, Rohre und Lösebehälter säurebeständige Werkstoffe verwandt werden.

Wasserbehandlung mit Kolloiden (Kesselsteingegenmitteln) und elektrischem Strom.

345 Der grundsätzliche Nachteil beider Behandlungsarten besteht in der Ausscheidung der Härtebildner, falls diese überhaupt eintritt, im Kessel. Dadurch ergeben sich Verunreinigungen des Kesselinhaltes, die zu gefährlichen Kesselschäden, wie Ausbeulungen und Ausglühen von Kesselteilen, Undichtwerden von Rohren, Verstopfungen der Wasserstände, und Schäumen und Spucken des Kesselinhaltes führen können. Bei magnesiumchloridhaltigen Wässern sowie sauren Kesselsteingegenmitteln treten außerdem Korrosionen an den Kesselteilen auf.

Die Behandlung ungereinigten Wassers im Kessel ist daher abzulehnen.

346 Kesselsteingegenmittel sind so alt wie der Kesselbetrieb selbst. Sie bestehen in der Hauptsache aus organischen Substanzen, Gerbsäurepräparaten, Soda und Ätznatron, Kartoffelstärke, Leinsamenabsud, Algenabkochungen, Sulfitzellstoffablauge, Harzen und Graphit. Der Hauptbestandteil ist viel-

fach Wasser. Diese Stoffe werden meist mehr oder weniger gemischt. Die geforderten Preise übersteigen den Sachwert dieser Mittel um ein Erhebliches.

347   Zu der Verunreinigung des Kesselwassers durch die Härtebildner kommt bei Verwendung von Kesselsteingegenmitteln noch die durch sie bedingte Verunreinigung des Dampfes hinzu. Wird der Dampf zu Fabrikationszwecken verwandt, so kann leicht eine Schädigung des Fabrikationsgutes durch die im Kessel entstehenden gasförmigen Umsetzungsprodukte mancher Mittel entstehen.

Soweit solche Mittel überhaupt Kesselsteinbildung verhüten, beruht dieser Vorgang auf einer Umhüllung der Härtebildner durch Kolloidstoffe, die den Kristallisationsvorgang an den Heizflächen verhindern. In vielen Fällen ist es jedoch nicht gelungen, mit diesen Mitteln eine Steinbildung zu verhüten.

Bei mangelhaft arbeitenden Reinigungsanlagen kann das eine oder andere dieser Mittel, nach vorheriger Erkundigung über seine Zusammensetzung und voraussichtliche Wirkung bei Kesselwassersachverständigen, als Korrektivverfahren Anwendung finden, um Steinbildung zu verhindern. In solchen Fällen muß aber die abzuführende Kesselwassermenge erhöht und auf etwaiges Schäumen und Spucken des Kessels genau geachtet werden.

Bei Kleinkesseln und Kleinlokomotiven, für die die Aufstellung einer Wasserreinigungsanlage aus Gründen der Wirtschaftlichkeit nicht in Frage kommt, setzt man am zweckmäßigsten Soda und Ätznatron dem Kesselwasser zu, deren Wirkung in den meisten Fällen ausreichend ist. Öftere Reinigung ist jedoch erforderlich.

348   Elektrische Kesselschutzverfahren wurden ursprünglich zur Verhütung von Korrosionen der Kesselwandungen angewandt. Sie sollen jedoch auch die Fähigkeit haben, Kesselsteinbildung zu verhüten, die Härtebildner in Schlammform auszuscheiden und gegebenenfalls vorhandenen Kesselstein abzulösen.

Ganz abgesehen von der Kesselverunreinigung durch den entstehenden Schlamm war in den Betrieben nur in seltenen Fällen eine Wirkung zu erreichen. Da der Mechanismus der Steinverhütung bisher vollkommen unbekannt ist, so ist es zur Zeit nicht möglich, bei einem vorliegenden Wasser den Erfolg des Verfahrens vorherzusagen. Es müssen daher von Fall zu Fall Betriebsversuche gemacht werden.

Anstriche.

349 Innenanstrich der Kesselwände wird verschiedentlich angewandt. Man kann damit bei Speisewässern, die zur Steinbildung neigen, in gewissen Fällen eine leichtere Entfernung des Steines bei der Reinigung erzielen. Auch sollen manche Anstrichmittel in gewissem Sinne korrosionsschützend wirken.

Zu beachten ist jedoch, daß diese Mittel vielfach feuergefährlich und gesundheitsschädlich sind. Bei der Anwendung ist daher große Vorsicht nötig. Weiter können bei zu starkem Auftragen des Anstriches leicht Wärmestauungen auftreten, die zum Ausglühen von Kesselteilen führen. Über die Anstrichmittel wird in Ziff. 382—384 eingehender berichtet.

350 Gefahrlos und billig ist ein Anstrich der Kesselwandungen mit einer Mischung von Flockengraphit und Magermilch. Dieser wird vielfach auch bei neuen Kesseln angewandt.

351 Gegen äußere Verrostungen, insbesondere bei längeren Stillstandszeiten, werden Außenanstriche mit destilliertem Steinkohlenteer angewandt. Auch mit mindestens 85prozentiger, fein verteilter Bleimennige, die keine wasserlöslichen Bestandteile und nur etwa 2 % wasserunlösliche Verunreinigungen enthalten darf, sind günstige Erfahrungen gemacht worden.

XVI. Entgasung
und Entsäuerung des Speisewassers.

352 Bei der Beurteilung der Brauchbarkeit des Speisewassers für den Dampfkesselbetrieb ist dem Gehalt an freien und gelösten Gasen, Säuren oder Salzen, welche eine angreifende Wirkung auf Kesselbaustoffe besitzen, ein besonderes Augenmerk zuzuwenden. Solche Stoffe sind:

Kohlensäure, Sauerstoff, Schwefelwasserstoff, Schwefelsäure, Huminsäuren, bzw. deren Spaltungsprodukte, Salpetersäure, salpetrige Säure, Salzsäure und Chlormagnesium, Phenole, Zucker.

353 Kesselwasser, dessen Gesamtalkalität, bezogen auf Natronlauge, nicht mindestens 200 mg/l (bei Anwesenheit von Chloriden 400 mg/l) beträgt, wirkt, auch als chemisch reines Wasser, eisenangreifend.

Beschleunigung der Wasserbewegung, also guter Wasserumlauf, verzögert den Angriff von Gasen.

354 Bei den im Dampfkesselbetrieb üblichen Salzanreicherungen wird ein gewisser Schutz gegen den Angriff der Gase und Säuren erzielt, wenn man das Speisewasser durch Zusatz von Soda oder Natronlauge in den Grenzen der Natronzahl alkalisch hält. Den Sättigungsgrad der Grenze zwischen Rostangriff und Rostschutz nennt man Schwellenwert. Bei Soda liegt der Schwellenwert im allgemeinen bei 1,85 g/l. Für Natronlauge liegt der Schwellenwert bei 0,4 g/l (vgl. Ziff. 295, 296).

355 Eine Schutzwirkung gegen Korrosionen soll auch durch Anwesenheit von Sulfaten im Kesselwasser erzielt werden[1]), jedoch hat eine Sulfatanreicherung bei nicht genügend alkalischen Wässern den Nachteil, Steinbildung infolge von Gipsausscheidung zu begünstigen.

356 Freie Säuren, Schwefelsäure (vielfach in Grubenwässern), Salpetersäure, salpetrige Säuren und Salzsäure greifen auch schon in stark verdünnten Lösungen die Kesselwände an, weshalb diese Säuren vor Verwendung des Wassers zur Kesselspeisung entfernt oder neutralisiert werden müssen. In vielen Fällen genügen hierfür die Wasseraufbereitungsverfahren mit entsprechenden Fällungsmitteln.

Gefährlich sind ebenfalls die Spaltungsprodukte des Zuckers[2]).

357 Sauerstoff ist in jeder Menge korrosionsgefährlich. Bei gleichzeitiger Anwesenheit von Kohlensäure wird die Korrosion noch verstärkt. Die Gefahr ist um so größer, je höher der Kesseldruck sowie die Sauerstoffmenge und je reiner die Heizflächen wasserseitig sind.

358 Da die Löslichkeit des Sauerstoffes in alkalisch enthärteten Speisewässern von der Wassertemperatur abhängt, sind folgende Löslichkeitswerte beachtlich:

bei Wassertemperatur von $60°\ C = 5,2$ mg/l O_2,
bei Wassertemperatur von $80°\ C = 3,4$ mg/l O_2,
bei Wassertemperatur von $100°\ C = 0$ mg/l O_2.

Ebenso ist die Löslichkeit des Sauerstoffs von dem verschiedenen Gehalt an Ätznatron im Speisewasser abhängig. Sie beträgt bei einer Wassertemperatur von 20° C:

bei   0,0 mg NaOH   44 mg O_2 je 1 Speisewasser,
bei   500 mg NaOH   25 mg O_2 je 1 Speisewasser,
bei 1000 mg NaOH   19 mg O_2 je 1 Speisewasser.

---

[1]) B erl, Forschungsarbeiten, Heft 330.

[2]) „Speisewasserpflege", S. 78; Prof. F i s c h e r, „Das Wasser", S. 63.

359   Die Turbinenkondensatoren, besonders solche älterer Bauart, liefern nur selten ein genügend gasfreies Kondensat. Selbst wenn das Zusatzwasser gasfrei ist, kann dadurch oft das Speisewasser einen hohen Gasgehalt erreichen. Dazu kommt die Möglichkeit des Eindringens von Luft in die Flanschen der Rohrleitungen usw.

Sauerstoffreies Wasser zieht den Sauerstoff der Luft gierig an; dichter Luftabschluß der Speisewasserbehälter, Saugleitungen und Stopfbüchsen der Pumpen ist daher nötig.

360   Bei Sauerstoffgehalten im Speisewasser von mehr als etwa 0,5 mg/l = 0,35 cm³/l ist bei Niederdruckkesseln (bis etwa 20 atü) eine Entgasung des gesamten Speisewassers notwendig. Bei Kesseln höheren Drucks können Sauerstoffgehalte von 0,1 mg/l und darunter bereits schädlich wirken, besonders wenn die Heizflächen vollkommen frei von jedem Belag sind. Man entgast daher derartige Speisewässer vorsichtshalber vollständig.

361   Von Zeit zu Zeit ist es angebracht, auch den Gasgehalt im Dampf zu ermitteln und mit den Untersuchungsergebnissen der Speisewasserproben zu vergleichen.

Fehlt Sauerstoff im Dampf, obgleich Sauerstoff im Speisewasser vorhanden ist, so deutet dies auf stattfindende Korrosion hin.

Die Kohlensäuremenge im Dampf sollte 35 mg/l wegen der Korrosionsgefahr in Turbinen und Kondensatleitungen nicht übersteigen.

Die Entgasung kann auf thermischem, mechanischem und chemischem Wege erfolgen.

362   Die t h e r m i s c h e Entgasung arbeitet mit Anwärmung des Wassers durch Ab- oder Anzapfdampf bis an die Sattdampftemperatur. Temperaturregler sind zweckmäßig. Bei m e c h a n i s c h e r Vakuumentgasung wird die Luftleere durch Pumpen oder Strahlsauger erzeugt. Durch möglichst feine Verteilung des Wassers beim Eintritt in die Entgasungsapparatur oder Berieselung breiter Flächen in dünnster Schicht läßt sich in kürzester Zeit vollkommene Entgasung erzielen. Durch bloßes Aufkochen des Wassers mit eingeblasenem Dampf kann im allgemeinen keine vollständige Entgasung erzielt werden. Sehr wirksam ist eine Entspannung des auf Sattdampftemperatur angewärmten Wassers auf einen Druck, der etwa 1 Atmosphäre unter dem Sattdampfdruck liegt.

363   Die c h e m i s c h e Entgasung erfolgt mittels Natriumsulfit (Na_2SO_3) oder schwefliger Säure, falls das Speisewasser ausreichend alkalisch ist. Hierbei ist jedoch eine genaue chemische Überwachung erforderlich.

Auf die Beachtung der Sondervorschrift zur Sauerstoffbestimmung bei Gegenwart von Sulfiten (vgl. Anhang 2, Ziff. 51 u. f.) wird ausdrücklich hingewiesen.

XVII. Laufende Wasser-Untersuchungen.

364   Um die Wasserreinigungs- und Enthärtungsanlagen in gutem Zustand erhalten zu können und laufend über die Vorgänge in der Kesselanlage unterrichtet zu sein, führt man zweckmäßig folgende regelmäßige Betriebsuntersuchungen aus:

Tägliche Untersuchungen (einmal pro Schicht):

a) Rohwasser: auf Härte, Chlorid- und Schlammgehalt,

b) aufbereitetes Zusatzwasser: auf Härte, Natriumbikarbonat, Soda, Ätznatron, Sauerstoff,

c) Kondenswasser: auf Härte, Sauerstoff und evtl. Öl (Salzgehalt evtl. durch vergleichende elektrische Widerstandsmessung),

d) Speisewasser: auf Härte, Alkalität und Sauerstoff,

e) Kesselwasser: auf Dichte, Härte, Soda und Ätznatron.

Weitere Untersuchungen in regelmäßigen Zeitabständen:

f) Wertbestimmung des Ätzkalkes und der Soda besonders bei Anlieferung (siehe Anhang 2, Ziff. 74 u. 75).

g) Rohwasser: auf Nitrat-, Sulfat- und Silikatgehalt,

h) Speisewasser: auf Chlorid-, Sulfat- und Sauerstoffgehalt,

i) Kesselwasser: auf Chlorid-, Sulfat-, Nitrat-, Silikat- und Schlammgehalt (Schwebestoffe) und evtl. auf Phosphatgehalt,

k) Sattdampf: auf Gesamtabdampfrückstand und Kohlensäuregehalt (durch Kondensieren einer Probe; Salzgehalt kann durch vergleichende elektrische Widerstandsmessung bestimmt werden).

365   Zur einheitlichen Beurteilung der Wasserverhältnisse in den verschiedensten Anlagen wird empfohlen, die von der VGB im Anhang 2 auf Grund langjähriger praktischer Erfahrungen ausgearbeiteten ausführlichen Untersuchungsmethoden anzuwenden.

Das Ergebnis der Wasseruntersuchungen des Betriebsperso-

Einheitliches Formblatt für Wasseruntersuchungen (Vollanalysen).

In einem Liter Wasser sind enthalten mg	Roh-wasser	Kon-densat	Aufbe-reitetes Roh-wasser	Speise-wasser	Kessel-wasser
I Schwebestoffe					
Dichte in °Bé					
Abdampfrückstand bei 110° . .					
bei 180° . .					
Glührückstand					
Glühverlust					
II Eisen (Fe)					
Kalk (CaO)					
davon gebunden					
an Karbonat					
an Sulfat					
Magnesia (MgO)					
Natron (Na$_2$O)					
davon gebunden					
an Sulfat					
an Nitrat					
an Silikat					
Natrium (Na)					
berechnet für Chlorid					
Sulfat (SO$_3$)					
davon gebunden					
an Kalk					
an Magnesia					
an Natron					
Nitrat (N$_2$O$_5$)					
Silikat (SiO$_2$)					
Chlorid (Cl)					
Ammoniak (NH$_3$)					
Freie Kohlensäure (CO$_2$) . . .					
Ätznatron (NaOH)					
Soda (Na$_2$CO$_3$)					
Natriumbikarbonat (NaHCO$_3$) .					
Öl					
Summe II					
III Gesamtalkalität berechnet als Soda (Na$_2$CO$_3$)					
Gesamtsulfat berechnet als Na-triumsulfat (Na$_2$SO$_4$)					
Soda : Natriumsulfat = 1 : . . .					
Natronzahl					
Sauerstoff (O$_2$)					
Organische Substanz als Kalium-permanganatverbrauch (KMnO$_4$)					
Wasserstoff-Ionenkonzentration (pH)					
Aussehen					
IV Härtebilanz in °d					
Gesamthärte nach Blacher . . .					
Gesamthärte (maßanalytisch) . .					
Gesamthärte (gewichtsanalytisch aus CaO + MgO)					
Karbonathärte					
Nichtkarbonathärte					

nals der Wasserreinigungsanlage sowie eines etwa vorhandenen Betriebslaboratoriums wird in Wassertagebücher eingetragen und der besseren Übersicht halber graphisch aufgezeichnet. Dem Betriebsleiter sollten die Wasseruntersuchungsergebnisse täglich vorgelegt werden.

366   Ein für e i n f a c h e Betriebsuntersuchungen geeignetes Formblatt ist in Anhang 2, Ziff. 23 aufgeführt. Für L a b o r a t o r i u m s untersuchungen empfiehlt sich die Verwendung des vorstehend wiedergegebenen Formblattes.

M e r k s ä t z e   f ü r   S p e i s e w a s s e r a u f b e r e i t u n g.

367   a) Die Erwärmung des Kesselspeisewassers erfolgt während der Enthärtung auf 70° bis 90° C (nicht beim Permutitverfahren).

b) Der Sauerstoffgehalt im Dampf wird auf höchstens $0,5 \text{ mg/l} = 0,35 \text{ cm}^3/\text{l}$ des niedergeschlagenen Dampfkondensats begrenzt, vgl. Ziff. 292.

c) Der Kohlensäuregehalt im Dampf wird auf höchstens 35 mg/l niedergeschlagenen Dampfkondensats begrenzt.

d) Damit die Alkalität des Kesselwassers eine Schutzwirkung gegen Anfressungen ausübt, wird die Natronzahl eingehalten.

$$e) \text{ Natronzahl} = \frac{\text{Soda}}{4,5} + \ddot{\text{A}}\text{tznatron (mg/l)} = \begin{matrix} 200—1000 \text{ (Ziff. 296)} \\ 400—2000 \text{ (Ziff. 296)} \\ 100— 400 \text{ (Ziff. 305)} \end{matrix}$$

f) Bei Einhaltung der Natronzahl sind Anreicherungen des Kesselwassers bis zu 4 g/l Chlorid (Cl), 1,5 g/l Nitrat (N_2O_5) und 8 g/l Sulfat (SO_3) zulässig.

g) Die Höchstgrenze für den Gesamtgehalt an gelösten Salzen im Kesselwasser liegt bei etwa 20 g/l, entsprechend 2° Bé.

h) Ergibt die chemische Untersuchung des Kesselwassers einen Verbrauch von 0,5 g/l Kaliumpermanganat, so ist das Maximum der Konzentration erreicht und der Kesselinhalt wird verdünnt oder erneuert. Im Speisewasser sollte der Permanganatverbrauch 20—25 mg/l nicht überschreiten.

i) Die Härte des Kesselwassers (Resthärte) wird unter 2 ° d. H. gehalten.

k) Der Öl- oder Fettgehalt im Speisewasser wird auf höchstens 5 mg/l begrenzt.

Im Anhang 1 ist ein Verzeichnis aller vorstehend behandelten chemischen Elemente, Salze, Säuren und Gase sowie deren chemische Bezeichnung nebst den für die Berechnungen notwendigen Atom- und Molekulargewichten aufgeführt.

XVIII. Stein- und Schlammuntersuchungen, Wasserfrage bei Kesselschäden.

368 Um sich ein Bild über die im Kessel vor sich gehenden Umsetzungen sowie über eine etwa notwendige Verbesserung der Speisewasserwirtschaft machen zu können, empfiehlt sich neben den laufenden Wasseruntersuchungen die Untersuchung von Stein- und Schlammproben. Diese werden dem Kessel anläßlich der Reinigung entnommen, und zwar beim Stein aus den stärkst und schwächst beheizten Stellen, beim Schlamm aus den Trommeln sowie evtl. aus dem Dampfraum des Kessels, falls dort Ablagerungen vorhanden sein sollten.

369 Diese Proben untersucht man zweckmäßigerweise gleichfalls nach bestimmten Gesichtspunkten. In den Betriebslaboratorien der Mitglieder der VGB werden vielfach folgende Untersuchungen ausgeführt:

Bestandteile in %.

Glühverlust		. . . . .	
davon Wasser	(H_2O)		. . . . .
„ Kohlensäure	(CO_2)		. . . . .
„ Öl			. . . . .
„ ölfreie organische Substanz			. . . . .
Wasserlösliche Substanz		. . . . .	
davon Kalk	(CaO)		. . . . .
„ Magnesia	(MgO)		. . . . .
„ Natron	(Na_2O)		. . . . .
„ Sulfat	(SO_3)		. . . . .
Salzsäurelösliche Substanz		. . . . .	
davon Eisenoxyd+Tonerde	($Fe_2O_3 + Al_2O_3$)		. . . . .
„ Kalk	(CaO)		. . . . .
hiervon an Karbonat	(CO_2)		. . . . .
„ „ Sulfat	(SO_3)		. . . . .
„ „ Silikat	(SiO_2)		. . . . .
„ Magnesia	(MgO)		. . . . .
„ Sulfat	(SO_3)		. . . . .
„ Silikat	(SiO_2)		. . . . .
	Summe	. . . . .	. . . .

Salzsäureunlösliche Substanz   . . . . .
davon Eisenoxyd (Fe_2O_3) . . . . .
  „   Kalk (CaO) . . . . .
  „   Magnesia (MgO) . . . . .
  „   Sulfat (SO_3) . . . . .
  „   Silikat (SiO_2) ________________   . . . . .

                       Summe . . . .

Aus diesen Analysenwerten errechnen sich nachstehende
Zusammensetzungen:

Wasser (H_2O) . . . . .
Kohlensaurer Kalk $(CaCO_3)$ . . . . .
Schwefelsaurer Kalk $(CaSO_4)$ . . . . .
Magnesiumhydrat $(Mg(OH)_2)$ . . . . .
Ölfreie organische Substanz   . . . . .
Silikate   . . . . .
                       ____
                       Summe . . . . .

Untersuchungsverfahren sind im Anhang 2 sowie in erweiterter Form in dem Buch von L u n g e - B e r l : „Chemischtechnische Untersuchungsmethoden" 8. Auflage, Bd. 2, enthalten.

370 Beim Auftreten von Kesselschäden dürfte es stets zweckmäßig sein, auch die Speisewasserverhältnisse der Anlage zu untersuchen, und zwar die Herkunft und Beschaffenheit des Rohwassers, Beschaffenheit des Kondensats, gereinigten Wassers, Speisewassers, Kesselwassers und Sattdampfes, sowie Bauart, Arbeitsweise und Ergebnisse der vorhandenen Wasseraufbereitungsanlage.

Je nach Art der aufgetretenen Schäden (Nietlochrisse, Korrosionen, Schäumen und Spucken, Rohrbeulen) entnimmt man Speise- und Kesselwasser sowie Stein- und Schlammproben. Die Kesselwasserproben sollten sowohl aus einem Kessel, der Schäden gezeigt hat, als auch aus dem einen oder anderen der übrigen Kessel der Anlage entnommen werden.

Ingenieur und Chemiker sollten bei derartigen Untersuchungen Hand in Hand arbeiten, wobei dem Chemiker alle für die Beurteilung der von ihm anzufertigenden Analysen notwendigen Betriebsangaben zu machen sind. Die Schlußfolgerungen des Chemikers sollten von dem Ingenieur auf Grund seiner Betriebsbeobachtungen nachgeprüft und ausgewertet werden.

371 Folgende Angaben sind für die Beurteilung von Kesselschäden von Wichtigkeit:

	Rohwasser	Kondensat	Aufbereitetes Rohwasser	Speisewasser	Kesselwasser
Aussehen des Wassers . . .					
Art der Wasserreinigung . .					
Temperatur im Reiniger . .					
Leistung der Reinigungsanlage m³/h . .					
Zusatzwasserbedarf „ . .					
Kondensatmenge „ . .					
Speisewassermenge „ . .					

Kesseldruck   atü
Kesselleistung   kg/m² h normal und maximal
Kesselheizfläche   m²
Überhitzerheizfläche   m²
Überhitzung   °C
Speisewassertemperatur
     Eintritt Vorwärmer   °C
     Eintritt Kessel   °C
Kesselbauart
Baujahr
Hersteller
Betriebszeit   h
Betriebsweise, auch Druck und Belastung
Art der Entschlammung
Abschlämm-Menge   m³/24 h
Kesselsteinmenge
Kesselschlamm-Menge
Innere Reinigungszeiten
Verteilung und Stärke der Ablagerungen
Lage und Umfang der Nietlochrisse
Lage und Aussehen der Korrosionen
Lage und Aussehen der Rohrbeulen
Vorhandensein von Wasserspiegelunterschieden VOT — HOT in mm
Häufigkeit und Art des Schäumens und Spuckens
Dichtheit der Kondensatoren
Kühlwasserart

Außerdem ist das Studium der Aufschreibungen der laufenden Wasseruntersuchungen des Betriebes erforderlich.

XIX. Schutz gegen Rostschäden.

372 Rostschäden an Kesseln und Rohrleitungen können entstehen durch

a) den Gasgehalt des Speisewassers (Sauerstoff und Kohlensäure),

b) den Salzgehalt des Speisewassers (Magnesiumchlorid, Eisensulfat usw.),

c) den Säuregehalt des Speisewassers (freie Schwefelsäure, bei höherer Temperatur sich spaltende Huminsäuren),

d) elektrische Lokalströme,

e) Reaktionen zwischen Eisen und Wasserdampf (mangelhaften Dampf- und Wasserumlauf),

f) undichte Niete und Nähte,

g) schweflige Säure (Taupunktunterschreitung),

h) feuchtes Mauerwerk,

i) längere Kesselstillstände.

373 Die unter a) aufgeführten Rostschäden finden sich hauptsächlich an Stellen starker Temperatursteigerungen (Einspeisung), an stark beheizten Stellen, kalt gereckten Stellen, in toten Ecken sowie in Vorwärmern. In Kesseln, die häufiger an- und abgeheizt werden, treten sie besonders auf. Man erkennt sie an den Rostpusteln sowie den pockennarbigen Vertiefungen.

Anrostungen der Trommelwandungen in Höhe des Wasserspiegels treten meist erst nach dem Abstellen der Kessel auf, wenn der Kessel, mit Wasser gefüllt, einige Zeit in Verbindung mit der Atmosphäre stehenbleibt.

Als Schutz gegen derartige Korrosionen empfiehlt sich Entgasung des Wassers in Entgasern, Einspeisung des Wassers über dem Wasserspiegel in möglichst feiner Verteilung sowie baldige Entleerung des Kessels nach Außerbetriebnahme.

374 Von den im Rohwasser enthaltenen Salzen ist das Magnesiumchlorid für den Kessel am gefährlichsten. Durch mangelhafte Enthärtung kann es in den Kessel gelangen und dort bei ungenügender Alkalität des Kesselwassers Salzsäure abspalten, die zu rascher Zerstörung des Werkstoffes führt. Derartige Rostungen haben ein schuppiges, flächenförmiges Aussehen und finden sich in erster Linie an stark beheizten Stellen. Vielfach liegen sie unter Kesselsteinschichten.

Das sicherste Gegenmittel ist eine gute Enthärtung des

Rohwassers sowie ausreichende Alkalität des Kesselwassers (Einhaltung der Natronzahl).

375 Freie Säuren können bei Verwendung von Gruben- und verunreinigten Flußwässern (Beizereiabwässer u. dgl.) gleichfalls in den Kessel gelangen, wenn die Wasseraufbereitungsanlage mangelhaft arbeitet oder die Kondensatoren undicht sind. In der Regel handelt es sich um freie Schwefelsäure, Huminsäuren sowie organische Säuren, die als Abbauprodukte von organischen Substanzen im Kessel entstehen. Magnesiumchlorid kann aus den Flußwässern, die Kaliendlaugen mitführen, in das Speisewasser gelangen.

376 Lokalströme können bei Anwesenheit von Metallen oder Legierungen im Kesselwasser, deren Lösungsdruck edler ist als der des Eisens, entstehen. Es bildet sich dann ein galvanisches Element, bei dem das Eisen zur Anode, d. h. aufgelöst wird.

Eine derartige Strombildung kann bereits zwischen bearbeiteten (kalt gereckten) und unbearbeiteten Kesselteilen entstehen. Weiter dürfte das oft rasche Fortschreiten von Gaskorrosionen auf die gleiche Ursache zurückzuführen sein, da auch diese Stellen galvanische Elemente bilden können.

377 Im Innern von Hochleistungskesseln (Wasserrohrkesseln) sowie in Überhitzerschlangen sind in neuerer Zeit verschiedentlich Abrostungen festgestellt worden, die man mit einer Reaktion zwischen Eisen und Wasserdampf erklären kann. Diese Abrostungen erstrecken sich über einen Teil des Rohrumfanges und sind vollkommen gleichmäßig; sie finden sich nur an bestimmten, weniger stark beheizten Stellen der Siederohre an den dampfberührten Heizflächen. Durch innere Besichtigung sind solche Rohre für gewöhnlich schwer zu finden, da die Abnutzung (Abtragung) sehr gleichmäßig ist. In Überhitzern findet man sie in den stärkst beheizten Rohren auf deren ganzem Umfang.

378 Vielfach lagert sich auf der Sohle der Ober- und Untertrommeln ein schwarzer Eisenoxyduloxydbelag ab, während an den angegriffenen Stellen meist keine Beläge gefunden werden. Die Rohre sind meist frei von Kesselstein.

Derartige Schäden entstehen durch mangelhaften Wasserumlauf im Kessel bzw. ungleichmäßige Dampfverteilung im Überhitzer infolge zu geringer Geschwindigkeiten. Die in den Siederohren entstehenden Dampfblasen werden nicht rasch genug abgeführt, so daß durch Zersetzung des Dampfes in Wasserstoff und Sauerstoff infolge der äußeren Beheizung das Eisen angegriffen wird.

Durch Änderung des Wasserumlaufes sowie der Dampfverteilung im Überhitzer können die Ursachen dieser Schäden beseitigt werden.

379　　Undichte Niete und Nähte führen zu einer äußeren Abrostung des Kessels. Empfehlenswert ist in solchen Fällen sorgfältiges Verstemmen der Niete und Nähte auf der Wasser- und Feuerseite. Den Ursachen solcher Undichtheiten ist sorgfältig nachzugehen (siehe Ziff. 237 u. f. und 255 u. f.). Stark leckende Niete nimmt man heraus und zieht nach sorgfältigem Aufreiben und Besichtigen des Nietloches einen neuen Niet ein.

380　　Rostungen durch schweflige Säure finden sich gleichfalls auf der Feuerseite der Kessel- und insbesondere Vorwärmerteile (Speisewasser- und Luftvorwärmer). Vorbedingung ist die Anwesenheit von Feuchtigkeit (Undichtheiten) sowie die Unterschreitung des Taupunktes der Rauchgase. Man sollte daher kein zu kaltes Wasser speisen und die Rauchgase nicht unter den Taupunkt abkühlen. Bei Luftvorwärmern hat sich die Zumischung bereits angewärmter Luft zur Kaltluft als Abhilfe bewährt.

381　　Bei längeren Stillständen kann Feuchtigkeit des Mauerwerkes zu äußerer Anrostung der Kesselteile führen. Man sorgt daher für möglichste Fernhaltung von Feuchtigkeit und versieht die Kesselteile gegebenenfalls mit einem rostschützenden Anstrich.

382　　Besonders wichtig ist die innere Behandlung der Kessel bei kürzeren oder längeren Stillständen, da hierbei die Rostgefahr erfahrungsgemäß sehr groß ist. Folgende Verfahren haben sich in den Betrieben bewährt:

a) Abgestellte Kessel, die sofort wieder betriebsbereit sein müssen, werden mit leicht alkalischem Wasser auf Normalstand aufgefüllt und ausgekocht, bis der Kesselinhalt entgast und entlüftet ist. Hierauf schließt man alle Ventile dicht ab, läßt den Kessel langsam abkühlen und luftleer stehen. Während des Stillstandes prüft man die Höhe des Wasserstandes nach. Treten Änderungen der Wasserspiegelhöhe ein, so sind Ventile oder Kesselteile undicht, und es sind entsprechende Maßnahmen zu ergreifen.

b) Man kann abgestellte Kessel auch vollkommen bis zum

Scheitel des Dampfsammlers mit Wasser anfüllen, das im m³ 4 kg Ätznatron (technisch rein) enthält, um sie vor inneren Anrostungen zu schützen. Vor Wiederinbetriebnahme ist der größte Teil des Kesselinhaltes wegen der durch die hohe Alkalität bestehenden Schäumungsgefahr abzulassen und frisches Speisewasser einzuspeisen.

c) Kessel, die längere Zeit außer Betrieb gelangen, können auch entleert und trockengelegt werden. Sie werden zu diesem Zwecke innen und außen gut gereinigt und durch Abreiben der Wandungen und kräftige Ventilation völlig getrocknet. Alle Anschlußrohrleitungen, Ablaß- und Entwässerungsleitungen werden abgenommen. Die Ventile werden ebenfalls abgenommen und überholt, da die Dichtflächen und Dichtungen durch langen Stillstand leiden.

d) Zur Aufnahme der Feuchtigkeit pflegt man in die Trommeln abgestellter Kessel Schalen mit Chlorkalzium zu hängen. Zur Aufnahme des Luftsauerstoffes können brennende Holzkohlen eingebracht werden. Die Gefäße sollten vom Mannloch aus erreichbar sein. Das brennende Holzkohlenfeuer sollte einen solchen Abstand von der Kesselwandung haben, daß deren unzulässige Erwärmung ausgeschlossen ist. Die Schalen für Chlorkalzium werden nur halb gefüllt und sind so groß bemessen, daß ein Überlaufen des später flüssig werdenden Chlorkalziums ausgeschlossen ist. Nach Einführung der Schalen werden die Mannlöcher geschlossen. Nach Verlauf eines Monats, später in längeren Zeitabständen bis zu drei Monaten, sollten die Einsätze erneuert werden. Der Erfolg ist ebenfalls abhängig von der Dichtheit der Kesselarmaturen.

e) Ein leichter Anstrich der gereinigten trockenen Kesselwand wird von manchen Betrieben bei den unbeheizten Trommeln der Wasserrohrkessel angewandt. Bei Flammrohrkesseln und bei allen anderen beheizten Kesselteilen ist größte Vorsicht wegen der wärmestauenden Wirkung des Anstrichmittels notwendig.

383 Man unterscheidet nach Dr. Hofer[1]) drei Arten von Anstrichmitteln:

Gruppe 1. Lösungen von Bitumen oder bitumenhaltigen Stoffen in leicht flüchtigen Kohlenwasserstoffen, Lösungen von Rückständen und hoch siedenden Bestandteilen aus der

---

[1]) Dr. Hofer: Wesen und laboratoriumsmäßige Prüfung von Kesselinnenanstrichmitteln, Veröffentlichungen des Zentralverbandes der Preuß. Dampfk.-Üb.-Vereine, Bd. 6, S. 85.

Teerdestillation in leichter siedenden Anteilen; teilweise mit Graphitzusatz.

Gruppe 2. Graphit suspendiert in Leinöl, Mineralöl oder Mineralfett; Graphit in Wasser mit Zusatz einer kolloidal löslichen Substanz, z. B. Milch.

Gruppe 3. Metalloxyde (Farben), in Leinöl suspendiert oder mit Ölen und Fetten vermischt.

Im allgemeinen sollte bei genügender Wasseraufbereitung ein Innenanstrich überflüssig sein, da dann angreifende Gase, Säuren und Salze entfernt sind und Härtebildner nicht mehr in nennenswertem Maße ausfallen. Siederohre streicht man auf keinen Fall innen an.

Beim Aufbringen des Anstrichs ist Vorsicht nötig, da die Mittel meist betäubende und explosible Dämpfe entwickeln, die meist bei sehr niedriger Temperatur entzündlich sind. Offenes Licht ist also zu entfernen. Stets muß ein Mann zur Beobachtung außerhalb des Mannloches stehen. Manche Mittel trocknen sehr langsam, so daß die Stillstandszeit des Kessels unnötig verlängert wird. Leinöl kann durch alkalisches Wasser verseift werden. Die Mittel können Schäumen und Spucken des Kessels begünstigen.

384   Vor der Verwendung solcher Mittel empfehlen sich folgende Proben:

A n s t r i c h p r o b e auf Blechstreifen: Biegen des Streifens um einen Dorn von 2 mm Dicke, Farbfilm darf keine Risse zeigen.

T r o c k e n p r o b e auf Blechstreifen in feuchter Luft: Probe soll in 12 Stunden hart sein.

K o c h p r o b e : Blechstreifen 12 Stunden nach Anstrich in 1 l Wasser mit 2 g Soda 10 h kochen. Streifen vor und nach dem Kochen wiegen. Es darf keine Auflösung des Anstrichs und keine Gewichtsabnahme erfolgen.

FÜNFTER TEIL

XX. Erfahrungen mit Dampfüberhitzern.

385   Gewähr für besten Werkstoff bietet auch bei Überhitzern die Werkstoffabnahme nach den „Richtlinien für die Anforderungen an den Werkstoff und Bau von Hochleistungsdampfkesseln" der VGB mit Einschluß der Ringprobe für die Rohre.

386   Die w a a g e r e c h t e Anordnung der Überhitzerrohrschlangen ermöglicht leichtere Füllung und Entwässerung. Aufhängeschellen brennen bei Verwendung gewöhnlichen Materials leicht durch, was ein Verbiegen der Rohre zur Folge hat und zu Undichtheiten an den Einwalzstellen sowie zum Aufliegen des Überhitzers auf den Siederohren führen kann. Man verwendet daher für die Schellen, Aufhängeeisen und Schrauben hochzunderungsbeständige Sonderstähle. Dampfgekühlte Rohre und gußeiserne Hohlbalken mit Luftkühlung finden ebenfalls zur Unterstützung der Überhitzer Verwendung. Die Kühllufterwärmung muß jedoch überwacht werden, um genügende Kühlung der Aufhänge- bzw. Unterstützungsteile sicherzustellen.

Die Hohlbalken werden zweckmäßig aus feuerbeständigem Guß ausgeführt. Bei Auflagerung auf der darunter angeordneten Siederohrreihe wählt man für diese Siederohre größere Wanddicke. Der besseren Reinigung und Kontrolle wegen sieht man einen seitlichen Zugang zu den Schlangenwindungen vor.

Bei Verfeuerung von Kohlenstaub oder stark aschehaltiger Kohle neigen wagerechte Überhitzer leichter zur Verschmutzung als hängende Überhitzer.

Wo eine einwandfreie Umleitung der Rauchgase beim Anheizen des Kessels nicht vorhanden ist, füllt man einen liegenden Überhitzer mit Wasser und verbindet Ein- und Austritt mit dem Dampfraum des Kessels. Das beim Erkalten des Kessels im Überhitzer anfallende Kondensat reicht vielfach zum Kühlen beim Anheizen aus.

387   S e n k r e c h t e Anordnung bietet den Vorteil der leichteren Ausdehnung und einer geringeren Verschmutzung durch Ruß und Flugasche und damit auch einer Verminderung der Gefahr des Angriffes der Rohre durch schwefelhaltige Rückstände. Jede Schlange muß in jeder Krümmung oben aufgehängt werden. Bei Drei- oder Viertrommel-Steilrohrkesseln werden die Wasserverbindungsrohre zwischen den Obertrommeln als Auflage benutzt. Zieht man die Krümmer zwischen die Rohre hinauf, so liegen die Aufhängeeisen kühl und geschützt, eine Hängedecke zum Schutz der Wasserverbindungsrohre läßt sich dann aber nicht unter das unterste Rohr hängen. Will man eine solche Decke auch über dem Überhitzer haben, dann muß man die oberen Schlangenkrümmer tiefer legen und einzeln an hochzunderbeständigen Sonderstählen aufhängen. Man soll den Schlangen etwas Bewegungsmöglichkeit lassen, da die Flugasche durch die Bewegung der Schlangen leichter abfällt.

388   Die Füllung des Überhitzers erfolgt in den meisten Fällen mit Speisewasser aus der Speisewasserdruckleitung. Eine Füllung mit Kesselwasser hat den Nachteil, daß je nach dessen Salz- und Schlammgehalt mehr oder weniger starke Verschmutzungen der Rohre und Kammern entstehen können. Wird Kesselwasser verwendet, so ist man bestrebt, die Schlangen möglichst gründlich zu entleeren.

389   Eine Verschmutzung des Überhitzers kann weiter eintreten durch Mitreißen von Wasser, durch Überkochen bei hohem Wasserstand oder durch Schäumen des Kesselwassers infolge zu hohen Salzgehaltes. Diese Salzbestandteile können zu Rohrverstopfungen sowie zu Korrosionen und Undichtheiten mit nachfolgendem Ausglühen der Rohre Veranlassung geben.

Um Verschmutzungen der Überhitzer durch wasserlösliche Salzablagerungen zu beseitigen und die Gefahr von Rohrreißern zu vermeiden, ist es zweckmäßig, die Überhitzerschlangen in gewissen Zeitabständen mittels heißen Speisewassers zu spülen.

390   Sind bei h ä n g e n d e n Überhitzern Spülanschlüsse vorgesehen, so sind sie hinreichend groß zu machen, damit beim Durchspülen der Schlangen die Geschwindigkeitshöhe größer wird als die statische Druckhöhe des im Überhitzer strömenden Wassers. Hierdurch erreicht man eine Durchspülung sämtlicher Schlangen. Bei l i e g e n d e n Überhitzern ist es zur Schonung der Walzstellen zweckmäßig, den Überhitzer

bei abgedämpftem Feuer, mit dem Kessel gekuppelt, etwa einen Tag stehen zu lassen, bis er mit Kondenswasser angefüllt ist. Durch Entwässern läßt sich dann das salzhaltige Kondensat und damit die Ablagerungen aus dem Überhitzer entfernen.

391 Am Absperrventil der Fülleitung werden manchmal Undichtheiten wahrgenommen, wodurch dann während des Betriebes dauernd Kesselwasser in den Überhitzer eintritt. Es hat sich als zweckmäßig herausgestellt, in die Fülleitung zwei Absperrventile und dazwischen ein Probierventil zur Feststellung solcher Undichtheiten einzubauen.

392 Ein regelmäßiges tägliches Abblasen von Ruß und Flugasche durch Preßluft bringt wärmewirtschaftliche Vorteile und vermeidet zu hohen Zugverlust. Bei Benutzung von Heißdampf beginnt man mit dem Abblasen erst dann, wenn die Zuleitung vollständig entwässert ist, da sonst ein Zusammenbacken der Verbrennungsrückstände eintreten kann.

Bei Verfeuerung stark aschehaltiger Kohle, besonders aber bei Staubfeuerungen, sollte möglichst große Rohrteilung, d. h. weite Gasgassen vorgesehen werden. Die Verschmutzungsgefahr wird vergrößert, wenn die Schlangen quer zur Gasrichtung angeordnet sind.

393 I n n e r e Anfressungen der Überhitzerschlangen rühren in erster Linie von Überhitzung des Rohrmaterials und dadurch bedingter Reaktion zwischen Eisen und Wasserdampf her (Oxydation). Solche Überhitzung der Rohrwand tritt ein, wenn die Schlangen infolge zu geringer Dampfgeschwindigkeit, ungleichmäßiger Dampfverteilung, innerer Beläge und Verstopfungen durch Schweißhärte oder Salze mangelhaft gekühlt werden. Man fordert daher heute Dampfgeschwindigkeiten in den Rohren von mindestens 10 m/sec am Austritt und prüft die zusammengeschweißten Rohre bei der Abnahme durch Hindurchlaufen einer Kugel.

Weiter können Anfressungen durch Werkstoffmängel, Sauerstoff- und Kohlensäuregehalt des Dampfes sowie undichte Ventile bei Kesselstillständen entstehen. Ventile mit Sitz und Kegel aus nichtrostendem Stahl gewährleisten gute Abdichtung.

394 Ä u ß e r e Anfressungen sowie Verzunderungen können durch schwefelhaltige Rauchgase sowie mangelhafte Dampfkühlung der Schlangen entstehen. Rauchgase wirken jedoch nur bei Anwesenheit von Feuchtigkeit angreifend.

395 Die Einwalzstellen der Überhitzerrohre und die Sammelkästen schützt man vor der Berührung mit heißen Rauchgasen.
Man verlegt sie am besten nach außen und erhält hierdurch
eine ausreichende Kontrollmöglichkeit der Walzstellen.

396 Außer mit einem Sicherheitsventil rüstet man die Überhitzer auch mit einem registrierenden Thermometer aus. Um
einen zu hohen Druckabfall im Überhitzer infolge von Ab-
scheidungen im Innern der Schlangen rechtzeitig zu erkennen,
ist die Anbringung eines Differentialmanometers am Überhitzer zweckmäßig.

Für Kesselanlagen mit vollautomatischer Kesselregelung
empfiehlt es sich, sämtliche Überhitzer mit gleichem Druckabfall bei Vollast vorzusehen.

397 Wegen der unsicheren Rechnungsgrundlage fallen bei Neuanlagen von Kesseln die Überhitzungstemperaturen häufig
anders aus als errechnet. Im allgemeinen kann man annehmen,
daß die Temperaturen im Laufe der ersten Jahre durch Verschmutzung der Überhitzerschlangen um 20—50 ° absinken.
Es empfiehlt sich daher, eine entsprechende Anzahl von Re-
servelöchern in den Sammelkästen vorzusehen, die zunächst
unberohrt bleiben. Eine zu niedrige Temperatur kann dann
durch Einbau zusätzlicher Schlangen leicht verbessert werden.
Bei zu hoher Temperatur bringt Abmauern oder Entfernen
einiger Überhitzerschlangen Abhilfe. Bei der Verminderung
der Schlangenzahl ist zu beachten, daß dies zugleich eine
linear proportional erhöhte Dampfgeschwindigkeit und einen
annähernd quadratisch erhöhten Druckverlust zur Folge hat.
Ersatz von Schlangen durch Umführungsbögen übt den umgekehrten Einfluß aus, wobei die verbleibenden Überhitzerschlangen schlechter gekühlt werden. Auch aus diesem
Grunde wird zweckmäßig eine anfänglich kleinere Überhitzer-
Heizfläche vorgesehen und je nach Bedarf unter Benutzung
der vorhandenen Reservelöcher die Heizfläche durch Einziehen weiterer Rohrschlangen vergrößert.

Die Verhältnisse sind in jedem Falle sorgfältig zu überprüfen, wobei der betriebliche und wirtschaftliche Vorteil
eines geringen Druckabfalls nicht außer acht gelassen werden
sollte.

398 Wird die Möglichkeit ungleicher Beaufschlagung vermutet,
so empfiehlt es sich, die Dampftemperaturen verschiedener
paralleler Schlangen durch Messung der Wandtemperaturen
mittels Thermoelementen festzustellen.

399 Die gewünschte Überhitzungstemperatur sollte auch bei Schwachlast und bei hohem CO_2-Inhalt der Rauchgase noch mit Sicherheit erreicht werden. Übertemperaturen bei höheren Belastungen werden durch geeignete Heißdampfkühler, die die Temperatur vor der Turbine konstant halten, beseitigt (höherer Luftüberschuß bedingt höhere Dampftemperaturen).

Als Heißdampfkühler haben sich sowohl in die Obertrommel gelegte Oberflächenkühler bewährt als auch Einspritzkühler zwischen zwei Überhitzergruppen oder hinter dem Überhitzer. Einspritzungen von Wasser in die Sattdampfleitung vor dem Überhitzer ist da mit Erfolg angewandt worden, wo als Einspritzwasser absolut reines Kondensat zur Verfügung steht.

400 Bei O b e r f l ä c h e n k ü h l e r n ist auf Übersichtlichkeit, leichte Zugänglichkeit und Reinigungsmöglichkeit der Trommeln zu achten, ferner auf die Gefahr von Undichtheiten durch Wärmespannungen bei Belastungs- und Temperaturänderungen.

401 Bei E i n s p r i t z k ü h l e r n sind — gegebenenfalls durch Einbau von Nebeldüsen — solche Einbauten zu vermeiden, die zusätzlichen Druckverlust erzeugen oder bei denen Ablagerung von Kesselstein möglich ist. Es sollten mindestens zwei Einspritzdüsen vorgesehen werden, deren Austrittsquerschnitte sich wie $1:3$ bis $1:4$ verhalten. Hierdurch werden die Zerstäubung und der Regulierbereich verbessert. Als Einspritzwasser soll nur reines Kondensat verwendet werden.

402 Die Kühleranordnung vor oder zwischen den Überhitzern hat den Vorteil, daß der Werkstoff der Überhitzerschlangen vor Übertemperaturen geschützt wird. Die Regulierung der Überhitzer durch sogenannte Mischventile gefährdet die Überhitzerschlangen und wird in neuen Anlagen nicht mehr angewandt. Die Regulierung durch Umleitung der Rauchgase mittels großer leichter Schieber aus hitzebeständigem Werkstoff (Nichrotherm) ist vor allem für Kohlenstaubkessel mit Lufterhitzer zu empfehlen zwecks Schonung des Überhitzers beim Anheizen und zwecks besserer Luftvorwärmung bei Schwachlast. Der Anschluß an eine automatische Temperaturregelung ist zwar möglich, jedoch nicht zu empfehlen. Es empfiehlt sich, dem Wärter eine bestimmte höchste und niedrigste Temperatur vorzuschreiben (beispielsweise $400° \pm 5°$. Ein genaues Strichfahren anzuordnen, empfiehlt sich nicht.

403 Als Überhitzer-Kammer-Verschlüsse haben sich am zweckmäßigsten und betriebssichersten runde oder ovale Deckel erwiesen. Durch Abnahme eines solchen Verschlusses sind meist vier Rohre gleichzeitig zugänglich. Sowohl eingeschraubte Gewindestopfen als auch eingewalzte Nippel haben sich als Verschlüsse n i c h t bewährt. Gewindestopfen sind besonders bei höheren Drücken nicht dicht zu bekommen, lassen sich schwer lösen und reißen dabei leicht ab. Außerdem kann es bei Ausbesserungsarbeiten (Herausnehmen zerstörter Schlangen, Nachwalzen) sehr leicht vorkommen, daß das zugehörige Stopfengewinde beschädigt wird. Eingewalzte Nippel sind unsicher und umständlich in der Handhabung.

404   Die Rohrlöcher in den Überhitzerkammern sind möglichst so vorzusehen, daß das Einwalzen der Rohre mit gerader Walze ausgeführt werden kann, da erfahrungsgemäß das Einwalzen mit Gelenkantrieb die Güte der Einwalzung herabsetzt.

405   Bei auftretenden Undichtheiten an den Rohrschlangen ist der Kessel so rasch wie möglich außer Betrieb zu nehmen, da der ausströmende Dampf mit aufgewirbelten Ascheteilchen in verhältnismäßig kurzer Zeit je nach Lage der Undichtheiten benachbarte Rohre durchschleifen kann.

XXI. Erfahrungen mit Abgasspeisewasservorwärmern (Economisern).

406   Beste Gewähr für einen hinsichtlich Werkstoff und Bau betriebssicheren Vorwärmer bietet die Bestellung nach den „Richtlinien für die Anforderungen an den Werkstoff und Bau von Hochleistungsdampfkesseln" bzw. den „Richtlinien für die Anforderungen an den Werkstoff und Bau von gußeisernen Abgasspeisewasservorwärmern" der VGB.

407   Den Vorwärmer versieht man mit Thermometern für Wasserein- und -austritt sowie mit einem Manometer mit Schleppzeiger oder Schreibmanometer. Unregelmäßigkeiten im Speisepumpenbetrieb oder im Vorwärmer selbst sind hierdurch am besten zu ermitteln.

408   Gegen i n n e r e Anrostungen, die in erster Linie auf zu hohen Sauerstoffgehalt und fehlende Alkalität des Speisewassers zurückzuführen sind, sind schmiedeeiserne Vorwärmer sehr empfindlich. Man beseitigt daher die Gase aus dem Speisewasser möglichst weitgehend (O_2-Gehalt unter 0,1 mg/l) und wählt Wassergeschwindigkeiten in den Rohren von über 0,25 m/sec.

Die niedrigste Wassertemperatur, mit der der Vorwärmer zur Vermeidung von ä u ß e r e n Anrostungen gespeist wird, hängt von dem Feuchtigkeitsgehalt der Kohle bzw. vom Taupunkt der Rauchgase ab. Sie unterschreitet gewöhnlich nicht 40°. Bei Glattrohrvorwärmern und Betrieb mit stark wasserhaltigem Brennstoff erhöht man diese Mindesttemperatur je nach dem Feuchtigkeitsgehalt der Kohle bis auf etwa 70°. Bei Rippenrohrvorwärmern kann die Mindesttemperatur geringer sein.

Das Schwitzen des außer Betrieb befindlichen Vorwärmers verhindert man am besten dadurch, daß das Zuschalten der Gase auf den Vorwärmer erst erfolgt, nachdem die Feuerung in gutem Gang ist. Dies gilt für solche Kessel, die Umgehungskanäle für die Rauchgase haben, und besonders bei Verfeuerung von Rohbraunkohle.

409   Sicherheitsventile mit Hebel und Gewicht haben sich gut bewährt. Sie werden etwa 25 % höher als der Betriebsdruck des Kessels eingestellt. Die Abläufe der Sicherheits- und Ablaßventile werden so angeordnet, daß Undichtheiten jederzeit bemerkt werden. Außerdem erhalten sie einen sichtbaren Auslauf (Schaugläser). Das abgeführte Wasser wird dem Speisewasserkreislauf wieder zugeführt. Sicherheitsventile sind während der Füllung des Vorwärmers zu lüften.

410   Der Speisewasserdruck ist stets einige at über dem Kesseldruck zu halten. Vor allem ist Dampfbildung im Glattrohr-Vorwärmer zu vermeiden, da Wasserschläge und schwerer Schaden an Sammelkästen und Rohren hervorgerufen werden können.

411   Zu beachten ist ferner, daß bei gebänkten Feuern wegen der Gefahr von Verpuffungen beim Wiederhochheizen die Rauchgase rechtzeitig vom Vorwärmer abgeschaltet werden, falls ein Umgehungskanal vorhanden ist. Nicht abschaltbare Vorwärmer sollten während der Anheiz- und Bänkzeit und nach jeder Betriebspause gut durchlüftet und möglichst durch Wasserrückführung von der heißesten Stelle nach dem Speisewasserbehälter innen gekühlt werden.

412   Bei schmiedeeisernen Vorwärmern, deren Schlangen mit geringer Neigung eingebaut sind, haben sich starke Undichtheiten an den Walzstellen als Folge von Schlägen ergeben, die auf schlechte Entlüftungsmöglichkeit zurückzuführen sind. Beim Entwurf ist daher hierauf besonders zu achten.

Bei schmiedeeisernen Vorwärmern erhalten die Sammler Deckelverschlüsse. Stopfen mit Verschraubungen haben sich nicht bewährt.

413 Absperrorgane in der Speiseleitung werden langsam geöffnet und geschlossen. Zugklappen, die an der Eintrittsstelle der Rauchgase in den Vorwärmer eingebaut sind, werden stets vollständig offen gehalten und die Zugstärke im allgemeinen am Vorwärmeraustritt reguliert. Die Zugklappen erhalten eine Feststellvorrichtung mit der Bezeichnung „Auf — Zu".

414 Treten an Verschlüssen, Dichtungen und Walzstellen Undichtheiten auf, so blindet man die beschädigten Elemente ab und sorgt dafür, daß möglichst kein Speisewasser an diese Elemente gelangt. Man pflegt jedoch mit solchen abgeblindeten Elementen nicht lange weiter zu fahren, da sonst ein rasches Zerfressen und Unbrauchbarwerden dieser Teile eintritt. Durch Eindringen von Wasser in die Flugaschenablagerungen entstehen nach kurzer Zeit zementartige, feste Krusten, die sich an den Heizflächen festsetzen und nur mühsam entfernt werden können.

415 Bei Schabereinrichtungen für Glattrohrvorwärmer ist dafür zu sorgen, daß die Ketten nicht rutschen und die Schaber gleichmäßig an den Rohren entlang gleiten. Gebrochene Balken und Schaber wechselt man bei nächster Gelegenheit aus. Es hängt von der Größe der Verschmutzung ab, ob der Betrieb der Schabereinrichtung dauernd oder nur vorübergehend notwendig ist.

Bei Rippenrohrvorwärmern haben sich in vielen Anlagen Rußbläser als unnötig erwiesen.

Je nach den vorliegenden Zugverhältnissen und der Beschaffenheit des Brennstoffes nimmt man schon bei der Einmauerung des Vorwärmers auf die Reinigungsmöglichkeit der Rohre Rücksicht. Das Ausblasen von Flugasche mit Heißdampf oder Preßluft erfolgt nach vorheriger gründlicher Entwässerung der Blaseleitungen.

416 Der Vorwärmer muß von Zeit zu Zeit einer gründlichen äußeren und inneren Reinigung unterzogen werden. Die Laufzeit des Vorwärmers ist ebenso wie die des Kessels je nach der Beschaffenheit des Brennstoffes und des Speisewassers verschieden. Die Regeln für Kesselreinigung gelten auch für Vorwärmer.

417 Das Nacharbeiten der konischen Öffnungen für die Putzlochdeckel der Glattrohrvorwärmer soll vorsichtig geschehen, um beim Wiedereinsetzen der Deckel Risse in den Sammelkästen zu vermeiden.

Beim Einbringen von gußeisernen Ersatzrohren in Röhrenelemente von Glattrohrvorwärmern verlangt die Bearbeitung und das erforderliche Nachstellen der hierfür benötigten Stemmringe besondere Aufmerksamkeit. Nach den bisherigen Erfahrungen können bei einem Betriebsdruck des Vorwärmers von 16 at im achtröhrigen Element höchstens zwei Ersatzrohre, bei einem zehnröhrigen Element höchstens drei Ersatzrohre ohne Schwächung der Haltbarkeit des Elementes eingezogen werden.

418 Die Aufrechterhaltung einer möglichst gleichmäßigen Speisewassertemperatur im Vorwärmer, die durch gleichmäßiges vorsichtiges Speisen erreicht werden kann, verringert die mechanischen Beanspruchungen. Der Speiseregler wird daher in der Regel vor dem Vorwärmer angeordnet. Beim Abschluß des Speisereglers bleibt dann die Verbindung des Vorwärmeraustrittes mit dem Kessel offen, so daß ein etwaiger Überdruck im Vorwärmer sich nach dem Kessel zu ausgleichen kann.

419 Bei der Herstellung der Einmauerung ist auf gute Zugänglichkeit und Untersuchungsmöglichkeit der beheizten Vorwärmerteile zu achten. Die Unterteilung der Heizflächen in Einzelgruppen ist daher empfehlenswert. Große Einsteigtüren oder abnehmbare Blechwände erleichtern die Zugänglichkeit. Steht der Vorwärmer über dem Rauchgaskanal oder über tiefen Flugaschetrichtern, so bringt man geeignete Auflagen, Unterzüge oder Roste an, auf denen das Reinigungspersonal zum gefahrlosen Einstieg einen Dielenbelag aufbauen kann.

Über die Behandlung des Vorwärmers beim Anheizen und Abstellen des Kessels siehe Ziff. 59—62, 73, 75, 77.

XXII. Erfahrungen mit Luftvorwärmern.

420 Wo man das Speisewasser durch Anzapfdampf hoch vorwärmt, werden Abgasspeisewasservorwärmer mehr oder weniger überflüssig. Man nützt in diesen Fällen die Temperatur der Abgase in Luftvorwärmern aus, wodurch man gleichzeitig eine bessere Verbrennung erzielt.

Man unterscheidet zwei verschiedene Arten von Lufterhitzern:

a) Rekuperativ-Lufterhitzer,

b) Regenerativ-Lufterhitzer.

Bei beiden Arten gibt es verschiedene Ausführungsformen, und zwar:

Platten- oder Taschenlufterhitzer,

Drehlufterhitzer (Ljungström, Schwabach),

Ventillufterhitzer (feststehende Wärmespeicher, Gas und Luft durch Ventile automatisch umgeschaltet, Blaw-Knox).

421   Die Höchstgrenze der Lufterwärmung bei Kohlenstaubfeuerungen liegt bei den augenblicklich verwendeten Werkstoffen für Lufterhitzer bei etwa 350°. Bei Rostfeuerungen geht man normalerweise über eine Lufttemperatur von 250° nicht hinaus, um den Rostbelag nicht zu gefährden und ein Zusammensintern der Asche zu vermeiden. Bei Kohle mit leicht schmelzender Asche muß die Temperatur der vorgewärmten Luft entsprechend tiefer liegen. Eine Überwachung der Lufttemperaturen ist daher nötig.

422   Um zu starke Erhitzung der Lufterhitzerteile bei Röhren- und Taschenlufterhitzern zu vermeiden, sollte die Gaseintrittstemperatur nicht über 500° liegen. Auch diese Temperatur soll überwacht werden.

423   Undichtheiten können bei den vorkommenden Druckdifferenzen zwischen Gas- und Luftseite Verluste mit sich bringen, die die Kesselleistung herabdrücken. Genietete Taschenlufterhitzer neigen leichter zu Undichtheiten als geschweißte. Auf gute Verschweißung der Taschen bzw. gutes Einwalzen der Rohre ist zu achten. Die Abdichtung der Ecken von Taschenlufterhitzern soll einfach und einwandfrei ausgeführt werden.

Röhrenlufterhitzer mit Führung der Luft durch die Rohre sind hinsichtlich leichterer Abdichtung zwischen Luft und Rauchgas vorzuziehen. Bei Drehlufterhitzern läßt sich eine absolute Abdichtung nicht erzielen, so daß man bei solchen Anlagen immer mit Falschluftzutritt rechnen muß. Wegen der sich bewegenden Teile erfordern Drehlufterhitzer eine besondere Wartung.

Durch laufende Messungen des CO_2-Gehaltes vor und hinter dem Lufterhitzer läßt sich der Falschluftzutritt ermitteln.

424   Undichtheiten können im übrigen festgestellt werden

a) durch Inbetriebnahme der Unterwindventilatoren, Abschließen der Luftleitungen hinter dem Lufterhitzer und gleichzeitiges Befahren der Rauchgaszüge;

b) durch Abdrücken mit sublimiertem Ammoniumchlorid, wobei die Sublimation unmittelbar vor dem Ansaugestutzen des Lufterhitzerventilators erfolgt und die Luftwege nach dem Kessel verschlossen werden. Das Auftreten der weißen Chlorammon-Nebel auf der Gasseite zeigt dann die Undichtheit an.

425 Lufterhitzer haben infolge der hohen Gasgeschwindigkeiten einen verhältnismäßig hohen Zugverlust. Undichtheiten und durch Wärmespannungen hervorgerufene Verwerfungen der Bleche erhöhen den Widerstand. Infolge der Verwerfungen treten Querschnittsverengungen auf, die auch die Verschmutzung ungünstig beeinflussen. Weitere Widerstandsverluste sind die Folge. Die dauernde Beobachtung des Zugverlustes gibt Aufschluß über die Zunahme des Widerstandes während der Betriebszeit.

Sauberhaltung des Lufterhitzers ist Bedingung für gute Wärmeübertragung. Besondere Rußblaseeinrichtungen zur Sauberhaltung der Gaswege sind im allgemeinen nicht erforderlich. Der Einbau von Dampfbläsern sollte nur in dringenden Fällen erfolgen, da es sich gezeigt hat, daß die Flugasche durch Einblasen von Dampf in Lufterhitzer stark zementiert und das Zusetzen der Gaswege beschleunigt. Ein Abblasen mit Preßluft ist vorzuziehen.

426 Verschiedentlich entnimmt man die vorzuwärmende Luft unter dem Kesselhausdach, um hierdurch gleichzeitig die Belüftung des Kesselhauses zu verbessern.

427 Bei Taschen- und Röhrenlufterhitzern muß mit Korrosionen an der Kaltlufteintrittsseite gerechnet werden, was bei Drehlufterhitzern nicht beobachtet wird. Die Korrosionen treten namentlich bei schwefel- und stark wasserhaltiger Kohle auf, da sich die Gase an der Kaltlufteintrittsseite unter den Taupunkt abkühlen. Die sich bildende schweflige Säure und ihr Oxydationsprodukt, die Schwefelsäure, greifen das Material an und können zu Durchfressungen führen. Folgende Gegenmaßnahmen können empfohlen werden:

a) Wenn die Korrosionen soweit fortgeschritten sind, daß Undichtwerden befürchtet werden muß, so kann man ganze Elementblöcke, falls mehrere hintereinander geschaltete vorhanden sind, gegenseitig austauschen. Die stark korrodierten Teile kommen dann in die heiße Zone, wo Schwitzwasserbildung nicht auftritt.

b) Bei gewissen Konstruktionen sind einzelne oder mehrere Taschenelemente innerhalb eines Blockes und dessen gemeinsamen Rahmens auswechselbar.

c) Man ordnet von der Heißluftseite her eine Rückführung der Luft nach dem Ansaugestutzen des Ventilators an. Die rückgeführte Menge wird derart eingestellt, daß bei Schwachlast, also niedrigen Abgastemperaturen, ein Unterschreiten des Taupunktes unmöglich ist. Dies bedeutet eine höhere Belastung des Ventilators. Fährt der Kessel mit Maximallast, so kann die Rückführung durch eine Drosselklappe unterbunden werden, da in diesem Fall die Abgastemperaturen meist so hoch liegen, daß Anfressungen nicht zu befürchten sind.

XXIII. Erfahrungen mit Kesselspeisevorrichtungen.

428   Die Größe und Anzahl der Kesselspeisevorrichtungen muß den „Allgemeinen polizeilichen Bestimmungen über die Anlegung von Landdampfkesseln" vom 17. 12. 1908[1]) entsprechen, wonach für jeden Kessel zwei voneinander unabhängige Speisevorrichtungen vorhanden sein müssen, welche nicht von derselben Antriebsvorrichtung abhängig sein dürfen. Jedoch können alle Pumpen mit Dampf angetrieben werden, der aus der zu speisenden Kesselanlage entnommen wird[2]). Mehrere zu einem Betrieb vereinigte Dampfkessel werden hierbei als ein Kessel angesehen.

Die Leistung der Kesselspeisevorrichtungen ist so zu bemessen, daß jede der beiden Speiseeinrichtungen die doppelte Wassermenge der normalen stündlichen Verdampfungsleistung des Kessels liefert.

429   Nach einer vom Reichsarbeitsministerium erlassenen Verordnung (siehe Reichsgesetzblatt Teil I, Nr. 1 vom 2. 1. 29) gilt bei Verwendung von drei Speisevorrichtungen die vorgeschriebene Leistungsfähigkeit als erfüllt, wenn ein Zusammenwirken von je zwei Speisevorrichtungen möglich ist und je zwei zusammen die vorgeschriebenen Leistungen ergeben. Bei Anordnung von mehr als drei Speisevorrichtungen gilt dasselbe sinngemäß.

---

[1]) **Jaeger-Ulrichs**: „Bestimmungen über Anlegung und Betrieb der Dampfkessel", Carl Heymanns Verlag, Berlin.
[2]) Desgl. § 4, Seite 81 und Anm. 5, Seite 85.

Die demnach erforderliche Pumpenzahl ist aus der nachstehenden Aufstellung ersichtlich:

Anzahl der vorhandenen Speisevorrichtungen	Leistung einer Speisevorrichtung	Insgesamt installierte Leistung der Speisevorrichtung	Vorhandene Leistung der Speisevorrichtungen bei Ausfall von	
			1 Speisevorrichtung	2 Speisevorrichtungen
2	2 K	4 K = 400 %	400 − 200 = 200 %	400 − 400 = 0 %
3	1 K	3 K = 300 %	300 − 100 = 200 %	300 − 200 = 100 %
4	0,67 K	2,67 K = 267 %	267 − 67 = 200 %	267 − 134 = 133 %
5	0,5 K	2,5 K = 250 %	250 − 50 = 200 %	250 − 100 = 150 %
6	0,4 K	2,4 K = 240 %	240 − 40 = 200 %	240 − 80 = 160 %

K = Normalleistung der Kesselanlage.

In Dampfanlagen, welche über eine größere Anzahl Kessel verfügen, wird die vorgeschriebene Pumpenleistung in mehrere Sätze unterteilt. Es empfiehlt sich, die Pumpen teilweise mit elektrischem und teilweise mit Dampfantrieb auszurüsten.

430 Wenn mehrere Pumpengruppen in verschiedenen Kesselhäusern vorhanden sind, empfiehlt sich eine Verbindung durch eine Hauptspeisedruckleitung, so daß die Pumpen des einen Kesselhauses auf die Kessel der anderen Kesselhäuser arbeiten können.

431 Kolbenpumpen finden nur noch in kleinen Betrieben Verwendung. Neben den erheblichen Anschaffungs- und Unterhaltungskosten ist der ölhaltige Abdampf unangenehm. Der bessere Wirkungsgrad wird durch diese Nachteile aufgehoben.

432 Zentrifugalpumpen werden infolge des geringen Platzbedarfes, der großen Betriebssicherheit und der einfachen Bedienung allgemein bevorzugt. Für den Antrieb der Zentrifugalpumpen kommt entweder die Kleinturbine oder der Elektromotor in Betracht. Die Dampfturbopumpe hat den Vorteil der völligen Unabhängigkeit von dem elektrischen Netz und der leichten Drehzahlregulierung. Die elektrisch angetriebenen Pumpen werden bei Störungen im elektrischen Teil der Hauptanlage beeinflußt. Ist dagegen eine besondere Hausturbine für die Hilfsantriebe vorhanden, so fällt dieser Nachteil fort. Die Elektropumpe hat den Vorteil der geringen Wartung und Unterhaltung im Antriebsteil und ist außerdem im allgemeinen schneller anfahrbereit als eine ungenügend oder überhaupt nicht vorgewärmte Turbopumpe. Die Wirtschaftlichkeit der Elektropumpe ist höher, weil man durch Anzapfung der Hauptturbine aus der benötigten Menge an Vorwärmdampf eine weit höhere Energieausbeute erreicht als bei der kleinen Gegendruckturbine, die die Speisepumpe antreibt. Die Temperatur des Anzapfdampfes der Hauptturbine liegt bei gleichem Druck niedriger als die des Gegendruckdampfes der Speisepumpenantriebsturbine. Die Vorwärmdampfmenge wird also bei Anzapfung der Hauptturbine etwas größer. Der thermodynamische Wirkungsgrad der Hauptturbine steigt bei Anzapfung, weil das Dampfvolumen im Hochdruckteil größer bzw. im Niederdruckteil kleiner wird.

433   Beim Parallelschalten mehrerer Pumpen ist darauf zu achten, daß der Druck der neu in Betrieb zu nehmenden Pumpe etwa 1 at höher, auf keinen Fall aber niedriger als der Speisewasserbetriebsdruck liegt, da sonst die zugeschaltete Pumpe nicht fördert. Sind keine besonderen Regelvorrichtungen vorhanden, so ist ein einwandfreies Parallelfahren von Pumpen nur bei gleicher und stetig fallender Charakteristik möglich; dies ist besonders bei Speisepumpen mit sehr hoher Speisewassertemperatur von Bedeutung.

434   Geschützte und geschlossene Kurzschluß- oder Schleifringmotore werden mit den Pumpen unmittelbar oder über Zahnradgetriebe gekoppelt. In dampfschwadenfreien, trockenen und gut gelüfteten Räumen kommt man im allgemeinen mit offenen Motoren aus.

Für die Motore ordnet man Überstrom- und Nullspannungsauslösung an. Die Nullspannungsauslösung soll so eingestellt werden, daß der Motor nicht bei kurzzeitigen schwachen Spannungsabsenkungen vom Netz getrennt wird. Motore und Überstromschalter sollten so ausgelegt und eingestellt sein, daß sie nur bei sehr schweren Netzschwankungen außer Tritt fallen oder abschalten. Wenn irgend möglich, sollte man Kurzschlußmotore anwenden, da die Schleifringe am meisten Anlaß zu Störungen geben.

435   Bei Drehstrom-Pumpenantrieb soll wegen der unveränderlichen Drehzahl der Motore durch einen Druckregler eine konstante Druckdifferenz zwischen Kesseldruck und Speiseleitungsdruck eingestellt werden. Einfache Nadelventile sind hier den entlasteten Doppelsitzventilen vorzuziehen, da bei diesen der Hub bei kleinen Fördermengen zu gering ist und dann leicht lästige Geräusche und Erschütterungen auftreten können.

436   In Druckleitungen und in Saugleitungen mit Unterdruck sind bei jeder Speisepumpe, gleichgültig welcher Bauart, unbedingt zuverlässige Rückschlagklappen einzubauen.

437 Die Regulierung des Pumpendruckes bei dampfangetriebenen Speisepumpen erfolgt vorteilhaft durch Änderung der Drehzahlen der Antriebsturbine.

Wegen der leichteren Ausbaumöglichkeit sowie der besseren Aufnahme des Axialschubes sind für Turbine und Pumpe getrennte Gehäuse vorzuziehen.

Die Schnellschlußventile der Antriebsturbinen bedürfen sorgfältiger Überwachung und werden regelmäßig geprüft und nachgesehen.

438 Zur leichten Untersuchung und Auswechslung der Laufzeuge und Pumpenlagerschalen werden größere Pumpen mit horizontal geteiltem bzw. mit abnehmbarem Gehäuseoberteil und horizontal geteiltem Pumpenlager bevorzugt. Zu empfehlen ist, in die Gehäuse kleine Schaudeckel zur Besichtigung des Laufzeuges einzubauen.

Bei Heißwasserpumpen lagert man das Gehäuse zweckmäßig in Achshöhe (Wellenmitte), um bei Erwärmung keine schädliche Dehnung zu erhalten.

439 Der Abdampf der dampfangetriebenen Kesselspeisepumpen wird zur Vorwärmung des Speisewassers oder zu Heiz- und Fabrikationszwecken verwendet.

Mit Rücksicht auf die sehr wirtschaftliche Speisewasservorwärmung durch Anzapfung der Hauptturbinen und andere Verfahren haben die Kesselspeisepumpen in neueren Anlagen heißes Wasser zu fördern. Die Saughöhe der Pumpen nimmt im allgemeinen mit der Temperatur des zu saugenden Wassers in folgender Weise ab:

Wassertemperatur in ° C .	0	20	40	60	75
Größte Saughöhe in m . .	6,4	5,8	4,7	2,3	0

440 Aus Gründen der Betriebssicherheit und mit Rücksicht auf die Empfindlichkeit der Saugleitungen gegen Lufteintritt werden die Kesselspeisepumpen gewöhnlich so angeordnet, daß das Speisewasser den Pumpen unter einem gewissen Überdruck zuläuft.

Bei heißem Wasser gelten folgende Mindestzulaufhöhen, die sich jedoch je nach den Bedingungen der Gesamtanlage ändern können:

Wassertemperatur in ° C .	90	100	110	120	130	140
Zulaufhöhe in m . . .	2	4	6	8	10	12

Diese Zulaufhöhen können verringert werden, wenn der Durchmesser der Zulaufleitung zur Pumpe reichlich bemessen ist. Es ist erstrebenswert, die Zulaufhöhe (geodätische) entsprechend der Wassertemperatur so hoch zu wählen, daß ein Abreißen der Pumpe selbst dann unmöglich wird, wenn der Zulaufdruck infolge Sinkens des Heizdampfdruckes im Vorwärmer abfällt. Hierdurch wird zugleich ein gutes Abdichten der Stopfbüchsen gegen Lufteintritt erreicht.

441   Zur Beobachtung der richtigen Arbeitsweise der Pumpen baut man auf der Saugseite ein Mano-Vakuummeter und ein Thermometer, auf der Druckseite ein Manometer ein und sieht außerdem die Möglichkeit für Temperaturmessungen vor. An regelbaren Kreiselpumpen baut man Umdrehungszähler ein.

442   Bei Betrieb der Pumpen mit heißem Wasser ist zu beachten, daß die Lager mit einer für hohe Temperaturen geeigneten Schmierölführung und gegebenenfalls mit Lagerkühlung versehen werden. Hierbei ist ein besonderes Augenmerk darauf zu richten, daß Öl und Wasser nicht miteinander in Berührung kommen.

443   Bei Zentrifugalpumpen, die stark alkalische Speisewässer fördern, wird das Laufrad der ersten Stufe am meisten angegriffen. Gegen diesen Angriff haben sich Lauf- und Leiträder aus Gußeisen sowie Monelmetall bewährt. Wellenschutzbüchsen werden aus Sonderlegierungen oder aus V2A-Stahl hergestellt.

Bei chemischen oder elektrolytischen Anfressungen wurde mit Erfolg auch eine Phosphor-Bronze-Legierung mit hohem Kupfergehalt (z. B. 86 % Cu, 11 % Zn und 2 % Sn, Rest 1 %) angewandt.

444   Die Pumpen werden mit Entlüftungsventilen in den einzelnen Stufen versehen. Am tiefsten Punkt der Pumpe sind Entwässerungsventile anzubringen.

445   Die Spaltwasserleitung wird am einfachsten in die Saugleitung der gleichen Pumpe eingeführt. Dabei sind Absperrorgane unbedingt zu vermeiden. Bei vielen Pumpen haben sich in der ersten Betriebszeit Schwierigkeiten durch rasche Abnutzung der Ausgleichscheibe ergeben. Abhilfe brachte eine Vergrößerung des Wellenspieles, also eine Erhöhung der Druckwasserzufuhr, damit einen größeren Spalt und eine bessere Kühlung.

Notwendig ist außerdem eine ausreichende Bewässerung der

Stopfbüchsen evtl. aus der Druckleitung der Pumpe. Das gleiche gilt für Schieber und Ventile bei Leitungen mit Vakuum.

446 In kleineren Anlagen werden als zweite Speisevorrichtung vielfach Injektoren verwendet. Bei der Aufstellung sowie beim Betrieb ist jedoch folgendes zu beachten:

Offene, sogenannte Restarting-Injektoren ordnet man am besten stehend an, so daß der Dampfanschluß oben, der Speisestutzenanschluß unten liegt.

Bei liegender Anordnung muß die Düsenklappe nach oben oder nach der Seite, jedoch nicht nach unten gestellt werden.

Die Rohrleitungen der Injektoren sollen nicht enger sein als die Injektoranschlüsse.

Da sich Injektoren leicht mit Kesselstein zusetzen, so sind sie öfter zu reinigen.

Lange Dampfzuleitungen müssen gründlich entwässert werden. Einwandfreies Arbeiten ist nur mit trockenem Dampf möglich.

Die Injektoren saugen nur kaltes Wasser sicher an. Die Temperaturgrenze liegt bei etwa 40° C.

Täglich mindestens einmalige Prüfung des Arbeitens des Injektors erscheint notwendig.

XXIV. Erfahrungen mit Rohrleitungen.

Allgemeines.

447 Für Heißdampfrohrleitungen Nenndruck 25 und darüber und für Dampftemperaturen über 400° sollen die „Richtlinien für den Werkstoff und Bau von Heißdampfrohrleitungen" der VGB angewendet werden.

448 Bei der Bestellung der Rohrleitungen sollen die Dinormen berücksichtigt werden. Hierzu kommen folgende Normblätter in Frage:

DIN 1629 Werkstoffe für Rohre,
    „ 2401 Druckstufen,
    „ 2402 Nennweiten,
    „ 2413 Wanddickenberechnung,
    „ 2450 } Wanddicken für Rohre aus St. 35.29 und St. 45.29,
    „ 2451 }
    „ 2500 Flanschenübersicht,

DIN 2502   Anschlußmaße der Flansche ND 10 u. 16,
„   2503   „   „   „   „   25 „   40,
„   2504   „   „   „   „   64 „ 100,
„   2505   Berechnung der festen Flanschen,
„   2506   „   „   losen   „
„   2507   „   „   Schrauben,
„   2508   Anordnung der Schraubenlöcher,
„   2509   Hochwertige Bolzenschrauben,
„   2512   Nut und Feder,
„   2513   Vorsprung und Rücksprung,
„   2515   Walzrillen,
„   2543   und folgende: Bauarten der Flanschen.

449   Armaturen und Formstücke aus gewöhnlichem Stahlguß neigen zu Undichtheiten infolge Lunkerbildung. Es empfiehlt sich daher, bei höheren Drücken für Heißdampf Elektrostahlguß oder Flußstahlschmiedestücke anzuwenden. Elektrostahlguß muß mindestens den Anforderungen von DIN 1681 entsprechen. In Frage kommt Stg. 38.81 S, Stg. 45.81 S und Stg. 52.81 S. Sorgfältige Abnahme, insbesondere die Prüfung auf Dichtheit durch Abpressen mit Heißdampf, Ammoniakwasser oder Preßluft im Wasserbad ist dringend anzuraten. Grauguß soll für Heißdampf nicht verwendet werden.

450   Die Nennweiten einer Rohrleitungsanlage sind so festzulegen, daß die geringsten jährlichen Kosten einschließlich Kapitaldienst entstehen [1]).

451   Anschlußleitungen an die Hauptdampfleitung münden in diese möglichst nicht senkrecht, sondern werden nach Möglichkeit unter einem spitzen Winkel an die Hauptleitung angeschlossen. Diese Ausführung ist nur bei Dampfströmung in einer Richtung möglich. Müssen Leitungen senkrecht abgezweigt werden, so sollen nur stark abgerundete Übergänge Verwendung finden.

Die Rohrleitung verlegt man mit leichtem Gefälle in der Strömungsrichtung. Bei Querschnittsübergängen in der Leitung werden lange konische oder exzentrische Übergangsstücke verwendet. Steigung des Konus möglichst 1 : 10.

Doppelleitungen werden vielfach aus Gründen der Betriebssicherheit verwendet, um Leitungsreparaturen während des Betriebes der Anlage ausführen zu können. Auf äußerste Einfachheit und möglichste Ersparnis an Absperrorganen legt

---

[1]) Prioform Handbuch, Verlag Springer, 1930, S. 76.

man jedoch Wert und prüft in jedem Falle, ob Doppelleitungen oder Mehrfachleitungen sich rechtfertigen lassen. In neueren Anlagen finden sich einfache Verbindungsleitungen ohne Umschaltmöglichkeit zwischen einer Kesselgruppe und einer Kraftmaschine.

Dampfrohrleitungen.

452 Die Festpunkte zur Unterstützung und Befestigung der Rohrleitungen müssen in genügender Anzahl und an geeigneter Stelle so angeordnet werden, daß die Leitungen sich frei ausdehnen können und geringstmögliche Zusatzkräfte erhalten, daß die vorgesehenen Kompensatoren die auftretenden Bewegungen aufnehmen können, und daß die nötige Sicherheit gegen Schwingungen und Wasserschläge im Leitungssystem gewährleistet ist. Soll die Ausdehnung lediglich durch Winkelbögen aufgenommen werden, so ist deren federnder Schenkel genügend lang zu bemessen, da sonst die Flansche ungünstig beansprucht werden. Alle Kompensatoren sowohl in Lyra- als auch Winkelform werden um mehr als die Hälfte ihrer absoluten Dehnungsaufnahme vorgespannt eingebaut, um dem Rückgang der Festigkeit bei hohen Temperaturen Rechnung zu tragen. Die zu kompensierenden Rohrleitungsstränge sollen möglichst auf Konsolen mit Rollenlagern und Schutzvorrichtungen für Isolierung verlegt oder an Schellen aufgehängt werden. Zu kurze Aufhängungen können eine ordnungsmäßige Dehnung verhindern. An Kompensationsbögen ist der Einbau von Formstücken tunlichst zu vermeiden, da deren Flansche, wenn sie einseitig beansprucht werden, zu Undichtheit neigen.

453 Bei Glattrohrkompensatoren sind genügend große Biegungsradien (4—5 d) zu wählen und unter Berücksichtigung der Schwächung der äußeren Wandung entsprechende Zuschläge in der Rohrwandstärke zu machen. Wellrohr- und Faltenrohrkompensatoren sind günstiger und können kleinere Biegungsradien haben. Sie haben sich für alle Betriebsverhältnisse gut bewährt. Stopfbuchskompensatoren sind nicht zu empfehlen. Schlauchkompensatoren haben sich ebenfalls als brauchbar erwiesen.

Faltenrohrkrümmer sind glatten Rohrkrümmern wegen ihrer größeren Elastizität vorzuziehen. Außerdem besteht bei ihnen nicht die Gefahr der Wandstärkenverschwächung auf der Außenseite.

454   F l a n s c h v e r b i n d u n g e n. Zur Erhöhung der Betriebssicherheit und Verminderung der Anlage- und Unterhaltungskosten sind grundsätzlich Flansche in möglichst geringer Anzahl vorzusehen. Verbindungen der einzelnen Rohrwalzlängen sollten, wenn nicht Formstücke oder Absperrorgane eingefügt werden müssen, durch geeignete und sachgemäße Schweißungen — gegebenenfalls mit aufgeschweißten Sicherheitslaschen — oder durch nicht lösbare Gewindemuffen hergestellt werden.

455   Beim Entwurf der Flanschverbindung, insbesondere bei der Wahl der Schrauben, ist den Temperaturdehnungen, die beim Anwärmen oder Abkühlen auftreten, Rechnung zu tragen. Konstruktion und Werkstoffe der Flanschverbindung sind von Druck, Temperatur und den besonderen Betriebsverhältnissen abhängig. Maßgebend sind hierfür die Dinormen, deren Abmessungen bei sehr hohen Drücken und Temperaturen nachgerechnet bzw. auf dem Wege des Versuches festgelegt werden müssen.

456   Für ganz geringe Drücke werden die Dichtungsflächen glatt ausgebildet, für höhere Drücke werden die Verbindungen mit Nut und Feder nach DIN 2512 oder mit Vor- und Rücksprung nach DIN 2513 ausgeführt. Es empfiehlt sich, einheitlich alle Formstücke mit Vorsprung und alle Armaturen mit Rücksprung zu versehen. Folgen zwei Armaturen aufeinander, so wird ein Ring dazwischen gelegt. Flansche mit Rücksprung sollen außen sichtbar gekennzeichnet sein.

457   Flanschverbindungen wurden früher durch einfaches Einwalzen der Rohre in die Flanschen hergestellt. Alleiniges Aufwalzen nach DIN 2583, 2584 ist aber grundsätzlich abzulehnen. Eine geeignete zusätzliche Sicherung gegen Herausziehen des Rohres oder Verdrehen des Flansches ist erforderlich. Einwandfreie Sicherungen sind: Kugeleindruckflansch, Bördelschweißflansch, Sicherung durch außen und innen verschweißte konische Stifte oder Gewindebolzen im Flanschkragen. Allein angewendete Maßnahmen, wie Anordnung von Walzrillen, Umbördeln des Rohrendes, Vernietung oder Verschweißung des Flanschkragens mit dem Rohr, genügen bei höheren Drücken und Temperaturen weder für Dampf- noch für Speiseleitungen, um Abreißen, Undichtheiten, Spannungen oder Werkstoffbeschädigungen durch die Herstellung zu vermeiden.

458   Die Sicherung durch Niete nach DIN 2592, 2593, 2594, 2595 hat sich wegen der auftretenden Undichtheiten an den Nieten und der Beschädigung von Flanschkragen und Rohr, besonders bei täglichem An- und Abstellen, nicht bewährt. Rillen dürfen nur im Bereich des Flansches, nicht des Flanschkragens, angeordnet werden. Verschweißung des Kragenendes mit dem Rohr kann zu Materialschädigungen im Rohr (Verbrennungen, Spannungen) führen. Gut bewährt haben sich die Flanschverbindungen, bei denen Rohr auf Rohr gedichtet wird, weil hier ein Durchtreten von Dampf bzw. Wasser zwischen Flansch und Rohr unmöglich ist.

459 Dichtschweißung zwischen Flansch und Rohr soll dort erfolgen, wo die Undichtheit zuerst auftritt, d. h. auf der Dichtungsfläche des Flansches. Jedoch müssen solche Schweißungen ebenso wie Umbördelungen oder Anstauchungen des Rohres Sicherheit dafür bieten, daß sie nicht beim Andrehen der Dichtungsfläche teilweise oder ganz abgedreht werden.

460 Bei Flanschverbindungen, bei denen auch ein Einwalzen des Rohres vorgenommen wird, soll stets der Flanschwerkstoff höhere Streckgrenze haben als der Rohrwerkstoff.

461 Ist die Rohrwand genügend stark, so empfiehlt sich die Verwendung des Gewinde-Flansches nach DIN 2567, 2568, 2569, bei dem der Flansch mit gut passendem Gewinde nach DIN 259 und 260 auf das Rohr geschraubt und auf der Dichtungsseite elektrisch dichtgeschweißt wird. Bei dieser Verbindung soll ein Anwalzen des Rohres an den Flansch nicht erfolgen.

462 Alleiniges Aufschweißen von Flanschen ist unzulässig, weil alle auftretenden mechanischen und Wärmespannungen von der Schweiße aufgenommen werden müssen und bei ihrem Bruch sich plötzlich die gesamte Verbindung löst.

463 Bei Anwendung von Schweißverbindungen ist zuverlässige und sachgemäße Schweißarbeit unbedingt zu fordern. Im Zweifelsfalle sind Probeschweißungen, vom gleichen Schweißer ausgeführt, und deren sorgfältige Untersuchung empfehlenswert. Schweißarbeiten auf der Montagestelle sind besonders zu überwachen.

Die Dichtungsflächen der Flansche müssen parallel und eben sein. Wegen möglicher Transportbeschädigungen werden zweckmäßig die Dichtungsflächen an Ort und Stelle sauber mit Platte und Schmirgelmasse abgerichtet. Mit Rücksicht auf die auftretenden Wärmedehnungen achtet man darauf, daß Flanschverbindungen bei der Montage nicht schief verspannt werden.

464   Für die Flanschverbindungen werden in wichtigen Dampfrohrleitungen und bei Betriebsdrücken über ND 25 und höheren
Temperaturen S c h r a u b e n aus Flußstahl St. C. 35.61 nach
DIN 1661 oder Sonderstahl mit besonders hoher Streckgrenze
bei höheren Temperaturen verwendet. In kleineren Leitungen
werden wegen der Gefahr des Abreißens keine kleineren
Schrauben als ⅝″ verwendet. Nach DIN 2507 sind alle Bolzenschrauben aus St. C. 35.61 und aus Sonderstahl nicht als Sechskantkopfschrauben ausgebildet, sondern mit beiderseitigem Gewinde und Mutter hergestellt. Diese Bolzenschrauben ersparen
Werkstoff und bieten hinsichtlich des Faserverlaufes eine
größere Sicherheit. Sie haben auch bei schlecht zugänglichen
Flanschverbindungen den Vorteil, nach beiden Seiten einsteckund anziehbar zu sein. DIN 2509 sieht als Kennzeichen für
Sonderstahl einen zylindrischen Ansatz vor. Man versieht die
Schrauben noch an einem Ende mit einem Schlitz.

Der Schaft zwischen den Gewinden wird auf einen Durchmesser abgedreht, der kleiner ist als der Kerndurchmesser des
Gewindes, damit sich Überbeanspruchungen nicht am Gewindegrund auswirken.

Um guten Sitz der Schrauben zu gewährleisten, sind die
Auflageflächen der Muttern an den Flanschen und die Muttern
selbst blank bearbeitet.

465   Schrauben und Muttern sollen aus verschiedenem Werkstoff
bestehen, um das Festbrennen der Muttern durch Bildung von
Oxyden im Gewinde und das Fressen beim Lösen zu verhindern. Gute Gangbarkeit der Muttern und Einreiben der Gewinde mit trockenem Graphit erleichtert das spätere Lösen
der Verbindung. Als Lösungsmittel für festgebrannte Schrauben hat sich Methylanon bewährt.

466   Als Dichtungen verwendet man für Dampfdrücke bis 20 atü
und Dampftemperaturen bis 350° Klingeritringe oder Kupferwellblechringe mit Asbesteinlage. Die Klingeritdichtung sollte
nicht stärker als 1 mm sein. Wellblechdichtungen verwendet
man meist erst bei größeren Rohrweiten (über NW 250), um
eine genügende Anzahl von Wellen auf der Dichtungsfläche
unterzubringen. Diese Dichtung hat häufiger den Nachteil der
Empfindlichkeit gegen Unebenheiten der Dichtungsflächen. Bei
der Montage der Flanschen müssen die Dichtungsflächen meist
nachgearbeitet werden.

Für höhere Dampftemperaturen und insbesondere für
höchste Drücke haben sich Profilringe aus nichtrostendem

Stahl (V2A-Stahl) oder Nickel, beiderseits mit graphitierter Asbestauflage, bewährt.

467   E n t w ä s s e r u n g. Bei Dampfleitungen schafft man an jeder tiefsten Stelle der Rohrleitung eine Möglichkeit für die Abführung des Kondensats und für das Ausblasen der Leitung. Dabei gilt als Grundsatz, die Leitung so anzuordnen, daß man mit möglichst wenig Entwässerungsstellen auskommt. Jeder Kondenstopf gibt Anlaß zu Wärmeverlusten. Bei Heißdampfleitungen soll man sie möglichst ganz vermeiden. In diesem Falle setzt man das Absperrorgan der Entwässerung unmittelbar unter die Dampfleitung (Spindelverlängerung), um einem Undichtwerden der Flansche der Entwässerungsleitung vorzubeugen.

Vor ansteigenden Leitungen sowie für senkrecht eingebaute Lyra-Kompensatoren sind Entwässerungen anzuordnen.

468   Um den Kondenstopf prüfen zu können, empfiehlt es sich, die Kondenswasserableitungen getrennt zu führen oder die Einrichtungen so zu treffen, daß die Prüfung während des Betriebes möglich ist. Hierfür sind Sonderkonstruktionen von Dreiwegehähnen oder Wechselventilen geeignet. Außerdem ist für jeden Kondenstopf eine Umgehung erforderlich. Für die Abdichtung im Kondenstopf ist die Verwendung von rostfreiem Material (V2A) erforderlich. Da das anfallende Kondensat rein ist, wird es von den Kondenstöpfen und den freien Entwässerungen stets in die Speisewasserbehälter zurückgeleitet.

Auspuffleitungen werden ebenfalls am tiefsten Punkt entwässert. Zur Dämpfung des starken Auspuffgeräusches können am oberen Ende der Auspuffleitungen Schalldämpfer eingebaut werden.

469   Ist es unmöglich, das Kondensat dem Speisewasserbehälter direkt zulaufen zu lassen, so kann man zu seiner Rückführung Kondenswasserpumpen oder selbsttätig wirkende Kondenswasserrückleiter verwenden. Die Kondenswasserrückleiter sind gegen heißes Wasser unempfindlich, sie erfordern jedoch häufige Überholungsarbeiten und eine Entwässerung ins Freie.

Die Anordnung eines großen allgemeinen, vor Luftzutritt geschützten Kondenssammelbehälters mit Schwimmer ist vorzuziehen, aus dem eine Kondenswasserpumpe von Zeit zu Zeit das Wasser herauspumpt.

470   W a s s e r a b s c h e i d e r. Beim Anwärmen der Rohrleitung entsteht oft sehr viel Kondensat, welches der selbsttätige Kondenswasserableiter nicht mehr zu bewältigen vermag.

Deshalb wurden in manchen Anlagen an den Enden von Rohrleitungssträngen Wasserabscheider eingebaut, die dann gleichzeitig als Fixpunkte für die Rohrleitungen dienten. Mit Rücksicht auf die starke Beanspruchung beim Eintritt größerer Wassermengen oder durch den Schub der Rohrleitung werden die Wasserabscheider nach den Grundsätzen für die Herstellung von Kesseltrommeln aus besten Kesselblechen hergestellt. Genietete Wasserabscheider haben sich in den meisten Fällen nicht bewährt, da sie bereits nach kurzer Betriebszeit undicht werden und dauernd undicht bleiben. Am vorteilhaftesten sind sachgemäß ausgeführte Wassergas-überlappt-geschweißte und für höhere Drücke nahtlos geschmiedete Wasserabscheider.

471   Stark dimensionierte Anschlußstutzen und zuverlässige Schweißnähte sind für die Betriebssicherheit unbedingt erforderlich. Wasserabscheider mit Schmelzschweißnähten müssen Sicherheitslaschen erhalten. Nach innen gewölbte Böden haben in einzelnen Fällen versagt. Bei den Böden ist auf ausreichend großen Krempenradius zu achten.

472   Grundsätzlich ist in jedem Falle anzustreben, die Wasserabscheider durch zweckmäßig angeordnete Entwässerungsleitungen zu ersetzen, da sie eine Reihe von Nachteilen haben: sie erhöhen die Leitungsanwärmezeit und begünstigen das Schlagen der Leitungen infolge des größeren Rauminhaltes des ganzen Systems, verursachen dauernde Strömungs- und Wärmeverluste und bringen wegen ihrer ungünstigen Betriebsbeanspruchungen eine Unsicherheit in die ganze Anlage. Außerdem steigern sie die Anlage-, Isolierungs- und Instandhaltungskosten.

473   A r m a t u r e n. Die Anschlußmaße sind nach DIN 2502, 2503, 2504 zu wählen. Die Verwendung von Ventilen ist wegen des großen Druckverlustes nicht ratsam. Werden sie für kleinere Entwässerungen, Ausblaseleitungen usw. angewandt, so sind Voll-DIN-Ventile zu empfehlen, und zwar für hohe Drücke mit Körpern aus geschmiedetem Stahl.

Heißdampfschieber haben sich gut bewährt, weil sie den ganzen Rohrquerschnitt ohne Richtungsänderung freigeben und somit kaum Druckverluste verursachen. Es ist jedoch darauf zu achten, daß die Schieber im geöffneten Zustand den Rohrquerschnitt tatsächlich freigeben und alle Teile der Einwirkung des strömenden Dampfes entzogen werden.

474   Dichtungsflächen von Ventilen und Schiebern aus V2A-Stahl, V5M-Stahl, Reinnickel und Nickelbronze haben sich gut bewährt, desgleichen Schieber mit entlasteten Sitzflächen. Gute Erfahrungen wurden auch bei großen Schiebern in Dampfleitungen und auch bei Ventilen in Entwässerungsleitungen mit elastischen Sitzen gemacht, da diese eine große Lebensdauer haben. Entlüftung des Schiebergehäuses bei geschlossenem Schieber als „sichtbare Dichtheitskontrolle" ist sehr zweckmäßig.

Auf den Armaturflanschen sind Spiegel anzufräsen, um ein leichtes Anziehen der Muttern zu ermöglichen.

475 Um bei Dampfrohrbrüchen die Dampfzufuhr schnell unterbrechen zu können, werden in manchen Anlagen Rohrbruchventile eingebaut. Ihre Betätigung erfolgt durch Fallgewicht oder durch Federdruck in Verbindung mit Ausnutzung des Druckabfalles der Strömung. Zu beachten ist, daß besonders bei Rohrbrüchen große einseitige Drücke entstehen können. Man verlangt daher bei Bestellung derartiger Schnellschlußventile von den Lieferfirmen den rechnerischen Nachweis über die spezifische Flächenpressung und über die ausreichende Antriebskraft des Elektromotors bzw. Fallgewichtes. Gut durchgebildete, kräftige Drosselklappenkonstruktionen sind als Schnellschlußorgane den Rohrbruchventilen vorzuziehen. Elektrische Druckknopfschaltungen für die Betätigung von verschiedenen Stellen der Anlage aus empfehlen sich.

Bei der Wahl der Schieber ist auf kräftige Ausbildung der Innenteile zu achten, um Brüche zu vermeiden. Auf alle Fälle sollte dieses Schnellschlußorgan in regelmäßigen Zeitabständen einer Prüfung unterzogen und über das Ergebnis Buch geführt werden.

Vom Einbau selbsttätiger Rohrbruchventile muß man bei modernen Hochdruckanlagen meist Abstand nehmen, da sie hohen Druckverlust haben und bei Maximalleistung der Anlage oft unfreiwillig schließen, was größere Störungen zur Folge haben kann. Bei Speisewasserdruckleitungen können sie durch plötzliches Absperren leicht einen zweiten Bruch herbeiführen.

XXV. Meßinstrumente und Apparate für die Betriebsführung.

476 Zur Erzielung der größtmöglichen Betriebssicherheit von Dampfkesselanlagen und zur Erhöhung ihrer Leistung und

Wirtschaftlichkeit werden dem Kesselpersonal neben den behördlich vorgeschriebenen Betriebsinstrumenten verschiedene, zur technischen Untersuchung und Überwachung der Anlage erforderliche Meßinstrumente und Apparate zur Verfügung gestellt.

Im allgemeinen richtet sich ihre Zahl nach Größe und Bauart der Kesselanlage. Nachstehend werden die in obiger Hinsicht wichtigsten Geräte und ihre Handhabung besprochen.

Meßinstrumente.

477 R a u c h g a s p r ü f e r. Es sind verschiedene Bauarten, welche auf chemischer oder physikalischer, z. B. auf thermo-elektrischer Grundlage arbeiten, in Verwendung.

Die chemischen Apparate sind von guter Genauigkeit, haben jedoch eine gewisse Anzeigeverzögerung. Ihre täglich zu erfolgende Bedienung erfordert verhältnismäßig viel Zeit. Physikalische Apparate besitzen genügende Anzeigegenauigkeit und zeigen schneller an. Ihre ordnungsgemäße Instandhaltung erfordert weniger Zeit als bei chemischen Apparaten, doch empfiehlt es sich sehr, auch diese Apparate täglich kontrollieren zu lassen.

Bei den thermo-elektrischen Rauchgasprüfern, die auf dem Prinzip der Wärmeleitfähigkeit des zu untersuchenden Gases beruhen, macht sich insbesondere bei Braunkohlenfeuerung der Wasserstoffehler störend bemerkbar. Sie erhalten daher zur Ergänzung $CO + H_2$-Prüfer, die nach dem Prinzip der Nachverbrennung arbeiten. Diese elektrischen $CO + H_2$-Prüfer sind bislang noch von geringer Betriebssicherheit, insbesondere bei Braunkohlenfeuerung. Die Ursachen für das Versagen dieser Apparate sind noch nicht völlig geklärt.

Das Versagen der $CO + H_2$-Prüfer wird häufig lange Zeit nicht bemerkt in der Annahme, die Feuerführung sei in Ordnung. Es empfiehlt sich daher, das Ansprechen der Instrumente von Zeit zu Zeit zu prüfen, indem man brennbare Gase, z. B. Benzindampf, ansaugen läßt.

Für Steinkohlenfeuerung haben sich thermo-elektrische CO_2-Messer in Verbindung mit $CO + H_2$-Instrumenten besser eingeführt.

478 Benötigt man für die Beaufschlagung der CO_2-Instrumente große Rauchgasmengen, so empfiehlt sich Bleirohrausführung mit Verlegung in Peschelrohr.

Der eigentliche Messer wird zweckmäßig so eingebaut, daß die Saugleitung nach dem Gasentnahmeraum ansteigt und möglichst kurz ist. Auch sind Gassauger und Filter vorzusehen, die eine schnelle Heranführung der Gase an den Apparat und die Reinigung des Gases bewirken. Keramische Filter haben sich bewährt. Vorteilhaft ist die Anzeige durch Fernanzeigeinstrumente an der Arbeitsstelle des Heizers. Die Verkürzung der Anzeigeverzögerung erhält erhöhte Bedeutung bei der Kohlenstaubfeuerung, weil sich Veränderungen in der Kohlenstaubzufuhr und damit im CO_2-Gehalt der Abgase rascher vollziehen als bei der Rostfeuerung.

Bei Großkesseln, insbesondere Kohlenstaubkesseln, ist es zweckmäßig, die Rauchgasentnahme über die Kesselbreite auf mindestens zwei bis drei Stellen zu verteilen. Hierbei empfiehlt es sich, die Entnahmestellen entweder mit getrennten Instrumenten zu verbinden oder unter Zwischenschaltung von Umschalthähnen an ein gemeinsames Instrument zu führen, damit von jeder Entnahmestelle die volle Gasmenge zufließen kann. Eine gleichmäßige Ansaugung aus den einzelnen Entnahmestellen wird durch Drosselvorrichtungen und Kontrolle der Durchflußmengen mittels Differenzdruckmesser überprüft.

Bei der Wahl der Probenahmestelle ist mit großer Sorgfalt vorzugehen, da die Zusammensetzung der Rauchgase in den Randzonen meist eine wesentlich andere ist als im Kern des Rauchgasstromes. Hierbei ist auch auf etwaige Änderung der Rauchgaszusammensetzung bei wechselnder Kesselbelastung zu achten.

Bei allen Rauchgasprüfern ist es wichtig, auf Dichtheit der Ansaugeleitung zu achten. Dies ist um so leichter, je kürzer sie ist und je weniger Armaturen (Absperrhähne usw.) sie enthält.

479 D a m p f m e n g e n m e s s e r. Für die Messung mit Instrumenten, die mit Staurand, Düse oder Venturirohr arbeiten, gelten die „Regeln für Durchflußmessung" (VDI-Verlag).

Der Meßdruckgeber kann sowohl in die Sattdampfleitung des Kessels vor dem Überhitzer als auch in die Heißdampfleitung hinter dem Überhitzer eingebaut werden. Man achte darauf, daß sich vor dem Instrument eine gerade Rohrstrecke von mindestens 5 D-Länge und dahinter eine solche von mindestens 3 D-Länge anschließt, um die nötige Meßgenauigkeit zu erhalten. Eine absolute Genauigkeit des Dampfmengenmessers am Kessel ist allgemein nicht erforderlich, da die Anzeige des

Apparates dem Kesselwärter nur als Anhalt dafür dient, wie hoch sein Kessel belastet ist bzw. wie sich die Belastung ändert.

Wird der Heißdampf gemessen, so ist das angezeigte Gewicht nur bei einer bestimmten Heißdampftemperatur genau richtig. Bei Messung des Sattdampfes können Fehler durch eventuelles Spucken des Kessels entstehen. Man hat aber den Vorteil, das gelieferte Dampfgewicht unabhängig von eventuellen Schwankungen der Heißdampftemperatur ablesen zu können. Bei Messung in der Heißdampfleitung entspricht der Zeigerausschlag unabhängig von der Dampftemperatur ungefähr der Wärmeleistung des Kessels, was bei Feuerungsuntersuchungen vorteilhaft ist. (Da ein Spucken des Kessels nicht immer leicht erkannt werden kann, ist für exakte Messungen, z. B. Abnahmen, die Messung in der Heißdampfleitung mit genauer Messung von Druck und Temperatur anzuwenden.)

480 Bei Instrumenten, die auf dem Prinzip der Durchflußmessung beruhen, ist bei der Wahl der Stelle für die Druckentnahme und Verlegung der Leitung nach dem Anzeigegerät darauf zu achten, daß keine Luftblasen in die Leitung gelangen können, da sonst erhebliche Fehlanzeigen auftreten.

Bei besonders wichtigen Meßstellen ist zweckmäßig in den beiden Druckentnahmeleitungen von Anfang an eine Anschlußmöglichkeit für ein Differenzialmanometer vorzusehen, um auf diese Weise die richtige Arbeitsweise des Instruments jederzeit einwandfrei nachprüfen zu können.

481 Bei Rohrleitungen von 200 mm Durchmesser abwärts können auch Schwimmerdampfmesser verwendet werden. Sie haben den Vorteil gegenüber den Strömungsmessern, daß sie bei geringen Bruchteilen der vollen Durchflußmenge noch genau zeigen. Eine Umgehungsleitung ist vorzusehen, damit nicht bei Reparaturen des Messers die Dampfleitung abgestellt werden muß.

482 S p e i s e w a s s e r m e s s e r. Die Brauchbarkeit der zur dauernden Betriebskontrolle hierfür auf dem Markt befindlichen Instrumente richtet sich nach der Temperatur und Beschaffenheit des Speisewassers.

Grundsätzlich empfiehlt es sich, bei möglichst niedriger Temperatur zu messen. In neuzeitlichen Betrieben wird man trotzdem oft gezwungen sein, die Messung bei 100° C oder noch höherer Temperatur auszuführen.

Wasser, das Schlamm abscheidet, beeinträchtigt bei allen Meßverfahren die Genauigkeit und kann zu Schäden an den

Meßgeräten führen. Am unempfindlichsten in dieser Beziehung
ist die Messung mittels Meßrand oder Venturirohr (Durchflußmessung), doch müssen diese Meßdruckgeber von Zeit zu Zeit
von dem angesetzten Schlamm befreit werden. Gegen chemische Einflüsse normalen Speisewassers können heute wohl
alle Geräte unempfindlich ausgeführt werden.

Kolben-, Kammer- und Flügelradwassermesser zählen die
gesamte Durchflußmenge, aber zeigen den augenblicklichen
Wert nicht an. Dieser wird von den Durchflußmessern angegeben und meist auch aufgeschrieben. Die Gesamtmenge erhält man dann durch Planimetrieren der Meßstreifen. Es gibt
auch Durchflußmesser, welche selbsttätig planimetrieren.

483 Die Durchflußmesser haben den Vorteil, für kleine und
große Wassermengen und alle Temperaturen geeignet zu sein.
Sie erfordern bis auf die Bedienung und Auswertung der Meßstreifen keine besondere Wartung. Ein Nachteil der Durchflußmesser ist, daß sie bei stoßweiser Förderung, z. B. durch
Kolbenpumpen, oder ruckartig arbeitendem Speisewasser-
regler, keine genaue Messung liefern. Beim Einbau von
Durchflußmessern ist unbedingt auf genügende Anlaufstrecke
($> 5\,D$) und Auslaufstrecke ($> 3\,D$) zu achten.

Wenn diese Forderung schwer zu erfüllen ist, oder wenn
stoßweise Förderung vorliegt, und wenn die unmittelbare Angabe der Gesamtmenge bei der Aufstellung von Betriebs-
bilanzen dem Planimetrieren der Meßstreifen vorgezogen
wird, werden die zählenden Meßgeräte angewandt. Ihnen gemeinsam ist, daß sie vor Gebrauch geeicht werden müssen,
und daß sie im Lauf des Betriebes je nach Belastung und
Wasserbeschaffenheit früher oder später ungenau werden. Sie
müssen daher in regelmäßigen Zeitabständen überholt und neu
geeicht werden. Unter dieser Voraussetzung kann man mit
diesen Geräten Messungen von befriedigender Genauigkeit erhalten.

484 Während Kolben- und Kammerwassermesser vollkommen
unabhängig von der Rohrleitungsführung sind, ist der Flügelradwassermesser in höchstem Grade hiervon abhängig. Trotzdem stellt er bezüglich An- und Auslaufstrecke geringere Anforderungen als der Durchflußmesser, wenn man den Flügelradmesser mitsamt des vor und hinter ihm liegenden Rohr-
stückes einschließlich der Armaturen auf den Eichstand
nimmt. Andererseits erhält man auch nur auf diese Weise genaue Meßergebnisse, während auch bei Einhaltung der von den

Lieferanten angegebenen An- und Auslauflängen erhebliche Meßfehler auftreten können.

Kolbenwassermesser werden bei großen Wassermengen unhandlich.

Scheibenwassermesser eignen sich für mittlere Wassermengen (bis ca. 30 m³/h) und werden ungenau, wenn sie zu weit unter der Nennleistung beansprucht werden.

Flügelradwassermesser können für kleine und große Mengen (Größenordnung 200 m³/h) gebaut werden.

Scheibenwassermesser eignen sich für mittelhohe Temperaturen. Flügelradmesser müssen für heißes Wasser in Spezialausführung bestellt werden und sind dann bis etwa 120 ° C zu brauchen.

485 Die Leistung der Wassermesser wird entsprechend der normalen Dauerleistung des Kessels gewählt, da die Anzeigegenauigkeit, sowohl bei Überlastung als auch bei zu geringer Leistung zurückgeht. Wo zu Verrechnungszwecken eine höhere Genauigkeit erforderlich ist, wird bei in längeren Zeiträumen stark veränderlicher Belastung die Anordnung zweier Wassermesser mit verschiedener Leistung benutzt, welche parallel oder einzeln betrieben werden können.

Wassermesser, bei denen die jeweilige Leistungsmenge durch ein Zeigerinstrument sichtbar gemacht wird, haben große Verbreitung gefunden.

Beim Einbau aller Arten von Wassermessern empfiehlt es sich, für den Fall zeitweiligen Ausbaues der Apparate Umführungsleitungen vorzusehen.

486 Temperaturmesser. Die wichtigen Temperaturen, deren dauernde Anzeige während des Betriebes sich empfiehlt, sind: Heißdampftemperatur,
Speisewassertemperatur beim Eintritt in den
    Kessel und
    Economiser,
bei Lufterhitzung die Temperaturen der Primär- und
    der Sekundärluft.

Ferner werden die Temperaturen der Rauchgase an allen oder einigen der nachstehend angegebenen Stellen in vielen Betrieben dauernd angezeigt:
    vor und hinter Überhitzer,
    hinter Kessel,
    hinter Economiser,
    hinter Lufterhitzer.

Zum Messen der Temperaturen, mit Ausnahme derjenigen im Feuerraum, können folgende Arten von Meßgeräten verwendet werden:

Quecksilberthermometer,
Thermoelemente,
Widerstandsthermometer.

Bei den beiden elektrischen Meßarten ist Fernanzeige auf beliebige Entfernungen innerhalb des Betriebes möglich, bei den Quecksilberinstrumenten jedoch nur unter Einbuße der Genauigkeit.

487 Bei genauen Messungen mit Quecksilberthermometern muß die Temperatur des nicht in das zu messende Medium eingetauchten Teils des Quecksilberfadens berücksichtigt werden.

Die Widerstandsthermometer bedürfen einer besonderen Stromquelle, was bei den Thermoelementen nicht der Fall ist. Widerstandsthermometer haben den Vorteil deutlicher Anzeige, weil der Skalenbereich des Anzeigeinstruments beliebig gewählt werden kann, während bei Thermoelementen die Skala stets von Null ausgeht. Ein Nachteil der Thermoelemente ist der, daß sie nicht die Temperatur an sich, sondern den Temperaturunterschied zwischen warmer und kalter Lötstelle angeben. Es muß also die Temperatur der kalten Lötstelle bei der Messung berücksichtigt werden, was bei Dauermeßgeräten die Schwierigkeit hervorruft, die Temperatur der kalten Lötstelle konstant zu halten. Man hilft sich hier, so gut es geht, z. B. indem man die kalte Lötstelle in das Erdreich unter dem Kesselhaus verlegt. Thermoelemente mit langen Leitungen erfordern Kompensationsschaltung.

Widerstandsthermometer werden für Temperaturen bis 600 ° C gebaut, darüber hinaus muß man mit Thermoelementen messen. Spezial-Quecksilberpyrometer sind bis etwa 700 ° C verwendbar.

488 Bei Temperaturmessungen ist es wohl immer zu erreichen, daß die Temperatur des temperaturempfindlichen Teils des Gerätes mit der gewünschten Genauigkeit angezeigt wird. Die Schwierigkeiten beim Messen von Temperaturen sind aber folgende:

1. Zu erreichen, daß der temperaturempfindliche Teil die Temperatur des zu messenden Körpers oder Mediums annimmt[1]).

---

[1]) „Anleitung zu genauen technischen Temperaturmessungen" von K n o b l a u c h und H e n c k y. Verlag R. Oldenbourg.

2. Fast nie interessiert im Betrieb die Temperatur an einer bestimmten Stelle des Strömungsquerschnitts, sondern der Mittelwert für die durchströmende Menge.

Die erste Schwierigkeit herrscht vor bei Heißdampfleitungen. Gerade aber beim Heißdampf ist aus Gründen der Betriebssicherheit und auch der Wirtschaftlichkeit eine recht genaue Feststellung der Temperatur notwendig. Zwei Mittel können hier immer angewendet werden: erstens gute Isolierung der ganzen Rohrleitung in der Nähe der Meßstelle und sorgfältige Isolierung des Meßstutzenkopfes und der herausragenden Thermometerarmatur und zweitens richtiger Einbau des Meßstutzens. Richtig ist der Einbau gegen den Strom in einem Krümmer und quer zum Strom im geraden Rohr. Falsch ist der Einbau mit dem Strom oder gar in toten Räumen.

Der Meßstutzen und das zugehörige Thermometer sind möglichst lang zu wählen, beim Einbau quer zum Strom Eintauchtiefe über die Rohrmitte hinaus. Die Länge des Meßstutzens ist begrenzt dadurch, daß er keinesfalls durch den Dampfstrom in Vibrationen versetzt werden darf, da sonst sehr bald das Thermometer Schaden nimmt. Der Thermometerkörper soll den Meßstutzen so satt ausfüllen wie es noch mit Rücksicht auf bequemes Ein- und Ausbauen möglich ist. Was sonst noch durch konstruktive Maßnahmen am Meßstutzen zur Vergrößerung der Meßgenauigkeit geschehen könnte, wird an Dauermeßstellen besser unterlassen, da sonst die Betriebssicherheit beeinträchtigt wird.

Da die Heißdampftemperatur immer genau bekannt sein muß, empfiehlt es sich, einen zweiten Meßstutzen für Kontrollmessungen vorzusehen. Im übrigen sollte aber für Druck- und Temperaturmessungen an Dampf- und Speisewasserleitungen der Grundsatz gelten: nur die wirklich notwendigen Meßstellen und sonst keine, denn der Erfolg solcher Messungen ist für lange Zeit aufgehoben, wenn ein blasender Meßstutzen zu Außerbetriebsetzungen zwingt.

489   Bei der Messung von Rauchgastemperaturen ist es bei normalen Instrumenten fast nie zu erreichen, daß diese tatsächlich die Temperatur der Rauchgase annehmen, da sie meist durch Strahlung Wärme an die kältere Kesselheizfläche oder an das Mauerwerk abgeben. Die hierdurch entstehenden Meßfehler sind je nach den Einbauverhältnissen sehr verschieden und können hinter dem Vorwärmer bis 20° C und hinter dem

Kessel bis 50 ° C betragen. Sie werden in der Regel um so größer, je höher die zu messende Temperatur ist. Absaugepyrometer vermeiden diesen Fehler; sie sind aber für Dauermessungen zu umständlich.

490   Aber selbst wenn man diesen „Strahlungsfehler" vermeidet, so bleibt die weiter oben an zweiter Stelle genannte Schwierigkeit bestehen; man würde jetzt zwar die Rauchgastemperatur an der Stelle, wo das Thermometer sitzt, genau messen, hat aber keinen Anhalt dafür, wie weit diese Temperatur mit der mittleren Temperatur der durchgehenden Rauchgasmenge übereinstimmt. Wollte man das wissen, so müßte man nicht nur die Temperatur, sondern auch die Geschwindigkeit der Gase an vielen Stellen des Strömungsquerschnittes messen. Das entsprechende gilt übrigens auch für Rauchgasanalysen.

Man ist aber im Betrieb meistens nicht darauf angewiesen, die Rauchgastemperaturen besonders genau zu kennen. Es empfiehlt sich jedoch, bei Schlüssen, die man aus den Messungen zieht, das oben Gesagte zu berücksichtigen.

Bei der Messung der Rauchgastemperaturen interessiert meistens weniger deren genaue Höhe als vielmehr ihre Veränderungen mit den Betriebsverhältnissen. Man begnügt sich daher mit der Anordnung von einer oder einigen Meßstellen in einem Querschnitt und verzichtet auf die Ermittlung der Geschwindigkeitsverteilung. Grobe Fehler muß man natürlich vermeiden, also vor allem dafür sorgen, daß die Thermometer gut von der Strömung getroffen werden und nicht in toten Ecken sitzen. Die Einführungsöffnungen der Thermometer sind gut zu dichten, damit nicht durch einströmende kalte Luft eine weitere Abkühlung des Thermometers entsteht.

491   Bei der Messung mit den üblichen Rauchgas-Quecksilberthermometern ist außer dem bisher Gesagten zu bemerken, daß diese unter Umständen auch zu hoch zeigen können. Diese Instrumente werden meist mit nur geringer Eintauchtiefe geeicht. Ist nun die Wand, durch die das Instrument eingeführt wird, dünn, die Eintauchtiefe groß und der Strahlungsfehler zufällig klein, so entsteht ein positiver Anzeigefehler (Umgekehrte Fadenkorrektur). Bei der Beurteilung solcher Messungen ist also Vorsicht geboten.

Größere Anforderungen an die Genauigkeit als bei der Rauchgasmessung müssen bei der Messung von Heißlufttemperaturen erfüllt werden. Die Verteilung der Temperatur über den Querschnitt ist hier meistens gleichmäßiger, so daß sie für Betriebsmessungen — nicht für Abnahmemessungen — vernachlässigt werden kann. Den Strahlungsfehler verkleinert man durch die gleichen Maßnahmen, die bei der Messung der Heißdampftemperatur beschrieben worden sind. Bei Abnahmemessungen sind Absaugethermometer zu verwenden.

492 Besonders bei Kohlenstaubfeuerungen besteht das Bedürfnis, die Feuerraumtemperaturen zu messen. Für solche Messungen stehen eine Reihe brauchbarer Instrumente zur Verfügung. Von diesen geben die Gesamtstrahlungsmesser eine objektive Anzeige, während die Beobachtungen mittels optischer Pyrometer subjektiv sind. Die Genauigkeit der Messungen mit beiden Arten von Instrumenten darf man nicht überschätzen. Visiert man eine Öffnung des Feuerraums an, so erhält man die „schwarze" Strahlung der Feuerraumwände, wodurch man entsprechend der Eichung des Pyrometers die Temperatur dieser Wände erhalten würde, wenn nicht dazu noch die Flammen- und Gasstrahlung der Feuergase käme, deren „Schwärzegrad" im Betrieb sehr verschieden, überhaupt unbekannt und im Instrument nicht eingeeicht ist. Man erhält also eine Anzeige, die niedriger als die Feuergastemperatur und höher als eine „mittlere" Temperatur der den Feuerraum umgebenden Wände ist. Ob die Messung näher der Feuergas- oder der Wändetemperatur liegt, ist von Fall zu Fall sehr verschieden und hängt davon ab, wie sehr die Feuergase selbst strahlen und wie die Wände angeordnet und gekühlt sind. Zu diesen gehören natürlich oft auch Teile der Rost- und Kesselheizfläche. Verbessern kann man die Meßgenauigkeit, wenn man einen Körper in den Feuerraum einhängt, der die Temperatur der Feuergase annimmt, und diesen anvisiert. Durch Absaugen und Anbringen eines Strahlungsschutzes gegen besonders kalte Wände muß man versuchen, diesen Meßkörper möglichst auf die Gastemperatur zu bringen, was nicht leicht ist. Die Entfernung zwischen Meßkörper und Pyrometer soll möglichst klein sein.

Wegen dieser Schwierigkeiten, an verschiedenen Meßstellen wenigstens untereinander vergleichbare, das heißt den gleichen Fehler enthaltende Werte zu erhalten, sagen solche Messungen dem geübten Beobachter meist nicht mehr, als er schon durch den subjektiven Eindruck von Farbe und Helligkeit der Flamme erfährt. In denjenigen Fällen, wo es erwünscht ist, diesen subjektiven Eindruck durch objektive Messungen zu

bestätigen, sind die angedeuteten Eigenarten des Strahlungs-
meßverfahrens zu berücksichtigen[1]).

493   Z u g m e s s e r. Die einfachsten und zuverlässigsten Zugmesser sind wassergefüllte U-Rohre oder für genauere Ab-
lesungsmöglichkeit schräg geneigte Glasröhren. Das Wasser
wird der Deutlichkeit halber leicht gefärbt, z. B. mit Methylorange. Für Dauermessungen nimmt man statt Wasser, das
zu schnell verdunstet, besser eine schwer verdunstende Flüssigkeit ungefähr gleichen spezifischen Gewichts. Infolge der
Flüssigkeitsfüllung bedürfen diese Zugmesser täglicher Wartung und Nachprüfung. Weniger Wartung benötigen Membraninstrumente mit Zeiger und Skala.

Die Schwierigkeiten liegen ähnlich wie bei der Temperaturmessung auch bei der Zugmessung nicht in den benutzten Instrumenten selber, sondern in deren Einbau und Anordnung,
sind aber, bezogen auf die gewünschte Meßgenauigkeit, leichter
zu überwinden als bei der Temperaturmessung.

494   Das zur Druckentnahme eingeführte Rohr empfängt wie ein
Staurohr vom Gasstrom einen dynamischen Druck, der po-
sitiv oder negativ, groß oder klein ist, je nach dem Winkel
des Entnahmerohrs gegen die Strömungsrichtung. Nicht nur
durch die mittlere Strömungsgeschwindigkeit, sondern auch
durch die turbulenten Teilgeschwindigkeiten wird ein dynamischer Druck erzeugt, der infolgedessen unregelmäßige Schwankungen aufweist. Diesen pulsierenden Einfluß kann man fast
vollständig und den gesamten Staudruck zum größten Teil
ausschalten, wenn man die Mündung des Entnahmerohrs mit
einem frei pendelnden Stück leichten Gummischlauches versieht, das den turbulenten Stößen ausweicht. Die Wassersäule im Anzeigegerät steht dann ruhig. Bei hohen Temperaturen ist dieses Mittel mit Rücksicht auf den Gummi nicht
anwendbar. Man muß sich dann helfen, indem man die Zuleitung zum Instrument drosselt, wodurch aber nur der pulsie-
rende Anteil des Staudruckes ausgeschaltet wird. Eine weitere
Einschränkung dieses Fehlers ist möglich, wenn man an Stellen möglichst geringer Strömungsgeschwindigkeiten, gegebenenfalls auch neben dem Strom in toten Räumen die Öffnung
des Druckentnahmerohres anordnet, also gerade die umgekehrte Forderung wie bei der Temperaturmessung erfüllt. Die
Meßöffnung soll sauber und gut entgratet sein.

---

[1]) K n o b l a u c h u. H e n c k y a. a. O. u. Mitt. d. Wärmestelle
Düsseldorf, Verein deutsch. Eisenhüttenleute Nr. 77 (1925).

Die Rücksicht auf die erwähnten dynamischen Einflüsse ist nur nötig bei besonders genauen Messungen und bei solchen, die der Feststellung kleiner Meßgrößen dienen, also manchmal bei Differenzzugmessungen. Als Maßstab diene, daß der dynamische Druck, wenn er voll mitgemessen wird, wenn also die Mündung des Druckentnahmerohrs genau dem Strom entgegensteht, bei den üblichen Geschwindigkeiten und Temperaturen die Größenordnung um 4 mm WS erreichen kann. Um diesen Betrag würde die Unterdruckmessung in diesem Falle zu klein erscheinen.

495 Ein weiterer dynamischer Einfluß ist von der Anordnung des Meßrohres unabhängig, aber nicht von der Wahl der Meßstelle, da er sich um so mehr bemerkbar macht, je höher die Geschwindigkeit ist. Ein Kessel ist z. B. durch Schließen der Zugklappen für etwa eine Viertelstunde in seiner Leistung auf Null gehalten worden. Die Zugklappen werden nun geöffnet und man stellt den Zug hinter dem Ekonomiser z. B. auf 40 mm WS ein. Nach einigen Minuten ist der Kessel auf volle Dampfleistung gekommen, und man hat nun am gleichen Instrument, obwohl die Stellung der Rauchklappen unverändert geblieben ist, eine Zuganzeige von 44 mm WS.

Während der im vorhergehenden Abschnitt besprochene dynamische Einfluß als Stau oder Sog an der Meßrohrmündung einen Meßfehler herbeiführt, handelt es sich hier nicht um einen Fehler; der statische Unterdruck hat sich tatsächlich mit der Geschwindigkeit geändert. Es ist das der gleiche Zusammenhang, der bei Staurändern und Düsen zum Messen der durchströmenden Menge benutzt wird. Eine Voraussetzung dafür, daß sich deshalb die Erscheinung dieses Beispiels einstellen kann, wird weiter unten erwähnt.

496 Noch mehr als den Einbauverhältnissen muß den Zuleitungen selbst Aufmerksamkeit geschenkt werden. Die Zuleitungen müssen möglichst dicht sein. Leitungsverzweigungen und Umschaltmöglichkeiten erschweren die Erfüllung dieser Forderung und die Kontrolle. Es ist daher meist besser, statt dessen mehrere Instrumente mit getrennten Leitungen anzuordnen. Die Leitungen verstopfen sich manchmal mit Flugasche und Wasser. Sie sind daraufhin in regelmäßigen Zeitabständen zu kontrollieren und durchzublasen. Zu enge oder verstopfte Leitungen vergrößern den schädlichen Einfluß vielleicht vorhandener kleiner Undichtheiten. Wegen der Schwitzwasserbildung führt man die Leitungen stets mit etwas Neigung aus.

Manchmal gerät unbemerkt aus den Meßrohren Flüssigkeit in die Schlauchleitungen, wodurch die Messung vollkommen falsch wird.

Wenn durch die Zuleitungen von der Meßstelle zum Zugmesser außer einer wagerechten auch eine nennenswerte senkrechte Entfernung überwunden wird, so ist der Einfluß zu beachten, den der Unterschied zwischen den spezifischen Gewichten des Gases im Kesselzug und in der Meßleitung ausübt. Am besten überzeugt man sich praktisch von der Größe dieses Einflusses, indem man die Anzeige eines unmittelbar an der Meßstelle befindlichen Zugmessers mit dem für die dauernde Beobachtung angebrachten vergleicht. Dieser Vergleich muß bei verschiedenen Kesselbelastungen durchgeführt werden. Die Korrektur ändert sich mit der Rauchgastemperatur, in geringem Grade auch mit der Kesselhaustemperatur. Liegt der Zugmesser tiefer als die Meßstelle, so ist der angezeigte Unterdruck zu klein, und umgekehrt. Bei Messungen mit dem Differenzzugmesser, welcher den Zugunterschied an zwei übereinanderliegenden Meßstellen ermitteln soll, wird die Messung zu klein, wenn der Rauchgasstrom von unten nach oben geht, und umgekehrt, wobei die Höhenlage des Zugmessers gleichgültig ist; er kann über, zwischen und unter beiden Meßstellen liegen. Die Korrektur ist dem absoluten Betrag nach genau so groß wie bei einer einfachen Zugmessung, wenn der Zugmesser in der Höhe einer der beiden Meßstellen liegt. Die zu addierende oder zu subtrahierende Korrektur in mm WS ist gleich dem Produkt aus der senkrechten Höhendifferenz in m mal der Differenz aus dem spezifischen Gewicht der Luft in der Meßleitung minus dem spezifischen Gewicht der Rauchgase, gemessen in kg/m³. Die spezifischen Gewichte sind Funktionen der Temperatur. Die Korrektur kann also rechnerisch ermittelt werden, wenn die mittlere Rauchgastemperatur längs der Höhendifferenz bekannt ist.

497   Oft will man aber nicht den Unterschied zwischen den Unterdrücken zweier Meßstellen wissen, sondern den Zugverbrauch (Strömungswiderstand) der dazwischenliegenden Heizfläche. Ist die Zugführung aufwärts- oder abwärts gerichtet, was häufig der Fall ist, dann sind beide Größen nicht mehr identisch. Bei Aufwärtsstrom ist zu der gemessenen Zugdifferenz noch das Produkt hinzuzuzählen aus Höhe mal Differenz vom spezifischen Gewicht der Außenluft minus desjenigen der Rauchgase, bei Abwärtsstrom umgekehrt. Ist die Rauchgasführung sowohl aufwärts- wie auch abwärts gerichtet, z. B. bei einem Zweizugkessel, so sind beide Korrekturen anzubringen, was bei gleicher Höhe des steigenden und fallenden Zuges darauf hinausläuft, daß das Produkt hinzuzuzählen ist aus der Höhe mal Differenz vom spezifischen Gewicht im Abstrom minus spezifisches Gewicht im Aufstrom. Der Strömungswiderstand des Kessels ist also größer als die Differenz zwischen dem hinter und vor dem Kessel gemessenen Zug, und zwar deshalb, weil der Kessel einen Teil des nötigen Zuges infolge des Temperaturunterschiedes im ersten und zweiten Zug selbst erzeugt. Dieser Umstand ist z. B. auch eine Voraussetzung dafür, daß der dynamische Einfluß auf die Zuganzeige, der einige Abschnitte weiter oben durch ein Beispiel beschrieben wurde, sich in der dort geschilderten Weise zeigen kann. Bei modernen hochgebauten Kesseln können Beträge von der Größenordnung um 5 mm WS zu berücksichtigen sein. Leider wird es oft immer noch bei Abgaben von Garantien auf Zugverbrauch unterlassen, eindeutige Angaben darüber zu machen, welche von den hier besprochenen durch Messung zu bestimmenden Größen eigentlich gemeint ist.

498   In den zuletzt behandelten Fällen will man die Zugmessungen an zwei Meßstellen vergleichen, bzw. ihren Unterschied wissen, z. B. vor und hinter dem Kessel. Anstatt die Zugmesser an diesen beiden Stellen zu vergleichen, verbindet man das freie Ende des ersten Zugmessers mit der zweiten Meßstelle; der Zugmesser wird zum Differenzzugmesser. Seine Anzeige ist so groß wie der Unterschied der Anzeigen von zwei selbständigen Zugmessern an den beiden Meßstellen. In dem genannten Beispiel würde der Differenzzugmesser den Zugverbrauch des Kessels ohne Feuerung messen. Mißt man in dieser Weise auch noch den Zugverbrauch des Rostes und des Economisers und zählt die erhaltenen Meßergebnisse zusammen, so erhält man den Zugverbrauch des ganzen Dampferzeugers. Die so erhaltene Zahl muß gerade so groß sein, wie die Anzeige eines Zugmessers hinter dem Economiser. Auf diese Weise kann man die Richtigkeit der Messung nachprüfen, wobei die oben besprochenen Korrekturen für Höhenunterschiede zwischen Meßstelle und Zugmesser und für steigenden und fallenden Zug sinngemäß zu berücksichtigen sind.

499   Der Zugverbrauch der Heizflächen (Kessel, Economiser, Überhitzer, Lufterhitzer) hängt außer von der Bauart von mehreren Betriebsumständen ab, und zwar:

1. von der Verschmutzung der Heizflächen durch Flugasche und Ansinterungen, die sich mit der Betriebszeit vergrößert,

2. von der Belastung des Dampferzeugers,

3. vom Luftüberschuß der Rauchgase,

4. von der Temperatur der Rauchgase,

wobei die drei zuletzt genannten Größen sich meistens gegenseitig beeinflussen. Bei Rostfeuerungen hängt der Zugverbrauch außer von der Bauart und dem Rostbelag ab,

1. von der Belastung,

2. von der Verschlackung,

3. von der Schütthöhe, Verteilung und Körnung des Brennstoffes,

4. von der Lufttemperatur.

Aus dem Gesagten geht hervor, daß die Zugmessung zur Untersuchung dieser Betriebsverhältnisse ein sehr wichtiges Hilfsmittel ist. Andererseits erfordert die richtige Beurteilung von Zugmessungen wegen der vielen in Betracht zu ziehenden Umstände Sachkenntnis und Erfahrung.

Wegen dieser nicht einfachen Zusammenhänge haben die Versuche, Differenzzugmessungen unmittelbar zur Anzeige der Rauchgasmenge oder der Luftmenge zu benutzen, nicht zum Erfolg geführt. Die Luftmenge kann man vor einem etwa vorhandenen Unterwindventilator durch besondere Meßeinrichtungen feststellen. Oft gelangt nicht die gesamte vom Ventilator angesaugte Luft in die Feuerung, während in diese noch Sekundärluft gesaugt wird. Bei Saugzuganlagen kann man durch besondere Einrichtungen die Rauchgasmenge messen, wobei ähnlich wie bei Heißdampfmessungen die Temperatur zu berücksichtigen ist. Ist Falschluft vorhanden, so ergibt die Messung nicht die durch den Kessel oder die Feuerung gegangene Menge; im Zusammenhang mit Rauchgasanalysen können aber diese Größen gefunden werden.

500 Schreibende oder zählende Meßeinrichtungen. Es gibt heute für alle Messungen schreibende und, soweit es sich um Mengenmessungen handelt, auch zählende Instrumente, die nach Bedarf in beliebig großer Entfernung von der Meßstelle angebracht werden können. Zur Mengenmessung kann man auch die Meßstreifen eines schreibenden Instruments durch Planimetrieren auswerten. Nicht alle Meßstreifen sind planimetrierbar, besonders nicht bei Instrumenten älterer Bauart. Dann kann man sich durch rechnerische Auswertung helfen.

Alle derartigen Meßgeräte bedürfen besonders sorgfältiger Wartung.

Zählende Instrumente wird man vor allem für solche Messungen gern verwenden, die für die Aufstellung der Betriebsabrechnungen wichtig sind.

Schreibende Instrumente sollen den zeitlichen Verlauf der Meßgröße festhalten. Das kann dann erwünscht sein, wenn die dauernde Beobachtung eines Anzeigeinstruments durch einen Beobachter zu teuer oder wegen zu schneller Änderung der Meßgröße nicht mehr möglich ist. Im letzten Fall muß das Instrument natürlich in der Lage sein, diese schnellen Änderungen zu erfassen. Ferner will man mit diesen Instrumenten mit Fernübertragung das Bedienungspersonal überwachen, läßt also solche Größen selbsttätig aufschreiben, die von der Art der Bedienung abhängig sind. Wünscht man nur, daß das Personal bestimmten Messungen besondere Aufmerksamkeit zuwendet, so ist es oft empfehlenswerter, die Ablesung eines Anzeigeinstruments in regelmäßigen Zeitabschnitten in ein vorbereitetes Formblatt graphisch eintragen zu lassen. Oft sind Garantiebedingungen und Bedienungsvorschriften zu beachten. Der Beleg hierfür wird durch objektive Meßstreifen leichter zu erbringen sein als durch die möglicherweise subjektiv beeinflußten Protokolle des Bedienungspersonals. Überhaupt wird man bei Neuanlagen mehr schreibende Meßgeräte verwenden als später im eingefahrenen Betrieb, wenn der Verlauf der Vorgänge bekannt ist.

501   Schreibende Meßgeräte empfehlen sich besonders für folgende Messungen:

Heißdampftemperatur. Werden hierzu Fallbügelinstrumente verwendet, so ist auf kurzes Registrierintervall zu achten (Wasserschläge).

Schornsteintemperatur, insbesondere während der ersten Inbetriebsetzung.

Kohlensäure- und Kohlenoxydgehalt der Rauchgase, wenn sehr großer Wert auf Kohleersparnis gelegt wird.

Heißlufttemperatur, wenn unzulässig hohe Temperaturen vermieden werden müssen.

Im übrigen werden noch für sehr viele Zwecke je nach Lage der Dinge schreibende Instrumente verwendet, wobei es sich in der überwiegenden Zahl der Fälle um zeitlich stark veränderliche Meßgrößen handelt. Zum Beispiel führen sich in jüngster Zeit schreibende Leitfähigkeitsmesser für kondensierten Sattdampf ein, um die Kessel auf Spucken zu überwachen, weil es sich gezeigt hat, daß man in diesem Fall nur durch ein schreibendes Gerät ein vollständiges Bild erhalten kann.

Registrier- und Zählwerke bedingen naturgemäß die Möglichkeit weiterer Fehlerquellen, was man bei der Beurteilung aller solcher Messungen im Auge behalten soll.

Bei der Verwendung von Instrumenten, welche die Anzeige mehrerer Meßstellen auf einen Streifen schreiben (Mehrkurvenschreiber, Mehrfarbenschreiber), muß man eine zweckmäßige Auswahl der Meßstellen treffen, damit nicht durch Überlagerung der Kurven die Übersichtlichkeit verloren geht.

502 M a n o m e t e r. Röhrenfederinstrumente sind zuverlässiger als Membraninstrumente, die man bei kleinen Drücken anwendet.

Manometer zeigen starke Abnutzung des Meßwerks im meist benutzten Bereich. Sonderausführung für Meßstellen, wo Erschütterungen herrschen, sind erhältlich. Infolge der Ermüdung der Feder zeigen Manometer einige Zeit nach der Eichung zu viel an. Nacheichung ist in regelmäßigen Zeitabständen notwendig. Leitungen, Hähne und Armaturen müssen dicht sein, sonst ist die Anzeige falsch.

Die Instrumente nehmen Schaden durch zu starke ausstrahlende Wärme vom Kessel und durch unvorsichtiges Ausblasen. Man soll daher die Manometerleitung stets mit einem besonderen Absperrhahn versehen, das Manometer an einer vor zu starker Erwärmung geschützten Stelle anbringen, die Manometerleitung nicht zu lange ausblasen, den Hahn beim Wiederanstellen langsam und vorsichtig öffnen und einen reichlich großen Wassersack an der Manometerleitung vorsehen. Bei heißem Wasser ist eine Wasservorlage wie bei Dampf anzuordnen.

Befindet sich das Manometer unterhalb der Druckentnahmestelle, so ist die senkrechte Wassersäule von der Entnahmestelle bis zum Manometer von dem angezeigten Druck abzuziehen. Bei Manometern auf Wasserleitungen kann auch der entsprechende umgekehrte Fall vorkommen.

Messungen in der Nähe von Armaturen und Krümmern können vom Strömungswiderstand beeinflußt werden.

An Kesseln, Dampf- und Speiseleitungen soll man zur Vermeidung von Betriebsstörungen nicht mehr Manometer als unbedingt nötig, anbringen.

Apparate für die Betriebsführung.

503 Wasserstandsanzeiger. Die Sicherheit des Kesselbetriebes erfordert absolut einwandfrei arbeitende Wasserstandsanzeiger, die folgenden Ansprüchen genügen müssen:

a) kräftige, dem Betriebsdruck entsprechende Glashalter, kräftige Gehäuse, Hähne, Kegel und Ventile;

bei besonders eingesetzten Glashaltern ist Stopfbuchsendichtung günstiger als Konusdichtung;

b) vollkommen ebene und saubere Auflageflächen der Gläser und der Wasserstandskörper, damit kein Verspannen eintritt; Sonderbauarten von Anpreßrahmen, die keine Spannungen ins Glas bringen, sind vorteilhaft.

c) Auswechselbarkeit der Gläser während des Betriebes durch Anordnung besonderer Absperrvorrichtungen, die gut dicht halten und leicht beweglich sein müssen. Aus diesem Grunde werden mit Vorteil Spindeln und Sitze von Hähnen und Ventilen aus nicht rostendem Werkstoff hergestellt.

d) Einbau von Absperrventilen oder -schiebern ist besonders empfehlenswert bei hohen Dampfdrücken, um den Wasserstandskörper ganz abschalten zu können;

e) Verwendung von zinkfreien Bronzen oder Stahl für die Armaturenteile. Zinkhaltige Legierungen sind, da sie von Alkali im Kesselwasser aufgelöst werden, gänzlich ungeeignet.

f) Möglichst kurze Verbindungsleitung vom Wasserstand zum Kessel. Mit Erfolg werden Vorbehälter eingeschaltet, die die Anordnung eines großen Ausblaseorganes und damit hohe Ausblasegeschwindigkeiten ermöglichen. Bei längeren Leitungen, insbesondere bei den weiten Rohren an Flammrohrkesseln, sollten besonders weite Durchblasehähne an den Verbindungsrohren angeordnet werden, da die Ausblasehähne am Wasserstandsglas die Schlammablagerungen in solchen Rohren nicht vermeiden.

g) Bei hohen Kesseln Schrägstellung des Wasserstandes und gute Beleuchtung. Sehr vorteilhaft sind durchleuchtete Wasserstände. Bewährt haben sich auch heruntergezogene Wasserstände, von denen bereits einige Bauarten als zweite Wasserstandsvorrichtung amtlich zugelassen sind. Die mit dem Hauptwasserstand übereinstimmende Anzeige ist jedoch zu überwachen.

Da es wichtig ist, dem Heizer an seinem Standort den Wasserstand bequem sichtbar zu machen, wird gern von zusätzlichen Wasserstandsfernanzeigern Gebrauch gemacht.

Zur Sichtbarmachung des Wasserspiegels werden Reflexionsgläser verwendet, bei denen Dampf und Wasser sich verschiedenfarbig abheben.

504 Als Gläser haben sich Maxos und für hohe Temperaturen Supremax-Gläser bewährt. Alle Gläser müssen sorgfältig auftuschiert werden, um Spannungen zu vermeiden. Undichte Gläser kann man oft durch Nachschleifen wieder brauchbar machen. Preßhartglas hat nur kurze Lebensdauer.

Hohe Alkalität des Kesselwassers bei hoher Temperatur greift die Gläser an und macht sie undurchsichtig. Wasserstandskörper mit doppelseitigen Gläsern, die man von rückwärts beleuchtet, sind vielfach im Gebrauch. Auch trübe Gläser kann man darin noch im Betrieb belassen. Man pflegt gelegentlich Glimmerscheiben auf die Wasserseite des Glases zu legen. Diese werden zwar vom Wasser bald aufgelöst, vermindern aber die Gefahr der plötzlichen Erwärmung beim ersten Anstellen.

Supremaxgläser haben bei höheren Drücken eine größere Lebensdauer, sind aber erheblich teurer als Maxosgläser. Beim Platzen ergeben Supremaxgläser keine Splitter. Bei Betriebsdrücken von 35—100 atü erreicht man mit besten Gläsern und sorgfältigster Behandlung eine mittlere Lebensdauer von 800 bis 500 Stunden.

505 Sicherheitsventile. Die oft beobachtete lästige Undichtheit der Sicherheitsventile hat ihre Ursache meist in mangelhafter Ausführung von Sitz und Kegel und in einer zu geringen Differenz zwischen Betriebs- und Konzessionsdruck, die etwa 5 % vom Konzessionsdruck betragen sollte.

Sicherheitsventile sollen in Präzisionsarbeit ausgeführt werden, in allen Teilen sauber bearbeitet, in Schneiden gelagert sein, kräftige, breite Hebel, nicht zu breite Sitzflächen der Ventilkegel, senkrechte auf den Ventilkegel drückende Druckstifte, sowie dem Betriebsdruck angepaßtes Material für Sitz und Kegel aufweisen. Empfehlenswert ist es, Sitz und Kegel aus V2A-Stahl herzustellen.

Bei etwaigen Undichtheiten dreht man den Ventilkegel auf dem Ventilsitz; entsprechende Bedienungsöffnungen sind in den Hauben vorzusehen. Verschwindet die Undichtheit nicht, so deutet das darauf hin, daß entweder bereits eine Riefe in den Dichtungsflächen vorhanden ist oder aber der Druckstift nicht senkrecht auf den Ventilkegel drückt. Die gleichen Schwierigkeiten können bei federbelasteten Sicherheitsventilen auftreten, wenn die Feder nicht auf dem ganzen Umfang aufliegt.

Zur Schonung des Hauptsicherheitsventils wird zuweilen ein kleineres Vorventil angeordnet, das vor Erreichen des höchsten Betriebsdruckes abbläst.

506 Speiseregler. Es werden periodisch speisende Regler für Großwasserraumkessel mit Speicherraum, dagegen gleichmäßig speisende für Hochleistungskessel angewendet. Mit Verzögerung speisende Regler, die bei hoher Leistung einen niedrigen Wasserstand im Kessel einhalten, und solche, die bei steigendem Kesseldruck und steigender Dampfentnahme verstärkt speisen, sind ebenfalls eingeführt. Für Hochleistungskessel mit hohem Druck und kleinen Trommeln sind sie unnötig. Hier muß der Regler sehr schnell folgen können. Für große Leistungen wird ein doppelsitziges Speiseventil mit möglichst geringer Kegeldurchmesserdifferenz oder ein Kolbenschieber mit geeigneter Ausbildung der Durchgangsschlitze empfohlen.

Auf möglichst hohe Verstellkraft des Speisewasserreglers ist Wert zu legen, um eine Beeinflussung der Speisewassermenge durch schwankenden Druck in der Speiseleitung zu verhüten. Bei kleiner Verstellkraft ist ein Differenzdruckregler an der Speisepumpe notwendig, um den Druckunterschied zwischen Dampf und Speisewasser klein zu halten. Steuert ein gemeinsamer Differenzdruck-Regler mehrere Kessel, so kann bei Störungen an diesem Gefahr entstehen. Neuerdings werden auch zur Betätigung der Reglerventile wie bei Maschinenreglern Hilfskraftkolben verwendet, mit denen sich beliebig hohe Verstellkräfte erzielen lassen.

Regler, bei denen sämtliche Armaturteile außerhalb des Kessels liegen, haben den Vorteil der guten Überwachung, der Instandsetzungsmöglichkeit während des Betriebes und des Fehlens von Durchführungen durch die Trommeln, die zu Undichtheiten neigen. Dagegen ist das je nach der Speisewasserbeschaffenheit mehr oder weniger häufig notwendige Durchblasen des Reglerorgans zur Beseitigung von Ablagerungen von Nachteil. Der Regler arbeitet während dieses Durchblasens und einige Zeit danach sehr mangelhaft. Insbesondere gilt dies für Thermostatregler. Solche Regler müssen auch gegen kalte Zugluft geschützt sein.

Bei Schwimmerreglern ist der Platzbedarf in der Speisetrommel, insbesondere bei Trommeln kleineren Durchmessers, zu berücksichtigen. Die Einbauten der Regler in der Trommel müssen gegen die Wallungen des Kesselwassers geschützt

sein. Zuweilen ordnet man die Schwimmer (Verdrängungs-
körper) in besonderen, außerhalb der Trommel liegenden Behältern an.

Bei Steilrohrkesseln mit zwei oder drei Obertrommeln hat
sich der Einbau des Reglers in die hintere Trommel bei stark
schwankender Last als günstiger erwiesen, weil hierbei bei
plötzlichem Absinken der Last im allgemeinen kein Nachspeisen in solcher Höhe erfolgt, daß beim Wiederanstieg der
Last der Wasserstand zu hoch wird. Auf jeden Fall ist die
Einbauart festzulegen. Es empfiehlt sich, den Speiseregler und
den Hauptbetriebswasserstandsanzeiger an die gleiche Obertrommel zu legen.

Um die Zahl der Anschlüsse an die Trommeln gering zu
halten, kann man Regler, Wasserstandsglas und sonstige Teile
an einen gemeinsamen Vorbehälter anschließen. Dieser erhält
kräftige doppelte Absperrorgane zur Trommel und eine genügend weite Abblaseleitung. Regler müssen im Betrieb ab-
schaltbar und instandzusetzen sein.

Die Kegel der Reglerventile sind sehr sorgfältig gegen
Lösen von der Spindel zu sichern, weil der Angriff der Wasser-
strömung in diesen Ventilen wegen der hohen Geschwindigkeit besonders kräftig ist. Bei völligem Stillstand der Kessel
sollen die Regler völlig abschließen.

Um gegen Versagen der Regler sowohl durch völliges
Schließen, als auch durch völliges Öffnen gesichert zu sein,
kann man zwei parallel geschaltete Regler, die je für die halbe
Leistung bemessen sind, oder auch zwei hintereinandergeschal-
tete Regler mit versetztem Arbeitsbereich anwenden.

Übertragungsorgane und Zugbänder müssen geschützt
liegen und äußerer Einwirkung entzogen sein.

Bei Kesseln größerer Leistung hat man vielfach zwei voneinander unabhängige Speiseventile mit Absperrventilen, von
denen ein Ventilsatz direkt an die Reservespeiseleitung (Hilfs-
leitung), der andere an die Hauptspeiseleitung angeschlossen wird.

507 Signalapparate zum Anzeigen von Wassermangel oder Überspeisung. Zur Anzeige von be-
ginnendem Wassermangel verwendet man vorwiegend Alarm-
pfeifen mit Schwimmereinrichtung, die bei zu niedrigem
Wasserstand ansprechen. Sie zeigen auch ein Überspeisen an.
Daneben finden vereinzelt bei niedrigen Drücken und einfachen Flammrohrkesselanlagen Schmelzpfropfen mit oder
ohne Alarmpfeife Verwendung.

Der Eintritt von Wassermangel und das Überspeisen kann auch durch eine elektrische Alarmvorrichtung dem Bedienungspersonal angezeigt werden. Eine zusätzliche Sicherung stellt bei Großwasserraumkesseln auch eine laufende Aufschreibung der Wasserstandshöhe durch das Bedienungspersonal dar.

508 Wasservorrat. Der Wasservorrat ist je nach den zu erwartenden Betriebsschwankungen (Laständerungen) zu bemessen und muß so reichlich sein, daß das Wechseln von Kesselwasser während des Betriebes vorgenommen und sonstige Wasserverluste ersetzt werden können.

Um für alle Notfälle gedeckt zu sein, sieht man einen Anschluß der Frischwasserleitung für die Reinwasserbehälter vor, der jedoch gegen mißbräuchliche Benutzung plombiert wird. Die Behälter werden mit elektrisch, pneumatisch oder mechanisch betätigten Wasserstandsanzeigern (Schwimmern) versehen, die die jeweilige Füllung der Behälter leicht erkennen lassen. Diese Wasserstandsanzeiger können mit einer Licht- oder Sirenensignalanlage verbunden werden.

509 Beleuchtung und Signaleinrichtungen. In weitgehendem Maße finden vom Netz unabhängige Stromquellen für die Beleuchtung des Kesselhauses, insbesondere der Wasserstände und wichtigen Instrumente, Anwendung. Verwendung haben gefunden: Hausturbinen, Akkumulatorenbatterien oder andere unabhängige und stets betriebsbereite Stromquellen.

Als Handlampen haben sich neben den elektrischen Steckerlampen, die mit Niederspannungstransformatoren versehen sein müssen, tragbare Batterielampen bewährt, die als betriebssicher gelten.

Wo größere Entfernungen vorhanden sind, z. B. bei getrennten Kesselhäusern, ausgedehnten Maschinenhäusern, einzelstehenden Kohlenmahl- oder Förderanlagen, sind Betriebstelephonanlagen, hauptsächlich Hupen (Oberheizerruf), fast überall eingebaut. Größere Werke richten besondere Befehlsstellen, Warten oder Schalträume ein. Hier werden die Fernzeigeinstrumete beobachtet, die Leistungserzeugung und Entnahme überwacht, Betriebsmeldungen entgegengenommen und Betriebsbefehle erteilt. Von der Warte aus wird die Signalanlage für die Kesselhäuser bedient, denen in der Regel der Wechsel der Belastung angezeigt wird.

Die Lichtsignale und Zahlentafeln ordnet man so an, daß sie von allen Kesselwärtern überblickt werden können.

2. Schamotte-Erzeugnisse sind hergestellt aus vorgebranntem feuerfesten Ton als Bindemittel oder aus vorgebranntem feuerfesten Ton (Schamotte) allein.

3. Quarz-Schamotte-Erzeugnisse sind hergestellt wie Erzeugnisse nach 1 oder 2 unter Mitverwendung von freier mineralischer Kieselsäure.

4. Tonerde-Erzeugnisse sind hergestellt unter Benutzung freier Tonerde; hierher gehören besonders Bauxit, Diaspor, Korund.

c) **Magnesit-Erzeugnisse** sind hergestellt aus überwiegend magnesiumoxydhaltigen Ausgangsstoffen.

d) **Sonstige feuerfeste Erzeugnisse** sind hergestellt aus anderen, oben nicht aufgeführten Ausgangsstoffen. Hierunter fallen: Dolomit, Kohlenstoff, Silizium-Karbid, Chromit, Sillimanit, Zirkon.

516   **Natürliche feuerfeste Baustoffe**

werden lediglich durch mechanische Verarbeitung, ohne Brennen aus natürlichen Rohstoffen hergestellt. Hierunter fallen Quarzschiefer und Klebsande.

Feuerfeste Mörtel

sind ungeformte, körnige oder pulverige Gemische feuerfester Stoffe, die auch als Ganzes feuerfest sind und, mit Wasser angemacht, Bindevermögen zeigen.

Auftretende Beanspruchungen und Einflüsse in Dampfkesselfeuerungen.

517   Die wesentlichen Beanspruchungen, die in Dampfkesselfeuerungen auftreten, beziehen sich auf:
1. Temperaturwechselbeständigkeit (TWB),
2. Verschlackungsbeständigkeit (VB),
3. Druckfeuerbeständigkeit (DFB),
4. Bleibende Längenänderung beim Nachbrennen (Nachschwinden und Nachwachsen),
5. Mechanische Festigkeit.

518   Eine bestimmte Widerstandsfähigkeit gegenüber schroffem **Temperaturwechsel** wird im allgemeinen nur für die unmittelbar für die Feuerung verwendeten Materialien in Frage kommen, da dort, durch die Betriebsverhältnisse bedingt, starke Temperaturschwankungen auftreten können. Dichte feuerfeste Steine, die aus feinkörnigen Stoffen hergestellt sind, sind im allgemeinen wesentlich empfindlicher gegen Temperaturwechsel als Steine mit einer höheren Porosität bzw. aus grobkörnigem Material hergestellte Steine. Sehr empfindlich gegenüber Temperaturschwankungen sind Silika-Erzeugnisse, die trotz teilweise guter Eigenschaften (z. B. hohe Druckfeuerbeständigkeit) unmittelbar in den Feuerungen nicht verwendet werden können. Silika-Erzeugnisse erfordern vorsichtiges Anheizen und möglichst konstante Temperaturen.

519 Die Prüfung der Temperaturwechselbeständigkeit erfolgt in einem indirekt beheizten Ofenraum. Die Prüfkörper (Normalsteine nach DIN 1081 vom Format D 65 oder aus Formsteinen herausgeschnittene Körper gleicher Größe) werden in die Wand- oder Türöffnung des Ofens so eingesetzt, daß das eine Kopfende zu etwa ⅓ der Steinlänge in den Ofenraum hineinragt, während der übrige Teil des Steines, soweit er nicht im Türraum steckt, der kühlenden Außenluft ausgesetzt bleibt. Die Prüfkörper werden 50 Minuten lang bei 950° C einseitig erhitzt, anschließend 3 Minuten lang 5 cm tief in fließendes Wasser von 10—20° C getaucht und nach 5 Minuten langem Abdampfen wieder in den Ofen eingesetzt, um von neuem erhitzt und abgeschreckt zu werden. Die Prüfung gilt als beendet, wenn mindestens 50 % der dauernd erhitzten und abgeschreckten Kopffläche abgeplatzt sind. Die Zahl der ausgehaltenen Abschreckungen gilt als Maßstab für die Temperaturwechselbeständigkeit.

Außer der Abschreckzahl sind für die Beurteilung die besonderen Feststellungen am Stein bei den einzelnen Abschreckungen (Art, Größe und Verlauf der Rißbildung) maßgebend.

520 Die Verschlackungsbeständigkeit ist bei der Auswahl des feuerfesten Materials von besonderer Bedeutung.

Kommen glühende Mauerwerksteile mit Feuergasen, Dämpfen und Aschenteilchen in Berührung, so treten bei entsprechend hohen Temperaturen zwischen diesen und dem Mauerwerk chemische Reaktionen ein unter Bildung eines leicht schmelzbaren, glasigen Überzuges auf der Wandungsoberfläche. Je dichter die Steine sind, um so besser widerstehen sie diesen Angriffen. Ein völlig dichter Stein kann nur an seiner Oberfläche angegriffen werden, während bei einem porösen Stein die Schlacke in das Innere dringt, so daß die Zerstörung in viel stärkerem Maße vor sich gehen kann. Da jedoch bei einem sehr dichten Stein die geringe Temperaturwechselbeständigkeit eine Zerstörungsquelle darstellt, hat man mit Erfolg versucht, die Poren der verwendeten porösen Steine durch einen Überzug mit einer Anstrichmasse oder Abschlämmen mit feingekörntem Mörtel zu schließen.

Ganz allgemein gilt die Regel, daß gegen basische Schlacken ein basischer Stein, gegen saure Schlacken ein saurer Stein und gegen neutrale Schlacken ein neutraler Stein zur Verwendung kommen soll. Doch haben sich in gewissen Fällen gegen basische Schlacken auch schon reine saure Steine bewährt, indem die basischen Stoffe (Alkalien, Kalk) mit dem sauren Material in Reaktion treten und dabei eine Silikatschutzschicht bilden.

Die Einwirkung basischer Stoffe beschleunigt die Zerstörung, wenn das feuerfeste Material neben Kieselsäure noch größere Mengen Tonerde enthält. Andererseits wird die Verschlackung saurer Steine durch basische Steine begünstigt, da basische Kohlenschlacke das Bestreben hat, sich mit der Kieselsäure des sauren Steines zu sättigen und zu neutralisieren, wodurch der Stein zerstört wird.

Da nun die Schlacken der üblichen, für Kesselfeuerungen angewendeten Brennstoffe vorwiegend basischer bzw. neutraler Natur sind, zieht man in der Regel für Feuergewölbe und Seitenmauern nächst der Feuerung basisches Material (Schamotte- und Tonerdeerzeugnisse) vor. Die Eignung des feuerfesten Materials für einen bestimmten Brennstoff wird am besten durch den Versuch der Verschlackungsbeständigkeit festgestellt. Der Schlackenangriff wird um so geringer ausfallen, je mehr die chemische Zusammensetzung des Steines derjenigen der Kohlenschlacke entspricht.

521 Der Nachweis der **V e r s c h l a c k u n g s b e s t ä n d i g - k e i t** bzw. die Feststellung des Schlackenangriffs wird nach dem Tiegelverfahren (V.B.T.) oder nach dem Aufstreuverfahren (V.B.A.) vorgenommen. Welches Verfahren angewendet werden soll, bleibt besonderen Vereinbarungen überlassen. Wichtig ist in beiden Fällen, die Herkunft des für den Versuch maßgebenden Brennstoffrückstandes (z. B. Asche oder Schlacke aus dem Betrieb, oder im Laboratorium gewonnene Asche) genau anzugeben. Für den Fall der Laboratoriumsveraschung ist die Veraschungstemperatur anzugeben.

522 T i e g e l v e r f a h r e n. Der feingepulverte Angriffsstoff wird in Tiegel, die durch Ausbohren eines Steinstückes von etwa 80 $\times$ 80 $\times$ 65 mm gewonnen werden, eingefüllt. Die

Bohrung hat eine lichte Weite von 44 mm und eine Tiefe von 35 mm und soll möglichst gerade Wände und Bodenflächen aufweisen. Die Probetiegel werden in einem indirekt beheizten Versuchsraum des Versuchsofens bei einer besonders zu vereinbarenden Temperatur während 2 Stunden in einer besonders anzugebenden Atmosphäre (reduzierend, oxydierend oder neutral) erhitzt. Nach beendetem Versuch wird der abgekühlte Tiegel so durchgesägt, daß die Achse der Ausbohrung in der Schnittebene liegt. Durch Ausplanimetrieren der durch Lösung und Tränkung entstandenen Flächen und deren Umrechnung auf den Rauminhalt der zugehörigen Rotationskörper ist der Maßstab für die Größe des Angriffs gegeben.

Aufstreuverfahren. Die Prüfung wird an Steinzylindern von 36 mm $\varnothing$ und 36 mm Höhe vorgenommen, die durch Bohren aus dem Stein gewonnen werden. Als Versuchsofen dient ein elektrischer Widerstandsofen mit einem Einsatzrohr von 60 mm innerem $\varnothing$. Die Einwirkungstemperatur und die Atmosphäre sind wie beim Tiegelverfahren besonders zu vereinbaren. Die Prüfkörper werden auf einen in der Mitte des Ofens stehenden Kohlestempel von 25 mm $\varnothing$ zentrisch aufgesetzt und sollen sich in Höhe der heißesten Zone befinden. Eine abgewogene Menge des feingemahlenen Angriffsstoffes wird im Laufe einer Viertelstunde gleichmäßig durch ein Füllrohr mit Trichter aufgestreut. Nach Aufgabe der gesamten Stoffmenge wird die Temperatur noch eine Viertelstunde gehalten. Die Bewertung der Verschlackungsbeständigkeit kann entweder in % des Gewichts- bzw. Rauminhaltsverlustes oder durch Planimetrieren der durch Lösung und Tränkung entstandenen Querschnittsfläche wie beim Tiegelverfahren vorgenommen werden.

523　　Die ungefähre Zusammensetzung der Schlacken einiger deutscher Kohlensorten ist aus folgender Aufstellung ersichtlich:

Steinkohlenschlacken.

Herkunft der Kohle	Kieselsäure %	Tonerde %	Eisenoxyd %	Kalk %	Magnesia %
Ruhr	49,30	38,80	7,30	2,80	1,80
Oberschlesien.	55,40	18,90	16,10	3,20	1,90
Niederschles. .	48,86	29,97	11,16	6,48	3,05
Sachsen . . .	45,30	22,50	25,80	2,80	0,50

Braunkohlenschlacken.

Herkunft und Bezeichnung der Kohle	Glühverlust %	Kieselsäure %	Tonerde %	Eisenoxyd %	Kalk %	Magnesia %	Alkalien %	Schwefelsäureanhydrid %	Schwefel %
Mitteldeutsche Rohbraunkohle {	0,2	7,5	5,9	10,6	23,6	2,9	11,8	34,6	1,0
	—	13,89	7,41	12,09	29,45	2,99	0,42	26,97	0,82
Rheinische Rohbraunkohle	5,2*)	2,78	6,47	13,0	61,10	5,88	1,22	3,42	0,22
Mitteldeutsche Braunkohlenbriketts	—	11,0	4,5	11,0	63,0	8,0	0,5	1,0	0,5

*) davon CO_2 3,85

524 Die mittlere chemische Zusammensetzung verschiedener feuerfester Steine für Kesselmauerungen ist aus folgenden Analysen ersichtlich:

	Material						natürlicher Quarzschiefer %	künstlicher Silikastein %
	hochbasisch		basisch		halbsauer			
	%	%	%	%	%	%	%	%
Glühverlust . .	0,05	0,35	0,45	0,52	0,07	0,05	0,90	0,91
Kieselsäure . .	36,10	52,66	55,96	63,40	75,00	78,28	94,17	95,25
Tonerde . . .	60,75	43,79	37,04	33,17	21,50	19,40	3,99	0,88
Eisenoxyd . .	1,97	1,71	4,21	2,12	1,30	1,62	0,41	0.79
Kalk	0,67	0,28	0,52	0,20	0,40	0,31	} 0,53	1,85
Magnesia . . .	0,14	0,12	0,30	0,30	0,45	0,05		—
Rest	0,32	1,09	1,52	0,29	1,28	0,29		0,32

525 Die Druckfeuerbeständigkeit gibt Aufschluß darüber, bei welchen Temperaturen das feuerfeste Material bei Belastung zu erweichen beginnt. Der Erweichungspunkt unterscheidet sich von dem Segerkegelschmelzpunkt ganz wesentlich. Der Punkt der beginnenden Erweichung unter einer Belastung von 2 kg/cm² kann bis zu 500° unter dem Segerkegelschmelzpunkt liegen. Besondere Bedeutung ist dem Erweichungsverhalten dort beizumessen, wo zweiseitig beheizte Wände oder Konstruktionsteile vorliegen, wenn die Feuerraumtemperaturen über 1200° C liegen. Bei einseitig beheizten Wänden ist im allgemeinen der äußere Teil der feuerfesten Steine in der Lage, die vorkommenden Belastungen aufzunehmen.

Die Prüfung der **Druckfeuerbeständigkeit** wird bei 2 kg/cm² gleichbleibender Belastung an zylindrischen Prüfkörpern von 5 cm $\varnothing$ und 5 cm Höhe im Kohlegrieß-Widerstandsofen vorgenommen. Die Prüfkörper sind aus dem mittleren Teil der zu prüfenden Steine durch Ausbohren zu entnehmen. Die beiden Druckflächen der Prüfzylinder sind planparallel, senkrecht zur Achse der Körper zu gestalten und durch Schleifen zu glätten. Die maschinelle Einrichtung soll folgenden Bedingungen genügen:

a) Der Druck soll senkrecht erfolgen.

b) Die Aufzeichnung der Höhenänderung soll selbständig in Abhängigkeit von der Temperatur erfolgen.

c) Die Körper sollen mindestens 20 mm zusammengedrückt werden können.

d) Die Übertragung des Belastungsdruckes von 2 kg/cm² geschieht durch Kohlestempel.

e) Die Temperatur wird mit einem Pyrometer in einem unten geschlossenen feuerfesten Rohr (Pyrometerrohr) gemessen, das in den Ofen eingehängt ist und in halber Höhe des Prüfkörpers endet.

f) Der Temperaturanstieg oberhalb 1000° soll 8° pro Minute betragen.

Als Ergebnis des Versuchs wird angegeben:

1. Die Temperatur t_a ist der Punkt der Kurve, an dem diese um 3 mm in ihrem höchsten Punkt abgesunken ist.

2. Die Temperatur t_e ist der Punkt der Kurve, an dem der Körper um 20 mm gegenüber der ursprünglichen Höhe abgesunken ist.

Bei Schamottesteinen hängt der Erweichungspunkt von der Schärfe des Brennens ab und zwar liegt der Erweichungsbeginn um so höher, je schärfer das Brennen erfolgt ist.

526 Die **Raumbeständigkeit** ist bei thermisch hoch beanspruchten Teilen von Kesselausmauerungen von besonderer Bedeutung. Werden die feuerfesten Steine in der Kesselfeuerung höheren Temperaturen ausgesetzt als beim Brennen angewandt wurden, so tritt möglicherweise besonders bei Schamotte- und Tonerdeerzeugnissen ein Nachschwinden ein. Dieses Nachschwinden bewirkt größere Fugen im Mauerwerk, wodurch größere Angriffsflächen für die chemischen Angriffe der Schlacken entstehen. Der Zusammenhang der Mauerung wird gelockert, was bei Gewölben zum Einsturz führen kann. Aus der Möglichkeit des Nachschwindens bei Schamotte- und Tonerdeerzeugnissen ergibt sich die Forderung, mit möglichst engen Fugen zu mauern. Der Silikastein dagegen wächst bei höheren Temperaturen infolge kristallinischer Umbildung seines Gefüges und muß deshalb mit weiten Fugen gemauert werden.

Das Brennen der feuerfesten Steine soll daher möglichst bis zur völligen Raumbeständigkeit bei den Gebrauchstemperaturen erfolgen.

Bei Kesseln mit Rohbraunkohlenfeuerungen beträgt die Feuerraumtemperatur bis zu 1200 ° C, mit Steinkohlenfeuerungen 1300—1500 ° C und mit Kohlenstaubfeuerungen bis zu 1600 ° C, je nach der chemischen Zusammensetzung des Brennstoffes und der Betriebsweise der Feuerung.

Bei Hängedecken und luft- oder wassergekühlten Wänden von Kohlenstaub- oder Schubfeuerungen ist zu beachten, daß zwischen diesen und dem Feuerraum erhebliche Temperaturunterschiede vorhanden sind. Die Ausmauerung ist im Betrieb starkem Temperaturwechsel unterworfen. Die hierdurch ausgelösten Spannungen im Mauerwerk beschleunigen das Abspringen und Abplatzen der Steinoberflächen, weshalb ein hierfür unempfindliches Material erforderlich ist.

Zur Prüfung der Raumbeständigkeit werden die nach dem Erhitzen bei einer besonders zu vereinbarenden Temperatur festgestellten Rauminhalts- bzw. Längenänderungen feuerfester Erzeugnisse bestimmt, die nach dem Abkühlen bestehen bleiben. Die in der Regel 2-stündige Erhitzung erfolgt in Brennkapseln, die so in den Ofen eingebaut werden, daß sie allseitig von Wärme umspült werden. Das Nachschwinden und Nachwachsen wird an Prüfkörpern mit 2 planparallel geschliffenen Flächen von mindestens 10—11 cm² Inhalt ermittelt, Der Abstand dieser Flächen soll etwa 10 cm betragen.

527 Die mechanische Festigkeit der feuerfesten Steine ist ebenfalls bis zu einem gewissen Grade zu berücksichtigen. Durch die Schürstangenbehandlung und durch die Bewegung von Kohle und Schlacke treten Stoß- und Schleifabnutzungen auf. Außerdem können Abriebabnutzungen durch die Strömungswiderstände der Rauchgase und Flugaschenteilchen auftreten. Als Maß für die mechanische Widerstandsfähigkeit kommen Druckfestigkeit und Abriebfestigkeit auf der Planschleifmaschine und im Sandstrahl in Betracht.

Die Prüfung der **Druckfestigkeit bei Zimmertemperatur** erfolgt an zylindrischen Prüfkörpern von 55 mm $\varnothing$ und 45 mm Höhe. Die beiden Druckflächen der Prüfzylinder sind planparallel, senkrecht zur Achse des Körpers zu gestalten und durch Schleifen zu glätten. Die zum Drücken der Körper verwendete Presse ist so zu bedienen, daß eine Drucksteigerung von etwa 20 kg/cm² der gedrückten Fläche je Sekunde eintritt.

Der Widerstand gegen **Abnutzung durch Schleifen** wird zweckmäßigerweise auf einer Planschleifmaschine an quadratischen Stücken von 50 cm² Flächeninhalt der Prüffläche bei einer Belastung von 0,25 kg/cm² und etwa 700 m Schleifweg ermittelt. Als Schleifmittel kann gewaschener Quarzsand von 0,5—0,75 mm Korngröße verwendet werden.

Der Widerstand gegen **Abnutzung im Sandstrahl** wird durch Aufblasen einer gewaschenen Quarzsandmenge von 0,5—0,75 mm Korngröße unter 2 at Druck während 30 Sek. auf eine ebene Steinfläche ermittelt. Zur Erzielung gleichmäßiger Beanspruchung wird die Steinfläche kreisrund abgeblendet. Die abgeblendete Angriffsfläche soll 28 cm² betragen.

528 Bauart und Beanspruchung der Feuerung, Brennmaterial und Betriebsweise sind maßgebend für die Auswahl des feuerfesten Materials. Die chemische Zusammensetzung ist der Lieferfirma zu überlassen, welche sich über die ganz bestimmten Verhältnisse, unter welchen die Steine gebraucht werden, zu informieren und die Gewähr für die Eignung zu übernehmen hat.

Es sei noch bemerkt, daß in den meisten Fällen die eine Eigenschaft des Steines die andere verlangte Eigenschaft herabsetzt oder ausschaltet. So kann z. B. ein poröser Stein nicht die Festigkeit besitzen wie ein dichter Stein, der seinerseits wieder empfindlicher ist gegen Temperaturwechsel als ein poröser Stein, während der poröse Stein wiederum flüssige Schlackenteilchen leichter einsaugt und so die Korrosion beschleunigt.

Richtlinien für die Bestellung von Schamottematerial für Dampfkesselfeuerungen.

Gütebestimmungen.

529 Alle Steine sollen eine Bezeichnung haben, die
Lieferfirma,

Steinqualität,

Steinbezeichnung mit Positionsnummern (außer bei Normalsteinen) erkennen läßt.

Sind fabrikatorische Schwierigkeiten vorhanden, so wird wegen der Bezeichnung von Fall zu Fall verhandelt. Für die Abmessungen der Steine ist das Normblatt DIN 1081 maßgebend. Formsteine sind genau nach Zeichnung zu liefern.

Die Steine müssen eine einheitliche Struktur und ebene Oberflächen haben, sie müssen frei von Hohlräumen, Rissen, Ausschmelzungen und schwach gebrannten Stellen sein, sie dürfen weder verzogen noch krumm oder schief sein. Die Steine müssen sich, ohne zu zerfallen, gut behauen lassen, der Bruch muß gleichmäßig ohne Risse und Löcher sein.

530 Die zahlenmäßige Gütekennzeichnung des Materials setzt einheitliche Prüfverfahren voraus. Für die Bestimmung der in Ziff. 536 über „Gütezahlen für die Lieferung feuerfester Baustoffe für Kesselfeuerungen" angegebenen Zahlenwerte sind folgende genormte Prüfverfahren maßgebend:

Lfd. Nr.	DIN Nr.	Betrifft
1	1061	Allgemeines, Begriffsbestimmung, Probeentnahme
2	1062	Chemische Analyse
3	1063	Feuerfestigkeitsbestimmung nach Segerkegeln
4	1064	Erweichung bei hohen Temperaturen unter Belastung (Druckfeuerbeständigkeit)
5	1065	Spez. Gewicht, Raumgewicht, Porosität (und Wasseraufnahme)
6	1066	Bestimmung der bleibenden Längenänderung beim Nachbrennen (Nachschwinden und Nachwachsen)
7	1067	Druckfestigkeit bei Zimmertemperatur
8	1068	Widerstandsfähigkeit gegen Temperaturwechsel
9	1069	Widerstandsfähigkeit gegen Schlackenangriff
10	1086	Allgemeines und Abweichungsgrenzen

531 Zu der Studienprobe über die Widerstandsfähigkeit gegen Schlackenangriff ist zu sagen, daß die Prüfung bei der höchsten Betriebstemperatur in einer besonders anzugebenden Atmosphäre (oxydierend, reduzierend oder neutral) zu erfolgen hat. Ferner ist anzugeben, ob die Verschlackungsprüfung nach dem Tiegelverfahren oder nach dem Aufstreuverfahren vorzunehmen ist.

532 Die Steine sind in drei G ü t e k l a s s e n unterteilt worden:
Klasse 1: wichtige Steine,
Klasse 2: weniger wichtige Steine,
Klasse 3: unwichtige Steine.

533 Der M ö r t e l muß den Steinen angepaßt sein und darf keine geringere Feuerfestigkeit als das Steinmaterial haben. Gegen Schlackenangriff muß er gleiche Widerstandsfähigkeit wie die Steine selbst und genügende Bindefähigkeit haben.

Gewährleistungen.

534 Die Steine werden innerhalb 14 Tagen nach Empfang vom Besteller auf Form, Abmessungen und sonstige äußerlich erkennbare Eigenschaften geprüft. Eine vollständige Untersuchung des Materials wird nur bei größeren Lieferungen sofort vorgenommen, während sonst nur Probesteine entnommen und aufbewahrt werden und im übrigen die Bewährung im Betrieb abgewartet wird. Für die Gewährleistung ist es gleichgültig, ob die vollständige Untersuchung des Materials vor seinem Einbau oder erst dann erfolgt, wenn das Verhalten des Materials innerhalb der Garantiezeit von 8000 Betriebsstunden diese erforderlich erscheinen läßt. Als zulässig gelten die in DIN 1086 angegebenen Abweichungen, wenn nichts anderes vereinbart ist. Bei der Beurteilung der Steine sind in erster Linie Widerstandsfähigkeit gegen Temperaturwechsel, Schlackenangriff, Druckfeuerbeständigkeit und Raumbeständigkeit zu berücksichtigen. Nicht den Richtlinien entsprechende Steine werden dem Lieferer zur Verfügung gestellt, auch wenn sie schon eingebaut waren und wegen mangelnder Bewährung wieder ausgebaut werden mußten. Der Lieferer hat innerhalb einer vom Besteller vorzuschreibenden angemessenen Frist, spätestens jedoch in 5 Wochen, Ersatz zu liefern. Kommt der Lieferer dieser Pflicht in der vorgeschriebenen Zeit nicht nach, so ist der Besteller berechtigt, vom Vertrag zurückzutreten und sich anderweitig einzudecken. Der Lieferer wird hiervon benachrichtigt und haftet für jeden durch den anderweitigen Bezug entstehenden Schaden und Mehraufwand. Der Lieferer übernimmt also für das von ihm gelieferte Material die Gewähr, daß es diesen Richtlinien entspricht, und verpflichtet sich zur kostenlosen Ersatzlieferung, wenn die Untersuchung unzulässige Abweichungen von den Richtlinien ergibt. Das Schamottematerial muß mindestens 8000 Betriebsstunden standhalten, ohne daß in der Zwischenzeit Teile davon erneuert werden müssen.

Die Kosten für eine erforderliche Schiedsuntersuchung trägt der unterliegende Teil.

Verpackung, Transport, sonstige Bestimmungen.

535 Der Transport bis zur Verwendungsstelle hat ausschließlich in geschlossenen Wagen zu erfolgen, wobei die Steine vom Lieferer durch sorgfältige Verpackung vor Beschädigung zu schützen sind. Gesamtbruch über 1 % der Lieferung geht zu Lasten des Lieferers. Die Sendung hat nach Steinsorten getrennt zu erfolgen.

Ergänzende oder abweichende Bestimmungen sind im Auftragsschreiben festzulegen.

536 Gütezahlen für die Lieferung feuerfester Steine für Kesselfeuerungen.

	Güteklasse		
	1	2	3
Porosität	$<$ 27	27—30	$>$ 30
Segerkegel	$>$ 33	30—33	$>$ 26
Druckfestigkeit kg/cm² . .	$>$ 200	150—200	100—150
Druckfeuerbeständigkeit: t_a°	$>$ 1350	1250	$>$ 1200
t_e°	$>$ 1550	1450	$>$ 1450
Raumbeständigkeit: 1400°	$<$ 1 %	—	—
1300°	$<$ 0,8 %	$<$ 1,0 %	—
Raumgewicht	$>$ 1,8	$>$ 1,8	$>$ 1,8
Chemische Analyse:			
Tonerde	*)	*)	*)
Eisenoxyd	$<$ 3 %	$<$ 3 %	—
Flußmittel	$<$ 5 %	$<$ 5 %	—
Maßhaltigkeit	± 2 %	± 2 %	—
Durchbiegung:			
Normalsteine	$<$ 0,5 %	$<$ 0,5 %	—
Formsteine	$<$ 1 %	$<$ 1 %	—
Schlackenangriff	Studienprobe		
Temperaturwechselbeständigkeit	$>$ 5 Abschr.	$>$ 3 Abschr.	—

*) Im allgemeinen werden die durch die Konvention festgelegten Zahlen benutzt. Es ist zu bemerken, daß die chemische Zusammensetzung eine Eigenschaft zweiter Art ist, die lediglich zur Unterrichtung dient, während das Verhalten gegenüber physikalischen und chemischen Beanspruchungen ausschlaggebend ist.

XXVII. Isolierung von Kesseln und Rohrleitungen.

537   Die Umhüllung aller warmen Kessel- und Rohrleitungsteile mit Wärmeschutzmassen zur Verminderung der Wärmeverluste ist in gut geleiteten Betrieben heute selbstverständlich. Die Wärmeschutztechnik hat in den letzten zehn Jahren wissenschaftlich und technisch einen hohen Aufschwung genommen, und es stehen für jeden Zweck geeignete und bewährte Wärmeschutzverfahren sowie erfahrene Ausführungsfirmen zur Verfügung.

538   An eine Wärmeschutzmasse sind folgende Anforderungen zu stellen:

Sie darf den Werkstoff, zu dessen Schutz sie dient, nicht angreifen.

Sie muß eine möglichst niedrige Wärmeleitzahl haben, die gut nachprüfbar ist, auch im Betrieb.

Sie muß ein möglichst geringes Raumgewicht haben.

Sie muß mechanisch fest und gegen Feuchtigkeit unempfindlich sein.

Sie muß sich leicht und möglichst am kalten Objekt anbringen lassen.

Sie darf sich im Laufe der Zeit weder mechanisch noch chemisch verändern, zusammensacken oder zersetzen.

Sie muß wirtschaftlich sein.

539   Als Vergleichszahl für die Prüfung der Wärmeschutzstoffe kann nur die Wärmeleitzahl dienen. Alle anderen Vergleichszahlen, wie z. B. die sogenannte Wärmeersparniszahl, Wärmeverlustziffer, Temperaturabfall usw., sind unbrauchbar. Die Wärmeersparniszahl vergleicht den Verlust der nackten Rohrleitung mit dem der geschützten. Der Verlust des nackten Rohres ist aber kaum auch nur annähernd genau rechnerisch oder versuchsmäßig zu ermitteln. Er hängt im hohen Maße von augenblicklichen Verhältnissen, Windanfall, Dampftemperatur, Lufttemperatur usw. ab, also stark von den besonderen, gerade herrschenden Wärmeübergangsverhältnissen. Sie ist keine eindeutige Materialkonstante. Es wird daher heute nur noch die Wärmeleitzahl der fertig aufgetragenen Wärmeschutzmasse in kcal/mh als Grundlage benutzt.

540   Einige Wärmeleitzahlen sollen angegeben werden:

Stoff	Raum-ge-wicht kg/m³	Tempe-ratur °C	Wärme-leitzahl kcal/mh	Beobachter
Asbest (rein, trocken, lose)	579	100 200	0,182 0,190	Gröber 1910
Asbestpappe aus dün- nen Lagen	500	30	0,061	Bureau of Stand.
Asbest und Magnesia 85 %	216 298	10—400 70	0,060 0,068	Randolph McMillan
Hochofenschlacken- beton 90 Vol % Schlacke 10 Vol % Zement	550	50	0,189	Nusselt
Schlackenbetonplatten	1400	20	0,273	Forschungsheim für W.-Sch.
Glasgespinst	186	200 300	0,068 0,092	Labor. f. techn. Physik, Mün- chen
Kieselgurpulver, kalzi- niert, trocken	350	100 200 300	0,066 0,074 0,078	Nusselt
Kieselgurstein, gebr. mit Bindemittel	200	100 200 300	0,078 0,092 0,106	Nusselt
Korkschrot 3—5 mm (Expansit) gewöhn- lich	45,4 85	20 20	0,033 0,042	Gröber
Korkplatten mit Asphalt imprägniert	215 335	30 35	0,046 0,057	Nusselt
Magnesiumoxyd, ge- preßtes Pulver . . .	797	48	0,522	Kresta
Magnesia Rohrisolier- schale 85 % Magnesium u. 15 % Asbest . . .	273	70	0,068	McMillan
desgl.	310	200	0,069	Heilmann
Schamottestein 67,7 % SiO_2 28,2 % Al_2O_3	1800	450 850	0,89 1,10	Goerens
desgl. 64,2 % SiO_2 29,9 % Al_2O_3	—	600 1000	0,703 0,789	Heyn und Bauer
Kesselschlacke	750	20	0,14	Hencky

Stoff	Raumgewicht kg/m³	Temperatur °C	Wärmeleitzahl kcal/mh	Beobachter
Schlackenwolle, fester gestopft	360	100	0,050	Forschungsheim für Wärmeschutz
		200	0,059	
desgl.	450	100	0,052	
		200	0,062	
Schlackenwoll-Isolierung mit Versteifung und Schutzmantel	790	100	0,070	desgl.
		200	0,085	
Seidenzopf	147	100	0,052	Nusselt
Silikastein 95,5 % SiO_2		600	0,88	van Rinsum
1,5 % Al_2O_3		1000	1,17	
Torfmull, trocken . .	190	20	0,060	Nusselt
Torfoleumplatten . . .	163	20	0,036	Forsch.-Heim
Schlackenwolle mit Magnesia und Hartmantel (ohne Mantel)	290	200	0,063	desgl.
		250	0,067	
desgl. ohne Mantel . .	290	200	0,059	
		250	0,063	

Die Wärmeleitzahl ist stets an der fertigen Isolierung zu gewährleisten. Sie soll sich im Betrieb nicht verändern. Sie kann gemessen werden mit Wärmeflußmessern Bauart S c h m i d t oder Dr. H e n c k y. Die Messung erfordert große Sorgfalt und einige Erfahrung bezüglich der Fernhaltung von Nebeneinflüssen. Es empfiehlt sich, eine mehrstündige Versuchsdauer anzuwenden und mit schreibenden Millivoltmetern zu arbeiten.

541   Durch gemeinsame Arbeit eines Ausschusses beim VDI und beim Deutschen Normen-Ausschuß ist eine weitgehende Vereinheitlichung in der Berechnung, Bestellung, Lieferung und Prüfung von Wärmeschutzanlagen erreicht worden.

Es bestehen folgende Vereinbarungen, die durch gemeinsame Arbeit der Hersteller, der Verbraucher und der Wissenschaft geschaffen wurden (VDI-Verlag):

1. Regeln für Leistungsversuche an Wärme- und Kälteschutzanlagen.

2. Einheits-Angebots-Vordrucke für Wärmeschutzanlagen.

3. Lieferbedingungen für Wärme- und Kälteschutzanlagen.

4. Hilfstabellen für Wärme- und Kälteschutzanlagen.

Voraussetzung für eine solche Vereinfachung und Verbilligung ist allerdings, daß der Verbraucher nicht mehr in allen Fällen darauf besteht, einen Sonderfall berechnen zu lassen, sondern sich nur die Zahlen für die nächstliegenden Regelfälle geben läßt. Für einen Sonderfall braucht man nur die aus den „Hilfstabellen" zu entnehmenden nächstpassenden Regelfälle anzufragen.

Interpolieren kann ebenfalls gespart werden, da Angebote von verschiedenen Firmen nur in den Regelfällen verglichen zu werden brauchen. Sie sind dann auch in einem etwa zu bestellenden Sonderfall wärmewirtschaftlich gleichartig. Der Lieferer hat für die Regelfälle alle Zahlen vorliegen und kann schnell anbieten. Der Verbraucher kann die Angebote leicht und schnell prüfen und ist gegen unklare und unsichere Angaben geschützt. Auf diese Weise ist auch dem kleinen Betrieb eine Prüfung möglich, und es wird zahlreiche Büroarbeit gespart. Die technische Angebotsgebarung auch kleiner Lieferfirmen wird verbessert. Man wird daher vor der Anfrage die genannten Vordrucke beschaffen und sich danach richten.

542 Für die Wahl der Isolierstärke sind wärmewirtschaftliche Gründe maßgebend. Die Anlagekosten, d. h. deren Verzinsung und Tilgung, steigen mit wachsender Isolierstärke, die Wärmeverluste fallen dagegen. Die Summe beider Werte hat daher, wenn sie graphisch aufgetragen wird, ein Minimum. Dieses Minimum mit den niedrigsten Gesamtkosten (bzw. die nächstliegende Regelstärke) ist die „wirtschaftlichste Isolierstärke". Diese kann aus den genannten „Hilfstabellen" entnommen werden. Außer diesen vereinbarten Tafeln haben die großen Isolierfirmen in zahlreichen Veröffentlichungen und Tabellenwerken ebenfalls gute Hilfsmittel zur Berechnung von Wärmeschutzanlagen gegeben.

543 Für die Einholung des Angebots benutzt man den Einheitsvordruck, für die Bestellung die Einheitslieferbedingungen, welche alle technischen und wirtschaftlichen Vereinbarungen enthalten, für die Abnahmeversuche die „Regeln für Leistungsversuche".

Man beauftrage nur erste, erfahrene Firmen, die über einen sehr guten, erfahrenen Stamm von Monteuren verfügen, mit der Ausführung von Wärmeschutzanlagen. Die Montage überwache man dauernd sehr sorgfältig, um mangelhafte Ausführung zu verhindern.

544   In der Bauart der Wärmeschutzanlagen ist ein weitgehender Wandel eingetreten. Während man früher fast ausschließlich Aufstrichmasse verwendete, deren Zusammensetzung und Leistung nur selten bekannt war, und deren mechanische Festigkeit und Dauerhaftigkeit meist gering war, ist man heute zu höherwertigen, mechanisch festen Wärmeschutzstoffen mit niedriger, genau nachprüfbarer und gleichbleibender Leitzahl übergegangen.

Für niedrige Temperaturen bis etwa 100° eignen sich Schalen aus Kork oder Torfmassen, für Speiseleitungen und Sattdampfleitungen genügen oft noch hochwertige Aufstrichmassen, für Heißdampfrohrleitungen verwendet man Trockenstopf-Isolierungen mit außenliegendem Hartmantel aus Gichtstaubzement mit Drahtgewebeeinlage oder beiderseits verbleitem Eisenblech, der durch besondere Stützringe gehalten wird, und innerer Füllung aus hochwertiger Kieselgur, Magnesia oder Schlackenwolle. Gut bewährt haben sich Mischungen von Schlackenwolle mit Magnesia oder Kieselgur als Füllung. Über Isolierungen mit dünner Aluminiumfolie müssen mehrjährige Betriebserfahrungen noch abgewartet werden.

Für alle Isolierungen empfiehlt sich ein mindestens zweimaliger guter Ölfarbenanstrich.

545   Eine sorgfältige Behandlung erfordert der Wärmeschutz der Flansche. Bei neuzeitlichen Rohrleitungsanlagen vermeidet man Flansche soweit wie möglich und wendet sie meist nur noch beim Anschluß der Rohre an Kessel, Wasserabscheider, Formstücke und Armaturen an. Auch bei Formstücken und Armaturen ist Einschweißen der Rohre schon mit Erfolg verwendet worden. Die Wärmeverluste werden geringer, und die Kosten für Flanschhauben sowie deren Pflege fallen bei Schweißverbindungen fort.

Der Wärmeschutz der Flansche ist in hohem Maße eine Sicherheitsfrage für die Flanschverbindungen. Beim Anwärmen der Rohrleitungen dehnen sich zunächst die Rohre und Flansche. Die Schrauben werden wegen der größeren Entfernung vom Rohr erst später warm. Durch die Dehnung der Flansche erfahren die Schrauben beim Anwärmen eine sehr hohe Zugbeanspruchung, der bei Hochdruckanlagen nur sehr hochwertiges Material gewachsen ist. Eine sorgfältige Durchbildung des Wärmeschutzes ist neben zweckmäßiger Bauart der Flansche Voraussetzung für Betriebssicherheit.

Beim Abkühlen der Rohre oder bei plötzlichem Auftreten von Wasser lecken hochbeanspruchte Flansche leicht. Die Wärmeschutzhaube muß daher gegen Austreten von Wasser und Dampf unempfindlich sein und ein Abflußröhrchen haben. Es ist nicht erforderlich, in solchen Augenblicken diese Flansche nachzuziehen, da sie von selbst wieder dicht werden, wenn sie sich wieder gleichmäßig erwärmen. Das Nachziehen verursacht bei sehr hohen Temperaturen eine Verlängerung der Schraube, die immer weiter geht. Man soll aus diesen Gründen Flansche stets bei der ersten Inbetriebnahme mit Wärmeschutz versehen und nicht blank lassen.

546   Kesseltrommeln, Dampfsammler, Überhitzerkästen, Sammelrohre, Verbindungsrohre werden nach gleichen Grundsätzen isoliert wie Rohrleitungen. Hartmantelisolierungen haben sich für diese Teile sehr gut bewährt.

Statt des roten Mauerwerks wird bei neueren Kesselanlagen vielfach vor das feuerfeste Mauerwerk eine Isolierung aus gebrannten Kieselgursteinen, Diatomit oder Sterchamolsteinen gelegt, die von einem Blechmantel umgeben wird. Solche Anordnungen sind raum- und wärmesparend und bieten Schutz gegen Einsaugen von falscher Luft.

547   Die Garantien der Wärmeleitzahlen sind bei der Bestellung festzulegen und nach einiger Betriebszeit durch Abnahmeversuche mit dem Wärmeflußmesser nachzuprüfen. Für größere Betriebe empfiehlt sich die laufende Kontrolle der Isolierungen mit dem Wärmeflußmesser.

XXVIII. Kontrolle der Ersatzteile.

548   Um die volle Leistungsfähigkeit der vorhandenen Dampfkraftanlage jederzeit ausnützen zu können, ist die Beschaffung von Reserveteilen für die wichtigsten Betriebseinrichtungen unerläßlich. Es handelt sich im Kesselhaus in der Regel um Siederohre, Rost- und Economiserbestandteile, Antriebsteile bei mechanischen Rosten, Armaturen, elektrische Ausrüstungsteile, Dichtungsmaterial, Lager- und Dichtungsringe für die Speisepumpen und Baustoffe. In jedem Fall ist eine Normung der Reserveteile und weitgehende Verwendung der Dinormen bei Bestellung empfehlenswert.

549   Der Umfang des Reservelagers, insbesondere des sogenannten eisernen Bestandes, richtet sich nach der Güte, Lebensdauer und Betriebsweise der einzelnen Anlageteile, wobei auch die ständige Unterhaltung und Kontrolle im Betrieb eine Rolle spielt. Der Betrieb wird bestrebt sein, durch scharfe Lieferungsvorschriften und sorgfältige Abnahme der Teile den Umfang des Reservelagers von Jahr zu Jahr zu verringern. Je ein Stück des eisernen Bestandes dient als Kontrollmuster zum Vergleich der Abmessungen bei Neueingängen oder für Nachbestellungen und wird nicht aufgebraucht.

550   Die Musterstücke werden durch eine Mustermarke besonders kenntlich gemacht. Der Bestand des Lagers ist im Lagerbuch bzw. in der Lagerkarte einzutragen, ebenso die jeweiligen Zu- und Abgänge. Jeder im Lager liegende Reserveteil erhält eine Lagerkarte mit der Lager- oder Regalnummer, wodurch Verwechslungen vermieden werden und eine schnelle Auffindung ermöglicht wird.

551   Neu eingehende Reserveteile werden an Hand des Reservemusters und der Zeichnung auf richtige Lieferung, Maßhaltigkeit und Fehlerfreiheit geprüft. Lagermetalle, Öle, Chemikalien werden im Laboratorium untersucht. In vielen Betrieben werden in ruhigen Betriebszeiten Reserveteile eingebaut (z. B. Lager bei Pumpen und bei Rostantrieben), auch wenn die betreffenden Teile noch einwandfrei arbeiten. Die ausgebauten Teile werden überholt und auf Lager gelegt und im Bedarfsfall eingebaut.

Bei allen Teilen, welche mit Abnahmebescheinigungen geliefert werden, wird das Vorhandensein des Stempels des Abnahmebeamten festgestellt.

552   Das Reservelager wird zweckmäßig der technischen Betriebsleitung angegliedert, durch die alle technischen Bestellungen herausgegeben und geprüft werden. Größeren Betriebslagern wird zweckmäßig ein technischer Aufsichtsbeamter zugeteilt, wodurch Fehlbestellungen, Rückfragen und Betriebserschwernisse verschiedener Art vermieden werden.

ANHANG.

1. Verzeichnis der Metalloxyde und Säurereste im Rohwasser, gereinigten Wasser und Kesselwasser, sowie der chemischen Elemente, Salze, Säuren und Gase.

Metalloxyde und Säurereste im Rohwasser.

1. Aluminium Al,
   Aluminiumoxyd Al_2O_3 (Tonerde);
2. Eisen Fe,
   Eisenoxyd Fe_2O_3,
   Eisenoxyduloxyd Fe_3O_4 (Hammerschlag),
   Eisenoxydul FeO,
   Eisenhydroxyd $Fe(OH)_3$;
3. Kalzium Ca,
   Kalziumoxyd CaO (Kalk),
   Kalziumbikarbonat $Ca(HCO_3)_2$ (doppelkohlensaurer Kalk),
   Kalziumsulfat $CaSO_4$ (schwefelsaurer Kalk),
   Kalziumchlorid $CaCl_2$ (Chlorkalzium),
   Kalziumnitrat $Ca(NO_3)_2$ (salpetersaurer Kalk),
   Kalziummonosilikat $CaO \cdot SiO_2$ (einfach kieselsaurer Kalk, $CaSiO_3$),
   Kalziumdisilikat $CaO \cdot 2\,SiO_2$ (doppelkieselsaurer Kalk, $CaSi_2O_5$);
4. Magnesium Mg,
   Magnesiumoxyd MgO,
   Magnesiumbikarbonat $Mg(HCO_3)_2$ (doppelkohlensaure Magnesia),
   Magnesiumsulfat $MgSO_4$ (Bittersalz, schwefelsaure Magnesia),
   Magnesiumchlorid $MgCl_2$ (Chlormagnesium),
   Magnesiumnitrat $Mg(NO_3)_2$ (salpetersaure Magnesia),
   Magnesiummonosilikat $MgO \cdot SiO_2$ (einfach kieselsaure Magnesia, $MgSiO_3$),

Magnesiumdisilikat $MgO \cdot 2\,SiO_2$ (doppelkieselsaure Magnesia, $MgSi_2O_5$),

5. Natrium Na,
   Natriumoxyd Na_2O (Natron),
   Natriumbikarbonat $NaHCO_3$ (doppelkohlensaures Natron),
   Natriumsulfat Na_2SO_4 (schwefelsaures Natron, gen. Glaubersalz),
   Natriumchlorid $NaCl$ (Chlornatrium, gen. Kochsalz),
   Natriumnitrat $NaNO_3$ (salpetersaures Natron — Natronsalpeter);
6. Siliziumdioxyd SiO_2 (Kieselsäure, ...-Silikat),
7. Ammoniak NH_3,
8. Sauerstoff O_2,
9. Kohlendioxyd CO_2 (Kohlensäure, ...- Karbonat),
10. Schwefelsäureanhydrid SO_3 (Schwefelsäure, ...- Sulfat),
11. Chlor Cl (..... Chlorid),
12. Salpetersäureanhydrid N_2O_5 (Salpetersäure, ...- Nitrat),
13. Salpetrigsäureanhydrid N_2O_3 (salpetrige Säure,...- Nitrit),
14. Kaliumpermanganatverbrauch $KMnO_4$ (als Maß für die Oxydierbarkeit der organischen Substanz).

Metalloxyde und Säurereste im gereinigten Wasser und Kesselinhalt.

15. Kalziumhydroxyd $Ca(OH)_2$ (Ätzkalk, gelöschter Kalk),
    Kalziumkarbonat $CaCO_3$ (kohlensaurer Kalk);
16. Magnesiumhydroxyd $Mg(OH)_2$ (Magnesiahydrat),
    Magnesiumkarbonat $MgCO_3$ (kohlensaure Magnesia);
17. Aluminiumhydroxyd $Al(OH)_3$ (Tonerdehydrat),
    Aluminiumsulfat $Al_2(SO_4)_3$ (schwefelsaure Tonerde);
18. Barium Ba,
    Bariumoxyd BaO (Baryt),
    Bariumhydroxyd $Ba(OH)_2$ (Ätzbaryt),
    Bariumkarbonat $BaCO_3$ (kohlensaures Barium),
    Bariumchlorid $BaCl_2$ (Chlorbarium),
    Bariumaluminat $BaAl_2O_4$;
19. Natriumhydroxyd $NaOH$ (Ätznatron — Natronlauge),
    Natriumkarbonat Na_2CO_3 (kohlensaures Natron — Soda);
20. Chlorwasserstoffsäure HCl (Salzsäure).
21. °Bé (Grad Baumé) (als Maß für die Konzentration an gelösten Salzen, d. h. als Maß für die Dichte des Wassers).
    $1\,°$ Bé (rat. Skala) $= 10\,000$ mg/l Abdampfrückstand bei Raumtemperatur.

Chemische Elemente, Salze, Säuren und Gase bei der Kesselspeisewasserpflege.

	Formel	Atom- bzw. Molekulargewichte
Wasser	H_2O	18
Sauerstoff	O_2	32
Wasserstoff	H_2	2
Stickstoff	N	14
Chlor	Cl	35,5
Schwefel	S	32
Kohlenstoff	C	12
Eisen	Fe	55,8
Silizium	Si	28
Kalium	Ca	39,1
Kalzium	K	40,1
Natrium	Na	23
Magnesium	Mg	24,3
Barium	Ba	137,4
Aluminium	Al	27
Kupfer	Cu	63,6
Kalziumoxyd	CaO	56
Magnesiumoxyd	MgO	40,4
Eisenoxyd	Fe_2O_3	159,7
Aluminiumoxyd (Tonerde)	Al_2O_3	101,9
Kupferoxyd	CuO	79,6
Kohlenoxyd	CO	28
Kohlendioxyd (Kohlensäure)	CO_2	44
Schwefeldioxyd (schweflige Säure)	SO_2	64
Titandioxyd (Titansäure)	TiO_2	80
Kohlensaurer Kalk (Kalziumkarbonat)	$CaCO_3$	100,1
Kohlensaure Magnesia (Magnesiumkarbonat)	$MgCO_3$	84,3
Kohlensaures Barium (Bariumkarbonat)	$BaCO_3$	197,4
Soda (Natriumkarbonat)	Na_2CO_3	106
Natriumbikarbonat	$NaHCO_3$	84
Kalziumbikarbonat	$Ca(HCO_3)_2$	162,1
Magnesiumbikarbonat	$Mg(HCO_3)_2$	146,3
Kupferchlorür	Cu_2Cl_2	198
Salzsäure	HCl	36,5
Chlornatrium (Kochsalz)	NaCl	58,5

	Formel	Atom- bzw. Molekulargewichte
Magnesiumchlorid (Chlormagnesium)	$MgCl_2$	95,2
Kalziumchlorid (Chlorkalzium) .	$CaCl_2$	111
Bariumchlorid (Chlorbarium) . .	$BaCl_2$	208,3
Ammoniumchlorid (Chlorammonium)	NH_4Cl	53,5
Salpetrige Säure	HNO_2	47
Salpetersäure	HNO_3	63
Kalziumnitrat	$Ca(NO_3)_2$	164,1
Magnesiumnitrat	$Mg(NO_3)_2$	148,3
Natriumnitrat (Natronsalpeter) . .	$NaNO_3$	85
Kieselsäure	SiO_2	60,1
Natriumsilikat (Wasserglas) . .	Na_2SiO_3	122
Schwefelwasserstoff	H_2S	34,1
Kohlenwasserstoff (Methan) . .	CH_4	16
Ammoniak	NH_3	17
Silbernitrat	$AgNO_3$	169,9
Schwefelsäure, freie	H_2SO_4	98,1
Schwefelsaurer Kalk (Gips) . . .	$CaSO_4$	136,1
Magnesiumsulfat (Bittersalz) . .	$MgSO_4$	120,4
Natriumsulfat (Glaubersalz) . .	Na_2SO_4	142,1
Natriumsulfit	Na_2SO_3	126,1
Bariumsulfat (Schwerspat) . . .	$BaSO_4$	233,4
Natriumthiosulfat	$Na_2S_2O_3$	158,2
Jodkalium	KJ	166
Kalziumsilikat	$CaSiO_3$	116,1
Ätznatron	$NaOH$	40
Magnesiumhydroxyd	$Mg(OH)_2$	58,3
Kalziumhydroxyd (Ätzkalk, gelöschter Kalk)	$Ca(OH)_2$	74,1
Bariumhydroxyd	$Ba(OH)_2$	171,4
Ätzkali	KOH	56,1
Kaliumpermanganat	$KMnO_4$	158
Manganchlorür	$MnCl_2 \cdot 4 H_2O$	197,9
Kaliumchromat	K_2CrO_4	194,2
Pyrogallussaures Kali		
Pyrogallussäure		
Kaliumpalmitat		
Methylorange		
Phenolphthalein		

2. Untersuchungsmethoden für Kessel-
speisewasser.

Allgemeines.

1 Von besonderer Wichtigkeit ist die Art und der Ort der
Entnahme der Wasserproben. Da hiervon je nach
dem Zweck der Untersuchung das Ergebnis in starkem Maße
beeinflußt werden kann, so ist besondere Vorsicht am Platz.

Erfolgt die Probenahme aus Druckleitungen oder Druck-
gefäßen, so läßt man zunächst eine größere Menge Wasser ab-
fließen, ehe die Probe selbst genommen wird. Insbesondere
achtet man darauf, daß etwaiger abgelagerter Schlamm, wie
z. B. aus Untertrommeln von Steilrohrkesseln oder längeren
Wasserstandsverbindungsrohren, vor der Probenahme entfernt
ist. Derartige Entnahmestellen sind daher besonders gründlich
auszublasen. Bei Kesselwasserproben verdampft stets ein
Teil des Wassers, und zwar um so mehr, je höher der Kesseldruck ist. Hierdurch erhält die Probe einen höheren Salzgehalt als das Kesselwasser. Das Untersuchungsergebnis ist
entsprechend dem verdampften Anteil umzurechnen. Dieser
ergibt sich zu:

$$x = \frac{g_s - 100}{639 - g_s} \cdot 100 \text{ v. H.}$$

wobei x die verdampfte Wassermenge in v. H. des entnommenen
Wassers, und g_s die Flüssigkeitswärme in k cal/kg bei dem
vorhandenen Kesseldruck bedeutet; g_s kann genügend genau
gleich t_s (Siedetemperatur) gesetzt werden.

Einfacher und einwandfreier ist die Kesselwasserproben-
nahme mittels besonderer, meist am Wasserstandsanzeiger an-
geschlossener Kühler. Ein solcher Kühler kann aus einigen
Windungen dünnen Rohres (Manometerrohr) bestehen, die in
ein wassergefülltes Blechgefäß eingetaucht sind. Verdampf-
fung des Kesselwassers findet hierbei nicht statt, die Probe
entspricht also dem Kesselinhalt. Zu berücksichtigen ist ferner,
daß die Salzkonzentrationen bei manchen Kesseln in den einzelnen Kesselteilen verschieden sind. Dies ist besonders der
Fall bei Viertrommel-Steilrohrkesseln ohne Verbindung der
beiden Untertrommeln, sowie bei Schrägrohrkesseln mit drei
längsliegenden Obertrommeln. In solchen Fällen pflegt man
die Wasserproben aus der Trommel mit der größten Salzkon-
zentration zu verwenden, nachdem man durch eingehende
Untersuchungen die einzelnen Salzgehalte kennengelernt hat.

2 Die besonderen Vorsichtsmaßnahmen, die bei der Probenahme zur Bestimmung des Sauerstoffgehalts sowie der an-

greifenden Kohlensäure notwendig sind, werden in den entsprechenden Untersuchungsverfahren näher beschrieben. Sollen Speisewasserproben mit einer Temperatur von über 100° zur Bestimmung des Sauerstoffgehalts entnommen werden, so müssen bei der Entnahme Kühler verwendet werden, da sonst durch die Verdampfung eine Entgasung eintreten würde.

3 Beachtliche Fehler können auch bei der Verwendung ungeeigneter G l a s g e f ä ß e entstehen. Am besten sind Flaschen aus farblosem Glas mit abgeschrägtem Glasstopfen und mattierten Schildern für die Aufschrift. Für den Transport haben sich viereckige 1½-l-Flaschen am besten bewährt. Zur Sauerstoffbestimmung verwendet man Flaschen mit 150 oder 250 cm³ Inhalt. Bei alkalischem Wasser, insbesondere Kesselwasser, besteht bei nicht widerstandsfähigem Glase, insbesondere bei neuem Glase, die Gefahr des Herauslösens von Kieselsäure aus dem Glas der Flaschen, wenn das Wasser einige Zeit in diesen aufbewahrt wird (festgestellte SiO_2-Anreicherung in 10 Tagen 10 mg/l). Bei Flaschen, die längere Zeit im Gebrauch waren, läßt diese Kieselsäurelösung erheblich nach.

4 Es ist stets angebracht, die zu Wasseruntersuchungen bestimmten P r o b e m e n g e n reichlich zu nehmen, um bei den Untersuchungen gegebenenfalls auch noch Kontrollproben ausführen zu können. Im allgemeinen sollte die Probemenge nicht unter 1½ l betragen.

Einfache Untersuchungsverfahren für kleinere Kesselanlagen (Eisenacher Richtlinien).

A r b e i t s g r u n d s ä t z e.

5 Bei jeder Wasseruntersuchung ist folgendes streng durchzuführen:

Gründliches Ausspülen der Versuchsgefäße vor jeder Untersuchung mit dem zu untersuchenden Wasser.

Gründliches Ausspülen der Versuchsgefäße nach jeder Untersuchung.

Entfernung der Chemikalien und Ausspülen der Meßröhren nach jeder Untersuchung.

Aufbewahrung der Chemikalien in verschlossenen Flaschen.

A r b e i t s g e r ä t e :

6 Folgende Arbeitsgeräte werden zu den Untersuchungen benötigt:

1. Probenahmegefäß von 500 cm³ Inhalt mit Henkel und Ausguß,
2. Schüttelflasche mit Teilstrichen bei 10, 20 und 40 cm³,
3. Flasche mit Aufschrift „Seifenlösung nach Boutron & Boudet",
4. Stechheber (Pipette) zum Einfüllen der Seifenlösung in den Härteprüfer,
5. Meßröhre für Seifenlösung (Härteprüfer), in deutsche Grade geteilt, bezogen auf 40 cm³,
6. Tropfflasche mit Aufschrift P (Phenolphthalein),
7. Tropfflasche mit Aufschrift M (Methylorange),
8. Meßzylinder 100 cm³ Inhalt,
9. Flasche mit Aufschrift „n/10 Salzsäure",
10. Meßröhre für Säure, in deutsche Grade geteilt, bezogen auf 100 cm³,
11. Glasbecher (Philippsbecher), 300 cm³ Inhalt,
12. Stechheber (Pipette) mit Marken bei 5 und 10 cm³,
13. Spindel bis spez. Gewicht 1,02 oder 0—3 ° Bé (rationelle Skala),
14. Spindel bis spez. Gewicht 1,26 oder 0—30 ° Bé (rationelle Skala),
15. Spindelzylinder für 13,
16. Spindelzylinder für 14,
17. Thermometer 0—100 ° C, in Grade geteilt,
18. Flasche mit Aufschrift „Destilliertes Wasser".

Arbeitschemikalien.

7   Seifenlösung nach Boutron & Boudet (alkoholisch),
n/10 Salzsäure,
Farblösung P = 10 g Phenolphthalein in 1 l Alkohol (vergällt),
Farblösung M = 0,5 g Methylorange in 1 l destilliertem Wasser,
Destilliertes Wasser (reines Kondensat).

Maßeinheiten.

8   Maß für Härte und Alkalität ist der deutsche Grad (° d). Der Salzgehalt wird durch die Dichte bestimmt (spez. Gewicht oder ° Bé [rationelle Skala]). Zum Vergleich beider Spindeleinteilungen diene folgende Tabelle:

°Bé	Spez. Gew.	°Bé	Spez. Gew.	°Bé	Spez. Gew.	°Bé	Spez. Gew.
0	1,000	1,4	1,010	2,7	1,020	5,0	1,037
0,1	1	1,5	11	2,9	21	6	1,045
0,3	2	1,7	12	3,0	1,022	7	1,052
0,4	3	1,8	13	3,1	23	8	1,060
0,6	4	2,0	1,014	3,3	24	9	1,067
0,7	5	2,1	15	3,4	25	10	1,075
0,9	6	2,2	16	3,5	26	15	1,116
1,0	1,007	2,4	17	3,7	27	20	1,162
1,1	8	2,5	18	3,8	28	25	1,210
1,3	9	2,6	19	4,0	1,029	30	1,263

Bezeichnungen.

9

$H = $ Gesamthärte,
$K = $ Karbonathärte,
$N = $ Nichtkarbonathärte,
$D = $ Dichte,
$P = $ Phenolphthaleinalkalität,
$M = $ Methylorangealkalität,
$A = $ Ätzalkalität $= 2\ P{-}M$.

Ungereinigtes Wasser (Rohwasser).

10   Probenahme. Die Probe wird der Zulaufleitung des Wassers zum Reiniger entnommen.

11   Härteprüfung: Karbonathärte. 100 cm³ des Wassers im Meßzylinder 8 abmessen,

in Glasbecher 11 bringen und mit 3 Tropfen Farblösung M versetzen,

Meßröhre 10 mit n/10 Säure bis Nullmarke füllen,

zum gelb gefärbten Wasser n/10 Säure tropfenweise unter Schwenken des Glasbechers zusetzen, bis gelbe Farbe in zwiebelrot umschlägt;

an der Meßröhre abgelesene Zahl ist die Karbonathärte K des Wassers; Wert in Spalte 4 des Tagebuches (s. Ziff. 23) eintragen.

12   Härteprüfung: Gesamthärte. Schüttelflasche 2 mit dem Wasser zweimal ausspülen und bis Teilstrich 40 füllen (bei über 20 ° hartem Wasser 20 cm³, bei über 40° hartem Wasser 10 cm³ zur Untersuchung nehmen, Schüttelflasche dann mit destilliertem Wasser (reinem Kondensat) auf 40 cm³ auffüllen),

Seifenlösung aus Flasche 3 mittels Hebers 4 in Meßröhre 5 bis Strich oberhalb Nullmarke füllen,

aus Meßröhre 5 tropfenweise Seifenlösung zum Wasser geben und Flasche kräftig schütteln,

Seifenlösung so lange zusetzen, bis durch Schütteln ein dichter, etwa 1 cm hoher, einige Minuten stehenbleibender Schaum entsteht[1]),

Stand der Seifenlösung in der Meßröhre 5 gibt Gesamthärte H des Wassers an; Wert in Spalte 3 des Tagebuches eintragen (erhaltenen Wert bei Anwendung von 20 cm³ verdoppeln, bei Anwendung von 10 cm³ vervierfachen).

13 Härteprüfung: Nichtkarbonathärte. Gesamthärte minus Karbonathärte = Nichtkarbonathärte; Wert in Spalte 5 eintragen.

Gereinigtes Wasser.

14 Probenahme. Wie beim Rohwasser, jedoch hinter dem Filter des Wasserreinigers.

Falls Wasser trübe, Trübung in Spalte 10 vermerken und Probe durch Papierfilter filtrieren.

Vor Untersuchung Wasser auf 20° abkühlen.

15 Alkalitätsprüfung. 100 cm³ des Wassers im Meßzylinder 8 abmessen und in Glasbecher 11 mit einigen Tropfen Farblösung P versetzen.

Das Wasser muß sich hierbei rot färben. Tritt dies nicht ein, so ist die zugesetzte Kalk-Soda- oder Laugenmenge zu gering.

Aus der bis zur Nullmarke gefüllten Meßröhre 10 unter Schwenken tropfenweise n/10 Säure zusetzen, bis Rötung gerade verschwindet, Säureverbrauch in Spalte 7 unter P eintragen.

Hierauf zur gleichen Probe Farblösung M zugeben und, ohne die Meßröhre 10 neu aufzufüllen, weiter tropfenweise Säure zufügen bis zum Farbumschlag in zwiebelrot.

Gesamtverbrauch an Säure (also einschl. des Verbrauches für P) in Spalte 8 unter M eintragen.

---

[1]) Beim Aufhören des Knisterns (Zerplatzen der Blasen, Gefäß ans Ohr halten) ist Endpunkt des Seifenzusatzes erreicht.

Bei an Magnesia reichen Wässern bildet sich schon nach Bindung der Kalkhärte ein fester Schaum, der aber bei weiterem Zusatz von Seifenlösung wieder verschwindet.

Ätzalkalität A nach der Formel 2 P — M berechnen und in Spalte 6 eintragen.

16   H ä r t e p r ü f u n g.   Schüttelflasche 2 mit dem Wasser zweimal ausspülen und bis Teilstrich 40 füllen.

Einige Tropfen Farblösung P zugeben.

So lange unter Umschütteln des Fläschchens Säure aus Meßröhre 10 hinzutropfen, bis Rötung fast verschwindet.

Meßröhre 5 mit Seifenlösung aus Flasche 3 mittels Hebers 4 bis Strich oberhalb Nullmarke füllen,

dann weiter verfahren wie unter 8 angegeben.

Ermittelte Härte in Spalte 9 eintragen.

K e s s e l w a s s e r.

17   P r o b e n a h m e.   Kesselwasserprobe am Wasserstand entnehmen (Zapfstelle anbringen), oberen Wasserstandshahn schließen, unteren öffnen und etwa 1 Minute lang kräftig durchblasen,

dann Probe entnehmen.

Einbau einer Kühlschlange zum Abkühlen des Kesselwassers bei Drücken über 15 atü sehr ratsam.

Probe auf 20° abkühlen lassen und, falls durch Absitzenlassen des Schlammes keine völlige Klärung erfolgt, durch Papierfilter filtrieren.

18   A l k a l i t ä t s p r ü f u n g.   10 cm³ des Wassers mittels Stechhebers 12 abmessen, in Glasbecher 11 einlaufen lassen,

mit einigen Tropfen Farblösung P versetzen,

mit destilliertem Wasser oder reinem Kondensat auf etwa 100 cm³ verdünnen,

dann aus Meßröhre 10 n/10 Säure bis zum Verschwinden der roten Farbe zugeben,

das Zehnfache des Säureverbrauches in Spalte 12 unter P eintragen.

Hierauf zur gleichen Probe Farblösung M zugeben und, ohne Meßröhre 10 neu aufzufüllen, weiter tropfenweise Säure zufügen bis zum Farbumschlag in zwiebelrot,

das Zehnfache des Gesamtverbrauches an Säure (also einschließlich des Verbrauches für P) in Spalte 13 unter M eintragen.

Ätzalkalität nach Formel 2 P — M berechnen und in Spalte 11 eintragen.

19   H ä r t e p r ü f u n g.   Probemenge 40 cm³ Wasser, Prüfung wie in 12 beim gereinigten Wasser angegeben.

Ermittelte Härte in Spalte 14 eintragen.

20   D i c h t e. Kesselwasser auf 20° abkühlen und klären lassen (gegebenenfalls filtrieren),

Spindelzylinder 15 füllen,

Spindel 13 eintauchen,

abgelesene Dichte in Spalte 15 eintragen.

K a l k w a s s e r.

21   Schüttelflasche 2 mittels Stechhebers 12 mit 10 cm³ des klaren (gegebenenfalls filtrierten) Kalkwassers füllen,

mit einigen Tropfen Farblösung P versetzen,

aus Meßröhre 10 tropfenweise unter ständigem Schütteln $n/10$ Säure zugeben, bis Rotfärbung gerade verschwindet.

Das Zehnfache des abgelesenen Wertes ist die Alkalität des Kalkwassers; in Spalte 16 eintragen.

In Spalte 17 Wassertemperatur im Kalksättiger vermerken.

Die Alkalität des Kalkwassers soll betragen:

bei einer Temperatur im Kalksättiger

von °C	10	15	20	25	30	35	40	45
Alkalität °d	135	132	129	125	120	116	108	98

Bei geringerer Alkalität Kalksättiger neu beschicken.

S o d a - u n d Ä t z n a t r o n l ö s u n g.

22   Dichte der Soda- oder Ätznatronlösung bei 20°, wie unter 16 angegeben, mit Spindelzylinder 16 und Spindel 14 bestimmen; Werte in Spalte 18 eintragen.

23   T a g e b u c h d e r W a s s e r u n t e r s u c h u n g e n.

1	2	3	4	5	6	7	8	9	10	11	12	13	14	15	16	17	18
Untersuchungs-		Roh-wasser			Reinwasser					Kesselwasser (Kessel Nr.)					Kalk-wasser		Soda- (Ätznatron) Lösung
Tag	Std.	H	K	N	A = 2P—M	P	M	H	Trü-bung	A = 2P—M	P	M	H	D	P	°C	D

H ä u f i g k e i t d e r U n t e r s u c h u n g e n.

24   a) Rohwasser: Flußwasser mindestens einmal täglich, Brunnenwasser im allgemeinen einmal wöchentlich.

b) Gereinigtes Wasser: Mindestens einmal in jeder Schicht, frühestens dann, wenn das Wasser nach neuem Chemikalienzusatz den Reiniger durchlaufen hat.

c) Kesselwasser: Von jedem Kessel einmal täglich (möglichst vor dem Abschlämmen).

d) Kalkwasser: Eine Stunde nach Beschickung des Kalksättigers, ferner vor Neubeschickung und immer dann, wenn im Reinwasser Kalkmangel festgestellt wird.

e) Soda- oder Ätznatronlösung: Jeweils nach dem Ansetzen.

Umfassende Untersuchungsverfahren für größere Kesselanlagen.

Härtebestimmung nach Blacher-Splittgerber.

25 Erforderliche Chemikalien:

Methylorange (0,05proz. Lösung in Wasser),
$^1/_{10}$ n-Salzsäure,
Phenolphthalein (1proz. Lösung in Alkohol),
$^1/_{10}$ n-Natronlauge,
$^1/_{10}$ n-Kaliumpalmitatlösung.

100 cm³ Wasser werden mit 2 Tropfen Methylorange versetzt und mit $^1/_{10}$ n-Salzsäure (bei stark alkalischem Kesselwasser unter Umständen anstatt der $^1/_{10}$ n-Säure mit Normalsäure) bis zum Farbumschlag in gelbbraun titriert. Darauf bläst man zur Vertreibung der durch diese Titration in Freiheit gesetzten Kohlensäure 1 bis 2 Minuten lang Luft durch die Flüssigkeit und setzt, falls sich eine hellgelbe Färbung zurückgebildet hat, nochmals Salzsäure bis zum Wiedererscheinen des Umschlages zu. Das Lufteinblasen kann auch durch ein 10 Minuten lang andauerndes Kochen ersetzt werden. Der mit 2,8 multiplizierte Gesamtsäureverbrauch zeigt bei Rohwasser die Karbonathärte an, der mit 22 multiplizierte Gesamtsäureverbrauch gibt bei Rohwasser den Gehalt an gebundener Kohlensäure in mg/l. Nach dem Abkühlen auf Zimmertemperatur gibt man 5—10 Tropfen Phenolphthaleinlösung und so viel $^1/_{10}$ n-Natronlauge zu, bis die Flüssigkeit auf dem Wege über Hellgelb ganz schwach rosa gefärbt wird. Hierauf titriert man sofort (das ist wichtig) mit der $^1/_{10}$ n-Kaliumpalmitatlösung bis zur bleibenden karminroten Färbung, darf aber nicht so weit gehen, daß ein rotvioletter Farbton erscheinen würde. Sollte man sich in der Erkennung dieses karminroten Farbtones unsicher fühlen, so kann man sich dadurch helfen, daß man bis zum leicht erkennbaren Auftreten des rosa Farbtones titriert und zu dem abgelesenen Palmitatverbrauch 0,3 cm³ $^1/_{10}$ n-Palmitat hinzuzählt.

Härtebestimmung von Kondenswässern nach Splittgerber.

26   In härtearmen Wässern (unter 0,5 ° d) führen die üblichen Seifenmethoden, sowie die unter Ziff. 25 erwähnte Methode zu ungenauen Werten. Größere Genauigkeit liefert folgendes Verfahren:

Erforderliche Chemikalien:

 n und n/$_{10}$ Salzsäure,

 n und n/$_{10}$ Natronlauge,

 verdünnte Clark'sche Seifenlösung.

Die käufliche Clark'sche Lösung wird mit Alkohol auf das Fünffache verdünnt.

500 cm³ des zu untersuchenden Wassers füllt man in einen etwa 600 cm³ fassenden Schüttelzylinder mit Glasstopfen. Dazu gibt man (nach Zusatz von Phenolphthalein) je nach dem, ob das Wasser sauer oder alkalisch reagiert, solange Säure oder Lauge, bis eine gerade noch deutlich sichtbare Färbung eintritt.

Mittels der Bürette (Hydrotimeter) wird hierauf die auf das Fünffache mit Alkohol bzw. Methanol (billiger!) verdünnte Seifenlösung nach Clark zugegeben, bis ein bleibender, nicht mehr knisternder Schaum (Gehör) entsteht.

Hat man von der an der Bürette abgelesenen verbrauchten Menge Seifenlösung in cm³ weniger als 50 cm³ abgelesen, so entspricht 1 cm³ = 0,003 ° d, werden mehr als 50 cm³ der verdünnten Seifenlösung benötigt, so entspricht für den 50 cm³ übersteigenden Mehrverbrauch 1 cm³ = 0,01 ° d.

Beispiel: Verbrauch an Seifenlösung:

 a) = 20 cm³,

 b) = 68 cm³.

Dann beträgt die Härte des Wassers:

 a) 20 · 0,003 = 0,06 ° d,

 b) 50 · 0,003 + 18 · 0,01 = 0,15 + 0,18 = 0,33 ° d.

Abweichungen gegenüber der als besonders genau anzusehenden Gewichtsanalyse ± 0,02 ° d.

Alkalität des gereinigten Zusatzwassers.

27   Erforderliche Chemikalien:

Phenolphthalein (1proz. Lösung in Alkohol),

 $^1/_{10}$ n-Salzsäure,

 Methylorange (0,05proz. Lösung in Wasser).

100 cm³ gereinigtes Speisewasser werden im Erlenmeyer-

Kolben mit einem Tropfen Phenolphthalein als Indikator versetzt. Dann wird tropfenweise aus einer Bürette unter Schütteln oder Rühren des Wassers $^1/_{10}$ n-Salzsäure zugesetzt, bis die vorher rote Färbung in farblos umschlägt. Die verbrauchten cm^3 $^1/_{10}$ n-Salzsäure werden nach dem Stand in der Bürette abgelesen und als Phenolphthaleinwert p eingetragen (Titration mit Phenolphthalein).

Nachdem derselben Wasserprobe 2 bis 3 Tropfen Methylorange als Indikator zugesetzt worden sind (Färbung gelb), wird wieder tropfenweise mit $^1/_{10}$ n-Salzsäure weiter titriert, bis die gelbe Färbung orange wird (Titration mit Methylorange).

Die jetzt verbrauchten cm^3 $^1/_{10}$ n-Salzsäure vermehrt um die mit Phenolphthalein verbrauchten cm^3, also die insgesamt verbrauchten cm^3, sind der Methylorangewert m. Diese beiden Werte charakterisieren den Gehalt des Wassers an Alkali genügend. Wenn man p und m mit 2,8 multipliziert, erhält man die (von B l a c h e r vorgeschlagenen) Werte P und M, die den Phenolphthalein- und Methylorangewert in deutschen Graden angeben. Multipliziert man die für m erhaltene Zahl mit 53, so erhält man die Gesamtalkalität des Wassers, ausgedrückt als mg/l Soda (Na_2CO_3).

28   Will man aus den Werten die im Wasser tatsächlich vorhandene Natronlauge und Soda errechnen, was mehr den praktischen Bedürfnissen entspricht, so verfährt man nach folgenden Formeln:

$$p - (m - p) \cdot 40 = (2 \, p - m) \cdot 40 = \text{mg/l NaOH (Ätznatron)},$$
$$(m - p) \cdot 2 \cdot 53 = (m - p) \cdot 106 = \text{mg/l } Na_2CO_3 \text{ (Soda)}.$$

Sollte m größer sein als 2 p, so bedeutet das, daß im Wasser kein Ätznatron vorhanden ist, sondern daß ein Teil oder die gesamte Soda durch freie Kohlensäure (CO_2) in Natriumbikarbonat ($NaHCO_3$) verwandelt wurde. In diesem Falle kann neben dem Bikarbonat nur noch Soda, kein Ätznatron vorhanden sein; die Berechnung richtet sich dann nach folgenden Formeln:

$$2 \, p \cdot 53 = 106 \, p = \text{mg/l } Na_2CO_3 \text{ (Soda)}$$
$$(m - 2 \, p) \cdot 84 = \text{mg/l } NaHCO_3 \text{ (Natriumbikarbonat)}.$$

Sollte p $= 0$ sein, so gilt nur die letzte Formel zur Berechnung des Bikarbonats.

Alkalität des Kesselwassers.

29   Man verwendet nur 10 cm^3 Kesselwasser und multipliziert die nach obigen Formeln erhaltenen Zahlen sämtlich mit 10.

Natronzahl.

30   Als Maßstab für die Alkalität des Kesselwassers dient die Natronzahl. Sie wird aus den ermittelten Soda- und Ätznatronwerten nach folgender Gleichung errechnet:

$$\text{Natronzahl} = \frac{\text{Soda } (Na_2CO_3)\ (mg/l)}{4,5} + \text{Ätznatron } (NaOH)\,(mg/l)$$

Kalkhärte — Kalkgehalt.

31   Erforderliche Chemikalien:
Ammonium-Oxalat (40 g in 1 l dest. Wassers),
verdünnte Schwefelsäure,
$n/_{10}$ Kaliumpermanganat-Lösung,
Mangansulfat, kristallisiert ($MnSO_4 \cdot 5H_2O$).

In einen Erlenmeyer-Kolben von 250 cm³ Inhalt gibt man 100 cm³ des zu untersuchenden Wassers und mischt es mit genau 20 cm³ Ammonium-Oxalatlösung, die mittels Bürette oder Pipette abzumessen sind. Nach 10—15 Minuten langem Stehen wird diese Mischung durch ein glattes, trockenes Kieselgurpapierfilter (Firma Macherey, Nagel & Co., Düren Rhld.) von etwa 15 cm Durchmesser in eine trockne Vorlage filtriert. Den Trichter bedeckt man vorsichtshalber während der Filtration mit einem Uhrglas.

100 cm³ des klaren Filtrats versetzt man dann mit etwa 20 cm³ verdünnter Schwefelsäure (roh in Meßglas abgemessen), erwärmt auf 50°—60° und titriert mit $n/_{10}$ Permanganat-Lösung.

In gleicher Weise versetzt man 100 cm³ destilliertes Wasser mit 20 cm³ Ammonium-Oxalat-Lösung, filtriert 100 cm³ ab und titriert diese nach Zugabe von Schwefelsäure mit $n/_{10}$ Permanganat-Lösung. Von dem so erhaltenen Titrationswert wird der zuerst gefundene abgezogen. Dabei entspricht jeder cm³ des so erhaltenen Wertes 33,64 mg/l CaO oder 24,04 mg/l Ca. Größere Mengen Chlorid stören die Umsetzung. Zu ihrer Unschädlichmachung gibt man 1 g Mangansulfat zu. Für Wässer mit viel organischer Substanz ist außerdem noch ein Ergänzungsverfahren anzuwenden, worüber in der Literatur (vgl. z. B. Lunge - Berl., „Chemisch-technische Untersuchungsmethoden") nähere Angaben zu finden sind.

Magnesiahärte — Magnesiagehalt.

32   Man kann zwar den Magnesiawert erhalten durch Subtraktion des maßanalytisch nach Ziff. 31 bestimmten und als

Kalkhärte ausgedrückten Kalkgehalts von der Gesamthärte. Die Differenz ergibt dann direkt die Magnesiahärte oder nach Multiplikation mit 7,19 die mg/l MgO bzw. nach Multiplikation mit 4,34 die mg/l Mg. Diese Mg-Werte sind ungenau, da der unvermeidliche Analysenfehler bei der Kalkbestimmung voll auf die in weit geringerer Menge im Wasser vorhandene Magnesia entfällt, so daß der prozentuale Fehler für den Magnesiawert außerordentlich groß sein kann.

Es wird daher folgendes Verfahren empfohlen:

33 Erforderliche Chemikalien:

$^1/_{10}$ n-Salzsäure,

Methylorange (0,05prozentige Lösung),

Natriumoxalatlösung (5prozentig),

$^1/_{10}$ n-Natronlauge,

$^1/_{10}$ n-Kaliumpalmitatlösung,

Phenolphthaleinlösung (1prozentige Lösung in Alkohol).

100—200 cm³ Wasser (je nach Mg-Gehalt) werden mit $^1/_{10}$ n-Salzsäure unter Beigabe von Methylorange bis zur deutlichen Rotfärbung versetzt und 10 Minuten zur Entfernung der Kohlensäure gekocht. Dann werden 5 cm³ einer 5prozentigen Natriumoxalatlösung zugefügt und noch 1—2 Minuten weiter gekocht. Nach dem Abkühlen setzt man 8—10 Tropfen Phenolphthaleinlösung hinzu und stellt durch Zusatz von $^1/_{10}$ n-NaOH auf ganz schwach rosa ein. Nach Beseitigung der schwachen Rosafärbung durch einen Tropfen $^1/_{10}$ n-Salzsäure wird sofort mit $^1/_{10}$ n-Kaliumpalmitatlösung bis zur karminroten Färbung titriert, wie dies bei der Blacher'schen Methode zur Bestimmung der Gesamthärte nach Ziff. 25 näher beschrieben worden ist.

Durch Multiplikation des Palmitatverbrauches mit 2,8 (für 100 cm³) oder 1,4 (für 200 cm³) erhält man die Magnesiahärte in ° d H.

Durch Multiplikation mit 2,02 bzw. 1,01 bzw. 20,2 die mg MgO für 100 bzw. 200 cm³ bzw. 1 l Wasser, — mit 1,22 bzw. 0,61 bzw. 12,2 die mg Mg für 100 bzw. 200 cm³ bzw. 1 l Wasser.

34 Bei dieser Magnesiabestimmung ist der Umschlag nicht so scharf wie bei der Bestimmung der Gesamthärte. Die Rötung verschwindet wieder langsam, so daß man zunächst im Zweifel sein kann, ob die Bestimmung schon beendet ist. Diese Unsicherheit verliert sich aber, wenn man zur Übung eine Anzahl von Bestimmungen an Wässern mit bekanntem Magnesiagehalt ausgeführt hat.

Wichtig ist die Abwesenheit von Ammonsalzen, weshalb auch die vorhergehende Ausfällung des Kalkes nicht durch Ammoniumoxalat geschehen darf.

C h l o r i d g e h a l t.

35   Erforderliche Chemikalien:

Kaliumchromatlösung (10prozentig),

Silbernitratlösung, von welcher $1\,cm^3 = 1\,mg$ Chlor entspricht,

festes reinstes Natriumchlorid (Kochsalz),

festes Natriumbikarbonat,

festes Magnesiumoxyd (= gebrannte Magnesia = Magnesia usta),

$^1/_{10}$ n-Natronlauge,

$^1/_{10}$ n-Schwefelsäure,

Phenolphthaleinlösung (1prozentige Lösung in Alkohol),

Methylorange (0,05prozentige Lösung),

festes Zinkoxyd, chloridfrei,

Aluminiumhydroxyd (Herstellung siehe Ziff. 99).

$100\,cm^3$ Rohwasser werden in einem Becherglas mit $1\,cm^3$ 10prozentiger Kaliumchromatlösung (nicht weniger) versetzt und unter dauerndem Rühren mit einem vorn mit etwas Gummischlauch überzogenen Glasstab mit Silbernitratlösung durch tropfenweises Zusetzen bis zum bleibenden Farbumschlag ins Rötliche titriert. Es ist unbedingt erforderlich, auf die allererste, eben bemerkbare dunklere Färbung zu titrieren, da sonst die Ergebnisse zu hoch ausfallen.

36   Um bei niedrigen Chloridgehalten ganz sicher zu gehen, wiederholt man die Titration unter Benutzung einer Vergleichslösung. Man setzt zu der ersten, fertig titrierten Lösung eine Spur festen Kochsalzes, wodurch die Färbung wieder in hellgelb umschlägt. Darauf mißt man nochmals $100\,cm^3$ Wasser ab und titriert jetzt nur so weit, bis die zweite Flüssigkeit eine Spur dunkler geworden ist als die erste. Ohne Vergleichslösung läßt sich der Umschlag in solcher Schärfe nicht erkennen.

Bei Chloridgehalten unter 7 mg/l versagt auch dieses Verfahren; man muß in solchen Fällen das Wasser durch Eindampfen konzentrieren, um eine entsprechend chloridreichere Lösung zur Untersuchung zu bringen.

37   Ohne Einfluß auf die Bestimmung ist die Anwesenheit von Bikarbonaten, freier Kohlensäure, Sulfaten, Phosphaten, Borax,

Mangan und organischen Substanzen; stark störend aber wirken Säuren, Alkalien und Eisensalze.

Die Nachteile einer sauren Reaktion kann man durch Neutralisation mit chloridfreiem Natriumbikarbonat oder Magnesiumoxyd beseitigen; auch direkte Titration des Wassers mit $1/10$ n-Natronlauge bei Gegenwart von Methylorange bis zum Umschlag des letzteren auf gelb ist brauchbar, da die gelbe Farbe des Methylorange bei der Titration mit Kaliumchromat + Silberlösung nicht stört.

38 Alkalische Wässer, z. B. chemisch enthärtete Wässer und Kesselwässer, von welch letzteren man zwecks sparsamen Verbrauchs an teurem Silbernitrat nur 10 cm³ Wasser anwendet, müssen vor der Titration neutralisiert werden, natürlich nicht mit Salzsäure, sondern mit chloridfreier Schwefelsäure oder Salpetersäure oder Phosphorsäure. Diese Neutralisation muß bis zum Verschwinden der nach Phenolphthaleinzusatz eingetretenen Rotfärbung gehen.

39 Zur Entfernung des störenden Eisens gibt man zu einer größeren Wasserprobe (etwa 150 cm³) entweder Zinkoxyd (chlorfrei) oder Natriumbikarbonat, schüttelt um und gießt durch ein Filter.

Bei gelber Farbe der Probe ist ein Entfärben mit gewaschenem Aluminium-Hydroxyd (3 cm³ auf 500 cm³ Wasser, durchschütteln) erforderlich. Die Probe bleibt bis zum Absitzen des Niederschlages stehen. Für die eigentliche Bestimmung wird ein Teil der geklärten, evtl. vorher filtrierten Probe verwendet.

40 B e r e c h n u n g. 1 cm³ Silbernitratlösung = 1 mg Cl. Eintragung als mg/l, so daß die gefundenen cm³ mit 10 (bei Roh- und Reinwasser) oder 100 (bei Kesselwasser) zu multiplizieren sind.

S u l f a t g e h a l t.

41 Erforderliche Lösungen:

n/10 Bariumchloridlösung.

Methylorange (0,05prozentige Lösung),

n/10 Salzsäure,

Phenolphthalein (1prozentige Lösung in Alkohol),

n/10 Natronlauge,

n/10 Kaliumpalmitatlösung.

100 cm³ des zu untersuchenden Wassers gibt man in einen Erlenmeyer-Kolben und säuert sie schwach an. Hierauf wird n/10 Chlorbariumlösung bis zur Ausfällung des Sulfats beigegeben, und auf 50 cm³ eingedampft. Der Zusatz von Chlor-

barium bemißt sich nach dem zu erwartenden Sulfatgehalt, der bei Rohwasser aus der **Nichtkarbonathärte** durch Multiplikation mit 14,3 leicht geschätzt werden kann. Darauf wird ohne Abfiltrierung des Niederschlages bis auf etwa 40° abgekühlt, der Phenolphthalein-Neutralpunkt nach Zusatz von 8—10 Tropfen Phenolphthaleinlösung eingestellt und mit $n/10$ Kaliumpalmitat in gleicher Weise wie bei der Bestimmung der Gesamthärte titriert. Zweckmäßig ist es hierbei, zuerst die der Gesamthärte entsprechende Menge Palmitatlösung langsam zufließen zu lassen und darauf die Bürette wieder auf Null einzustellen. Die beim Weitertitrieren verbrauchte Anzahl cm^3 $n/{10}$ Palmitatlösung, abgezogen von dem Palmitatverbrauch für die vorgelegte Chlorbariumlösung, ergibt ohne weiteres den Sulfatgehalt des Wassers nach Multiplikation mit 40 als mg/l SO_3, nach Multiplikation mit 48 als mg/l SO_4 und nach Multiplikation mit 2,8 als °d H. Organische Substanzen des Wassers wirken nicht störend.

Soda-Sulfatverhältnis.

42 Dieses Verhältnis wird im Kesselwasser ermittelt und zwar durch Umrechnung der festgestellten Ätznatron- und Sodaalkalität auf Gesamtsoda und des Sulfatgehaltes auf Natriumsulfat. Hierbei multipliziert man den für SO_3 gefundenen Wert mit 1,774 oder den für SO_4 gefundenen mit 1,479, und das Verhältnis lautet dann: $Na_2CO_3 : Na_2SO_4$. Es soll nach dem USA „Boiler code" betragen: $= 1 : 0,2 \times$ Dampfdruck in atü.

Silikatgehalt.

Verfahren 1:

43 Erforderliche Lösung: 25prozentige konzentrierte Salzsäure (Spezifisches Gewicht 1,125).

1000 cm^3 Roh- bzw. aufbereitetes Wasser oder 100 cm^3 Kesselwasser verdampft man nach schwachem Ansäuern mit Salzsäure in einer vorher ausgeglühten Platin-, Quarz- oder Porzellanschale (Inhalt 50—100 cm^3), trocknet im Trockenschrank, glüht schwach über dem Bunsenbrenner (Boden der Schale nicht rotglühend!), befeuchtet nach dem Abkühlen mit einigen Tropfen konzentrierter Salzsäure, trocknet und glüht wieder. Nach dreimaliger Wiederholung des Salzsäurezusatzes und Glühens gießt man einige cm^3 Salzsäure in die Schale, läßt sie einige Stunden stehen, verdünnt mit Wasser, erhitzt bis zum Sieden und filtriert den Inhalt der Schale verlustlos durch ein kleines aschefreies Papierfilter. Nach wiederholtem Nachspülen der Schale mit kochendem, destilliertem Wasser, und Überführen des Wassers auf das Filter, wird dieses so lange mit heißem Wasser nachgewaschen, bis in dem aus dem Trichter laufenden Wassertropfen keine deutliche Chlorreaktion mehr festgestellt wird, d. h., es darf nach dem Auffangen von 10 Tropfen des letzten Filtrats in einem mit destilliertem Wasser ausgespültem Reagensglas nach Zusatz von einigen Tropfen Silbernitratlösung (vgl. Ziff. 35) höchstens eine kaum erkennbare schleierhafte Trübung auftreten. In einem ausgeglühten und nach dem Erkalten gewogenen Porzellantiegelchen verbrennt man nunmehr das feuchte Filter mit Inhalt, so daß nur ein weißer, aus Kieselsäure bestehender Rückstand übrigbleibt. Durch nochmalige Wägung des erkalteten Tiegels mit Inhalt läßt sich der Gehalt an Kieselsäure SiO_2 errechnen.

Berechnungsbeispiel:
Gewicht des Tiegels mit Inhalt 10,1890 g,
Gewicht des leeren Tiegels 10,1852 g,
Gewicht der Kieselsäure 0,0038 g oder 3,8 mg.

Bei einer Wasserprobe von 1000 cm³ beträgt somit der SiO_2-Gehalt 3,8 mg/l, bei 100 cm³ 38 mg/l.

Bei stark alkalischen Kesselwässern ist zu beachten, daß eine Auflösung von Kieselsäure aus den Quarzschalen und Flaschen wesentlich höhere Werte ergeben kann. Das alkalische Wasser säuert man daher vor dem Abdampfen stets mit Salzsäure an. Erhitzen des Trockenrückstandes darf, solange dieser alkalisch ist, nicht erfolgen. Die Benutzung von Platinschalen ist bei Anwesenheit von Nitraten in den zu untersuchenden Wässern unzweckmäßig, da beim Eindampfen des mit Salzsäure angesäuerten Wassers infolge Bildung von Königswasser Platin aufgelöst wird.

44   V e r f a h r e n 2.

Erforderliche Lösungen:
Ammonium-Molybdat (kristallisiert),
10prozentige Salzsäure,
$^1/_{10}$ n-Schwefelsäure,
Kaliumchromat, Vergleichslösung (5,3 g getrocknetes Kaliumchromat aufgelöst in 1 l destillierten Wassers).

In ein weites Kolorimeterrohr werden 100 cm³, in ein zweites 105 cm³ klares (nötigenfalls filtriertes) Untersuchungswasser gegeben.

100 cm³ Wasser werden in einer Platinschale mit etwa 0,2 bis 0,3 g (kleine Messerspitze voll) pulverisiertem Natriumbikarbonat eine Stunde lang erhitzt und nachher zur Neutralisation des Bikarbonats mit $^1/_{10}$ n-Schwefelsäure genau neutralisiert, wobei Phenolphthalein noch nicht rot gefärbt werden darf. Nach dem Erkalten wird das verdampfte Wasser durch Zugabe von destilliertem Wasser bis auf das ursprüngliche Volumen von 100 cm² wieder ergänzt.

Zu der Probe von 100 cm³ fügt man 1 g Ammonium-Molybdat und 5 cm³ 10prozentige Salzsäure hinzu und schwenkt die Lösung bis zur vollständigen Auflösung. In die Wasserprobe von 105 cm³ träufelt man nun soviel Kaliumchromatlösung, bis die Farbe der Flüssigkeit die gleiche ist. Die verbrauchten cm³ der Kaliumchromatlösung ergeben nach Multiplikation mit 10 die mg/l SiO_2, nach Multiplikation mit 13 die mg/l H_2SiO_3. Die Probe ist auch bei Anwesenheit größerer Mengen von Natriumchlorid brauchbar. Sie kann jedoch nur für kleine Silikatmengen angewandt werden und stimmt mit der gewichtsanalytischen Methode gut überein. Kolloidale Kieselsäure wird infolge des Zusatzes von Bikarbonat mitgefaßt.

An Stelle des Kaliumchromats ist neuerdings auch Pikrinsäure als noch farbtonähnlicher empfohlen worden.

Phosphatgehalt.

45   Erforderliche Lösungen:

Sulfomolybdänlösung, Herstellung siehe Ziff. 100,

Zinnfolie 0,01—0,02 mm stark   (Aufbewahrung in Streifen von 50 · 6 mm im Wägeglas).

Vergleichslösung siehe Ziff. 101.

Jeweils 10 cm³ des zu untersuchenden Wassers bzw. seiner Verdünnungen, die man in Reagensgläser abfüllt, versetzt man nach Zusatz von etwa 0,3 g (= kleine Messerspitze) Kochsalz nacheinander mit drei Tropfen der Sulfomolybdänlösung und einem Streifen Zinnfolie (nicht umgekehrte Reihenfolge!), schüttelt um und vergleicht nach etwa 15 Minuten die erhaltene Färbung mit dem Inhalt einer gleichzeitig angesetzten Reihe von Reagensgläsern, die jeweils 10 cm³ von wäßrigen, 3 % Kochsalz enthaltenden Vergleichslösungen mit 0,2, 0,5, 1,0, 2,0, 3,0, 4,0 und 5,0 mg/l P_2O_5 enthalten und unter den gleichen Bedingungen mit den beiden Reagenzien behandelt worden sind. Bei Übereinstimmung des Röhrchens, das die zu untersuchende

Flüssigkeit enthält, mit einer Vergleichslösung entspricht der Phosphatgehalt der Untersuchungsflüssigkeit derjenigen des betreffenden Vergleichsröhrchens. Bei nur annähernder Farbgleichheit kann man durch Vergleich mit dem in der Farbe am nächsten liegenden Vergleichsröhrchen durch Schätzung einen annähernden Wert erhalten.

46 Will man genaue Ergebnisse haben, so muß man hierauf den gleichen Versuch mit Vergleichslösungen wiederholen, deren Farbenstärke sich der beim ersten Versuch abgepaßten Farbenintensität schon mehr nähert. So kann man z. B. zu einer Vergleichsschätzung auf etwas über 2 mg/l P_2O_5 Vergleichsröhrchen mit 2,0, 2,25, 2,5, 2,75 und 3,0 mg/l P_2O_5 ansetzen.

Man kann aber auch unter Vermeidung des neuen Ansetzens sowohl das mit dem zu prüfenden Wasser gefüllte Röhrchen, wie auch die nach der Farbe zunächst liegende Vergleichslösung in je einen Hehner-Zylinder umgießen, jeweils mit Wasser, das 3 % Kochsalz enthält, auf 100 cm³ auffüllen und dann aus dem dunkler gefärbten Hehner-Zylinder soviel Flüssigkeit mittels des am Fuße angebrachten seitlichen Hahnes herauslaufen lassen, bis die in beiden Hehner-Zylindern befindlichen Flüssigkeitssäulen, von oben gleichzeitig betrachtet, gleich stark gefärbt erscheinen. Aus der Höhe der beiden Flüssigkeitssäulen bzw. aus dem Inhalt der beiden Hehner-Zylinder läßt sich der Phosphatgehalt dann leicht berechnen.

Sollte aus dem einen Hehner-Zylinder mehr als die Hälfte des Volumens abgelassen worden sein, so wird das Ergebnis ungenau. Die Untersuchung ist dann mit anders gewählten Verdünnungen zu wiederholen.

47 Bei der Ausrechnung sind zwei Fälle möglich, die durch Zahlenbeispiele erläutert werden sollen:

Angenommen, der Inhalt des mit dem zu untersuchenden Wasser gefüllten Hehner-Zylinders sei in der Farbe schwächer gewesen als eine in den zweiten Hehner-Zylinder gefüllte Vergleichslösung im Werte von 2 mg/l P_2O_5, man habe daher die stärker gefärbte Lösung, also die Vergleichslösung, von 100 auf 70 cm³ abgelassen: dann entsprechen die noch vorhandenen 70 cm³ des mit der Vergleichslösung gefüllten Zylinders, die ja ursprünglich im Reagensglas 7 cm³ Vergleichslösung entsprochen haben,

$$2 \cdot 0{,}7 = 1{,}4 \text{ mg/l } P_2O_5.$$

Daher besitzt auch das zu untersuchende Wasser, von dem 10 cm³ im Hehner-Zylinder auf 100 cm³ aufgefüllt, aber durch das Ablassen nicht verringert worden sind, einen

P_2O_5-Gehalt von 1,4 mg/l.

Nehmen wir aber an, daß der Inhalt des mit dem zu untersuchenden Wasser gefüllten Hehner-Zylinders der farbstärkere gewesen wäre und daß zur Erzielung der Farbgleichheit die stärker gefärbte Lösung, also das zu untersuchende Wasser, bis auf 60 cm³ habe abgelassen werden müssen, so entsprechen diese 60 cm³ Verdünnung 6 cm³ des zu untersuchenden Wassers und haben den gleichen Phosphatgehalt wie die nicht abgelassenen 100 cm³ Verdünnung bzw. 10 cm³ ursprünglicher Vergleichslösung. Dann sind identisch: 6 cm³ Untersuchungswasser mit 10 cm³ Vergleichslösung im Werte von 2 mg/l. 100 cm³ Untersuchungswasser haben also einen Phosphatgehalt, der 3,3 mg/l entspricht.

Sauerstoffgehalt.

48   Erforderliche Chemikalien:
Manganchlorürlösung (100 g $MnCl_2 \cdot 4 H_2O$ in 1 l Wasser).
jodkaliumhaltige Natronlauge,
konzentrierte Salzsäure,
Jodkaliumlösung (10prozentige Lösung),
Jodzinkstärkelösung,
$^1/_{100}$ n-Natriumthiosulfatlösung,
Kaliumbikarbonat, fest.

Für diese hauptsächlich für Speise- und Kondenswasser in Frage kommende Untersuchung leitet man das zu prüfende Wasser mittels eines auf den Zapfhahn aufgezogenen Gummischlauches bis auf den Boden der Sauerstofflasche, läßt das Wasser in der Flasche langsam aufsteigen und mehrere Minuten lang aus dem Flaschenhalse überlaufen. Nachdem man darauf ohne Unterbrechung des Wasserzuflusses den Schlauch langsam aus der Flasche herausgezogen hat, setzt man vorsichtig den schräg abgeflachten Einschliffstopfen auf. Im Laboratorium läßt man nach dem Öffnen der Flasche mittels besonderer Sauerstoffpipetten 3 cm³ Manganchlorürlösung und darauf (Reihenfolge beachten) 3 cm³ jodkaliumhaltige Natronlauge bis auf den Boden der gefüllten Flasche zufließen, ungeachtet des Überlaufens von Wasser aus der Flasche. Die konzentrierten Lösungen sinken in der Flasche rasch zu Boden. Nach der Zugabe der Lösungen verschließt man vorsichtig mit dem Glasstopfen, ohne das hierbei abermals erfolgende Austreten von Wasser aus dem Flaschenhals zu beachten.

Durch sorgsames Mischen entsteht eine bei Abwesenheit von Sauerstoff weiße, bei Gegenwart von Sauerstoff je nach der Menge mehr oder minder gelbbraun gefärbte Ausfällung.

Durch Vergleich des Farbgrades des Flascheninhaltes mit einer im Handel erhältlichen Farbenskala[1]) kann man oberflächlich schon den Gehalt des Wassers an Sauerstoff feststellen.

49 Für genauere Untersuchungen muß man nach dem Absitzenlassen des Niederschlages (mindestens eine Viertelstunde bei Lichtabschluß) zunächst zur Beseitigung des ungünstigen Einflusses etwa vorhandener organischer Substanz (bei Kondensaten nicht notwendig) 3 g gepulvertes Kalium-Bikarbonat in die vorsichtig ohne Aufwirbeln des Niederschlages geöffnete Flasche hineingeben, nach Aufsetzen des Stopfens wieder umschütteln und nochmals absetzen lassen. Alsdann kann man vorsichtig einen Teil des über dem Bodensatz stehenden klaren Wassers abgießen und darauf 5 cm³ konzentrierte Salzsäure in die Flasche eingießen. Man mischt durch häufiges Umschwenken. Der Niederschlag löst sich meist leicht; sollte ein Rest ungelöst bleiben, ist noch etwas Salzsäure hinzuzugeben.

Nach erfolgter Auflösung bringt man den Inhalt des Gefäßes unter Nachspülen mit destilliertem Wasser ohne Verlust in einen Erlenmeyer-Kolben von 600 cm³ Inhalt und titriert unter Zusatz von Jodzinkstärkelösung und 1 cm³ Jodkaliumlösung mit $^1/_{100}$ n-Natriumthiosulfatlösung.

Die Temperatur des betreffenden Wassers ist stets zu messen, da mit steigender Temperatur die Lösungsfähigkeit der Gase im Wasser abnimmt. Bei der Berechnung der Analyse sind von dem Gesamtinhalt der Flasche stets die durch den Reagenzzusatz verdrängten 6 cm³ Wasser abzuziehen.

1 cm³ $^1/_{100}$ n-Thiosulfat = 0,08 mg oder 0,0559 cm³ Sauerstoff.

50 Um Übereinstimmung mit den amtlichen Untersuchungsstellen herbeizuführen, wird empfohlen, auf mg/l und nicht auf cm³ zu berechnen. Bezeichnet man die für die Titration verbrauchten cm³ $^1/_{100}$ n-Thiosulfat mit n, den Inhalt der Flasche nach Abzug der 6 cm³ für die zugesetzten Reagenzien mit V, so ist der Sauerstoffgehalt, ausgedrückt als

$$\text{mg/l} = \frac{n \cdot 0{,}08 \cdot 1000}{V} \quad \text{oder} \quad \frac{80\,n}{V}$$

---

[1]) Firma Paul Altmann, Berlin NW 6, Luisenstr. 47.

oder ausgedrückt in

$$\mathrm{cm^3/l} = \frac{n \cdot 0{,}0559 \cdot 1000}{V} = \frac{55{,}9\,n}{V}$$

51   Da in verschiedenen Kesselbetrieben die Entfernung des im Speisewasser gelösten Sauerstoffes durch Einleiten von Schwefeldioxyd vorgenommen wird, soll nachstehend noch die Methode zur Bestimmung des Restsauerstoffes in sulfithaltigem Speisewasser angegeben werden.

Das eingeleitete Schwefeldioxyd löst sich zu schwefliger Säure, die von dem alkalischen Speisewasser neutralisiert wird, so daß Natriumsulfit entsteht. Durch Aufnahme des größten Teiles des gelösten Sauerstoffes oxydiert sich das Sulfit zu Sulfat. Unter den im Kesselbetrieb herrschenden Bedingungen setzt sich jedoch der Sauerstoff nicht restlos mit dem Sulfit um. Die zurückbleibende Menge Sauerstoff ist um so kleiner, je reiner und salzärmer das Wasser und je höher die Reaktionstemperatur oder der Sulfitüberschuß ist.

52   Man verwendet einen mit Anschluß zu einer Saugpumpe versehenen Glaskolben, auf den mittels Gummistopfen ein zweiter Kolben aufgesetzt ist. Zwischen beiden Kolben befindet sich ein Hahn. Am Boden des oberen Kolbens ist das Verbindungsrohr zum unteren Kolben durch eine Glasfilterplatte mit der Porenweite 1 G 4 abgesperrt. Der über der Filterplatte befindliche Raum beträgt etwa 150 cm³ und kann durch Zu- und Abströmröhrchen in einem Gummistopfen zum Schutz gegen die Außenluft unter eine Stickstoffatmosphäre gesetzt werden.

Erforderliche Chemikalien:

Natronlauge (500 g in 1 l Wasser),

Manganchlorürlösung (100 g $MnCl_2 \cdot 4\,H_2O$ in 1 l Wasser),

Jodkaliumlösung in Salzsäure (1 : 1),

$^1/_{100}$ n-Natriumthiosulfatlösung,

Stickstoff,

Jodzinkstärkelösung.

In den tarierten oberen Kolben des beschriebenen Apparates, dessen gut gefetteter Hahn geschlossen ist, wird durch ein bis auf die Filterplatte reichendes Glasrohr etwa fünf Minuten lang das zu untersuchende Kesselspeisewasser eingeleitet. Den Apparat stellt man in ein Blechgefäß, über dessen Oberkante der Hals des oberen Kolbens herausragt. Das während der Probenahme ausströmende Wasser füllt das Gefäß, das schließlich überläuft. Darauf fügt man mit Hilfe zweier, in das Wasser eintauchenden Pipetten 1 cm³ Natronlauge und 1 cm³ Manganchlorürlösung zu, verschließt den Kolben sofort mit einem fest eingedrückten Gummistopfen und schüttelt um. Das mit heißem Wasser gefüllte Blechgefäß mit dem Apparat wird dann in das Laboratorium gebracht. Das den Apparat umgebende heiße Wasser verhindert eine rasche Abkühlung des Apparates und ein dadurch etwa bedingtes Eindringen von Luft. Man setzt den Apparat auf eine Saugflasche, setzt die Saugpumpe in Tätigkeit, öffnet den Hahn langsam und nur teilweise, nimmt den Gummistopfen ab und ersetzt ihn rasch durch einen zweifach durchbohrten Stopfen, durch den Stickstoff auf die Oberfläche des Wassers geleitet wird. Der Niederschlag wird trocken gesaugt, der Hahn geschlossen und der Apparat von der Saugflasche getrennt. Man nimmt nun den durchbohrten Stopfen ab und gibt rasch eine frisch bereitete Lösung einiger Körnchen Jodkalium in Salzsäure 1 : 1 in den Kolben. Unter Umschwenken löst man den Niederschlag, wäscht nach und spült die salzsaure Lösung in einen 750 cm³ Erlenmeyer-Kolben. Schließlich titriert man die salzsaure Lösung mit n/$_{100}$ Natriumthiosulfatlösung aus einer Mikrobürette.

53   Häufig lösen sich aus den Speisewasserleitungen kleine Eisenoxydstückchen los, die dann bei der Probenahme in den Apparat gelangen. Sie bleiben nach dem Absaugen auf der Filterplatte zurück und gehen nach dem Ansäuern in Eisenchlorid über, das aus Jodkalium Jod freimacht, so daß ein zu hoher Sauerstoffwert gefunden wird. Dieser Fehler läßt sich leicht vermeiden, wenn an der Zapfstelle mit einem Schlauch ein kurzes, mit einem feinmaschigen Messingsieb versehenes Rohrstück befestigt wird. Das in den Apparat gelangende Wasser ist dann völlig frei von Eisenoxydstückchen.

F r e i e   K o h l e n s ä u r e   (CO_2).

54   Erforderliche Chemikalien:
Phenolphthalein (1 %ige Lösung im Alkohol),
Natriumkarbonatlösung, ¹/$_{10}$ n-(Sodalösung),
Seignettesalzlösung (bei Eisengehalt), Herstellung siehe Ziff. 92.
Man wählt einen mit Glasstöpsel verschließbaren Meßkolben von 100 cm³, dessen Marke sich möglichst tief unten am Halse befindet, und füllt diesen, indem man das zu untersuchende Wasser längere Zeit durchleitet, um das anfänglich mit der Luft in Berührung gewesene Wasser zu verdrängen. Nach Entfernen des über der Marke stehenden Wassers fügt man

3 Tropfen der alkoholischen 1 %igen Phenolphthaleinlösung hinzu, träufelt dann in die Flasche unter behutsamem Umschwenken, so daß das Wasser in der Flasche in drehende Bewegung kommt, so viel von der Natriumkarbonatlösung, bis die Flüssigkeit eine auch nach 5 Minuten langem Stehen nicht mehr verblassende, schwache, aber entschieden sichtbare rosenrote Färbung angenommen hat.

55 Man kann auch zweckmäßig eine zweite Bestimmung vornehmen, indem man gleich beim Beginn des Titrierens fast die ganze Menge der Natriumkarbonatlösung, die bei dem ersten Versuche verbraucht wurde, auf einmal zur Wasserprobe hinzufügt und die Bestimmung durch Hinzuträufeln von einigen weiteren Tropfen Natriumkarbonatlösung beendigt. Die zweite Bestimmung ist die bessere, da man bei der ersten Bestimmung einen geringen Kohlensäureverlust (etwa 5 %) erleidet. Eisenhaltiges oder an Karbonathärte sehr reiches Wasser wird vor der Ausführung der Bestimmung mit 1 bis 2 cm^3 gesättigter Seignettesalzlösung versetzt.

56 Die verbrauchte Natriumkarbonatlösung zeigt aber noch nicht den richtigen Kohlensäuregehalt des Untersuchungswassers an, vielmehr muß die Titration, der hier angegebenen Tafel entsprechend, verbessert werden.

Karbonathärte	Verbrauch an Na_2CO_3-Lösung und Verbesserungswerte		
	1 cm^3	3 cm^3	5 cm^3
0°	+ 0,1 cm^3	+ 0,2 cm^3	+ 0,3 cm^3
10°	+ 0,2 „	+ 0,3 „	+ 0,4 „
15°	+ 0,4 „	+ 0,5 „	+ 0,6 „
20°	+ 0,5 „	+ 0,6 „	+ 0,7 „
25°	+ 0,6 „	+ 0,7 „	+ 0,8 „
30°	+ 0,8 „	+ 0,9 „	+ 1,0 „
35°	+ 0,9 „	+ 1,0 „	+ 1,1 „
40°	+ 1,0 „	+ 1,1 „	+ 1,2 „

57 Jedes cm^3 $^1/_{10}$ n-Na_2CO_3-Lösung entspricht 2,2 mg CO_2 bzw. bei Anwendung von 100 cm^3 Wasser 22 mg/l CO_2; zwecks Verwertung der Ergebnisse bei der Berechnung der Enthärtungszusätze (vgl. Ziff. 82) gibt man die mg/l freier Kohlensäure durch Multiplikation mit 0,127 als Härtegrade an; die gleichen Härtegrade erhält man direkt durch Multiplikation der für 100 cm^3 Wasser verbrauchten cm^3 Sodalösung mit 2,8.

Empfohlen wird als abgekürzte Bezeichnung für dieses Härteäquivalent das Zeichen c in deutschen Buchstaben nach einem Vorschlag von H u n d e s h a g e n.

Für die Berechnung der Enthärtungszusätze kann man jedoch in den allermeisten Fällen den Gehalt des Wassers an freier Kohlensäure unberücksichtigt lassen, da bei der warmen Enthärtung nicht nur die freie, sondern u. U. auch die gebundene Kohlensäure (Karbonathärte) durch die Erwärmung des Wassers auf mehr als 70° zum Teil ausgetrieben wird. Nur bei k a l t e r Enthärtung muß der Gehalt an freier Kohlensäure voll berücksichtigt werden.

A n g r e i f e n d e   K o h l e n s ä u r e.

58 Die Wasserprobe ist mit aller Vorsicht in nachstehender Weise zu entnehmen:

In eine 500 cm³ fassende, gewöhnliche Medizinflasche, die einige Gramm fein verriebenes und gut gewaschenes Marmorpulver enthält, läßt man an Ort und Stelle das Wasser zur Vermeidung eines etwaigen Entweichens der freien Kohlensäure solange vorsichtig einfließen, bis die Flasche bis zum Hals gefüllt ist. Nach dem Aufsetzen eines Korkstopfens schüttelt man die Flasche kräftig durch und läßt 3—6 Tage absitzen.

. Von der überstehenden klaren Flüssigkeit werden 100 cm³ abgehebert und die p- und m-Werte gemäß dem in Ziff. 27 angegebenen Verfahren bestimmt. Durch Multiplikation des m-Wertes bzw. des 2 p-Wertes mit 22 erhält man den Gehalt an gebundener Kohlensäure in diesem mit Marmor versetzten Wasser. Hierauf wird in gleicher Weise die gebundene Kohlensäure im n i c h t mit Marmorpulver vorbehandelten Wasser, das möglichst zur selben Zeit entnommen sein muß, ermittelt. (Über den Begriff der gebundenen Kohlensäure vgl. Ziff. 25.)

Die Differenz der gefundenen Werte ergibt den Teil der freien Kohlensäure, der als angreifende Kohlensäure vom Marmor aufgenommen worden ist.

Z u g e h ö r i g e   f r e i e   K o h l e n s ä u r e.

59 Die Differenz zwischen der gesamten freien Kohlensäure (Ziff. 54—57) und der angreifenden Kohlensäure (Ziff. 58) ist die zugehörige Kohlensäure. Letztere kann man aber auch mit gr ößerer Genauigkeit rechnerisch ermitteln nach der Formel:

zugehörige Kohlensäure $=$ CaO $\cdot$ (gebund. $CO_2)^2 \cdot k \cdot 10^{-5}$, alles ausgedrückt in mg/l

bei °C	10	20	30	40	50	60	70	80	90	100
k	1,58	2,11	2,83	3,78	5,05	6,75	9,02	12,06	16,12	21,54

Eisenoxyd und Tonerde.

60   Erforderliche Lösungen:

10 %ige Ammoniaklösung, spez. Gewicht 0,96,

Salpetersäure, spez. Gewicht 1,2.

Das Filtrat der Kieselsäurebestimmung (Ziff. 43) wird zum Sieden gebracht, hierauf solange tropfenweise Salpetersäure zugegeben, bis die Gelbfärbung der Flüssigkeit nicht mehr zunimmt, und schließlich unter weiterem Siedenlassen das Eisenoxyd und die Tonerde durch Zugabe von Ammoniaklösung ausgefällt. Die Flüssigkeit wird heiß durch aschefreie Filter filtriert, heiß ausgewaschen und der Rückstand in einem gewogenen Platin- oder Porzellantiegel verascht. Der geglühte Rückstand stellt die Summe von Eisenoxyd und Tonerde ($Fe_2O_3 + Al_2O_3$) dar. Wägung und Berechnung analog Ziff. 43.

Gesamtgehalt an gelösten Stoffen.

61   Grundsätzlich erfolgt deren Bestimmung im entnommenen klaren, nötigenfalls sofort bei der Probeentnahme filtrierten Wasser (bezüglich entnommenen getrübten Wassers siehe Ziffer 69). Nur bei nachträglich (während des Transportes) eingetretenen Trübungen wird das Wasser vor seiner Verwendung umgeschüttelt und in n i c h t filtriertem Zustand verwendet.

Gesamtabdampfrückstand.

62   200—1000 cm³ Wasser, die in einem Erlenmeyer-Kolben oder in einem Becherglas abgemessen worden sind, werden zur Vermeidung des Spritzens nicht auf offener Flamme, sondern im Wasserbad in einer ausgeglühten und gewogenen Platin-, Quarz- oder Porzellanschale bis zur vollständigen Verflüchtigung des Wassers eingedampft, wobei das Gefäß (Erlenmeyer oder Becherglas) 2—3 mal mit destilliertem Wasser nachzuspülen ist. Nach etwa dreistündigem Trocknen im Trockenschrank bei 110° wird die Schale wieder gewogen, ihre Gewichtszunahme ergibt den Abdampfrückstand des Wassers.

Glühverlust.

63   Die mit dem Abdampfrückstand gewogene Schale wird mehrmals durch die Flamme gezogen, wobei der Rückstand nur bis zur Dunkelrotglut gebracht werden darf, bis die organische Substanz vollkommen verbrannt ist. Nach dem Erkalten wird der Rückstand in der Schale mit einigen Tropfen Ammonium-Karbonat-Lösung angefeuchtet, bei 180° eine Stunde getrocknet, wobei das Ammonsalz wieder vollkommen verjagt wird. Nach dem Wägen gibt die Gewichtsabnahme der den Abdampfrückstand enthaltenden Schale den Glühverlust an.

Glührückstand.

64 Der Glührückstand ist die Differenz zwischen Abdampfrückstand und Glühverlust.

Falls nur kleine Wassermengen zur Verfügung stehen, ist folgende Arbeitsweise zu empfehlen:

Der aus 25 cm³ durch Eindampfen in Porzellanschälchen erhaltene Abdampfrückstand. wird 20 Minuten lang auf einer schwach schräg ansteigenden und durch eine Heizschlange erhitzten Asbestplatte, deren Ränder zur Ableitung der Heizgase vorn und an beiden Seiten rechtwinklig nach unten stehen und an der Rückseite nach oben gebogen sind, erhitzt, wobei ein auf die Platte gestelltes Thermometer etwa 103° zeigen soll. Kontrollwägung nach nochmaligem Erhitzen während 10 Minuten. Die Fehler dieses Verfahrens schwanken zwischen 10—30 mg/l. Es kann also nur für Wässer mit höherem Abdampfrückstand Verwendung finden.

Dichte des Kesselwassers.

65 Für die laufende Kesselwasseruntersuchung genügt es vielfach, an Stelle der genauen Abdampfrückstandsbestimmung die Dichte des Kesselwassers zu ermitteln. Hierbei wird folgendermaßen verfahren:

Die Kesselwasserprobe wird in einem Standzylinder möglichst genau auf 20° C abgekühlt und die Dichte durch Einhängen einer geeichten Spindel, die nach dem spezifischen Gewicht oder nach Baumé-Graden (rationelle Skala) eingeteilt ist, gemessen. Die Eintragung nach ° Bé ist z. Zt. noch die gebräuchlichere. Zum Vergleich mit der Spindeleinteilung diene die Tabelle in Ziff. 8.

Durch Multiplikation des Bauméwertes mit 10 000 ergibt sich annähernd der Gesamtgehalt an gelösten Salzen im Kesselwasser in mg/l.

Gehalt an organischer Substanz.
(Oxydierbarkeit).

66   Vorbehandlung der Untersuchungsgeräte und Flüssigkeiten:

Erste Voraussetzung des Gelingens der Untersuchung ist absolute Sauberkeit der zu benutzenden Geräte. Am besten verwendet man Jenaer Erlenmeyer-Kolben von etwa ½ l Inhalt, denen man einen Asbestpapierrand umgewickelt hat, und macht sie gebrauchsfertig, indem man sie etwa zur Hälfte mit destilliertem Wasser und einem kleinen Kriställchen Kaliumpermanganat sowie mit 5 cm³ Schwefelsäure unter stetigem Aufwallenlassen der Flüssigkeit 10 Minuten lang erhitzt. Nach dieser Zeit entleert man den Inhalt und schließt die Gläser mit braunen Rändern und Flecken von der Verwendung aus. An ihre Stelle müssen neue, ebenso behandelte Gläser treten.

Zum Ausspülen und etwa notwendigen Verdünnen muß das destillierte Wasser von jeder organischen Substanz befreit werden, da wohl kein destilliertes Wasser völlig frei davon ist. Zu diesem Zweck wird in einem der nach obiger Vorschrift behandelten Erlenmeyer-Kolben das destillierte Wasser auf 100 cm³ mit je 5 cm³ verdünnter Schwefelsäure und so lange tropfenweise mit $n/100$ KMnO$_4$-Lösung versetzt, bis eben erkennbare Rotfärbung eintritt. Man bringt die Flüssigkeit zum Sieden, nachdem man zur Vermeidung des sehr leicht eintretenden Siedeverzuges etwas ausgeglühten Bimsstein zugegeben hat, und setzt nach dem Verschwinden der Rotfärbung immer von neuem einige Tropfen Permanganatlösung zu, bis schließlich eine ganz schwache Rosafärbung bestehen bleibt. Das so vorbereitete Wasser ist frei von jeder Spur organischer Substanz, wirkt nicht mehr reduzierend auf Permanganat ein und kann zum Ausspülen und Verdünnen benutzt werden.

67   Ausführung der Untersuchung:

Erforderliche Lösungen:

   Destilliertes Wasser (frei von jeder organischen Substanz, siehe Ziff. 66),
   Verdünnte Schwefelsäure,
   Bimssteinpulver,
   $n/100$ Kalium-Permanganat,
   $n/100$ Oxalsäure.

Unter Benutzung der oben erwähnten ausgekochten Erlenmeyer-Kolben verwendet man jeweils 100 cm³ klare Flüssigkeit und verdünnt nötigenfalls Wasser mit hoher Oxydierbarkeit, insbesondere Kesselwasser, mit dem oben beschriebenen destillierten Wasser, setzt dann 5 cm³ verdünnte Schwefelsäure und zur Vermeidung des Siedevorzuges eine Messerspitze ausgeglühten Bimssteinpulvers zu und bringt zum Sieden; sodann läßt man aus einer Bürette 15 cm³ n/100 KMnO₄ zulaufen und erhält die Lösung genau 10 Minuten lang im Sieden.

Bei Wässern mit hohem Gehalt an organischer Substanz erkennt man manchmal, daß die rote Permanganatfärbung bald verschwindet bzw. einer braunen Ausscheidung Platz macht, ein Zeichen, daß die eingebrachte Permanganatmenge nicht genügt hat. In diesem Falle würde eine Ergänzung des Permanganatzusatzes während des Siedens einen erhöhten Permanganatverbrauch bewirken. Um dies zu vermeiden, muß man die Bestimmung mit einer geringeren ursprünglichen Wassermenge nach Verdünnung auf 100 cm³ oder bei gleichbleibender Wassermenge mit einer erhöhten Permanganatmenge, z. B. 16 cm³, wiederholen.

Nach Ablauf der Kochdauer von 10 Minuten muß die Flüssigkeit noch rot gefärbt sein. Darauf gibt man sofort wieder aus einer Bürette 15 cm³ n/100 Oxalsäure zu. Nur wenn jetzt Oxalsäure tatsächlich im Überschuß vorhanden ist, wird die Flüssigkeit beim Umschwenken nach einigen Sekunden wasserklar. Bleibt sie gelblich oder getrübt, so ist noch mehr Oxalsäure zuzugeben. In die entfärbte Lösung läßt man darauf so viel n/100 KMnO₄ nachfließen, bis die Flüssigkeit ganz schwach rosa gefärbt wird. Zur Einstellung des Wirkungswertes (Eichung) der meist nicht genau hergestellten n/100 Permanganatlösung gegenüber der stets als genau zu benutzenden n/100 Oxalsäure werden dem Kolben, welcher die fertig auf rosa titrierte noch heiße Flüssigkeit enthält, aus der Bürette 15 cm³ der n/100 Oxalsäure zugesetzt und sofort mit der einzustellenden Permanganatlösung auf den rosa Farbton titriert.

68 Berechnungsbeispiel: Der Permanganatverbrauch von 15,0 cm³ n/100 Oxalsäure beträgt z. B. 15,2 (Eichung oder Titer!). Für 100 cm³ Wasser wurden gebraucht 15,0 + 1,1 = 16,1 cm³ n/100 Permanganat, wovon aber 15,2 cm³ auf die zugesetzte Oxalsäure entfallen; folglich wurden vom Wasser einschl. der 5 cm³ verdünnten Schwefelsäure verbraucht:

16,1 — 15,2 = 0,9 cm³ n/100 Permanganat. Da 1 cm³ einer genau n/100 KMnO₄-Lösung = 0,316 mg KMnO₄ entspricht, so bedeuten 0,9 cm³ einer genauen Lösung 0,2844 mg KMnO₄; das entspricht aber bei dem Titer 15,0 genaue Oxalsäure zu 15,2 nicht ganz genauer Permanganatlösung. Auf Grund der Proportion 15,2 : 15 = 1 : x ergibt sich ein Gehalt von 0,2806 mg KMnO₄ für 100 cm³ Wasser, für 1 l also 2,8 mg.

Schwebestoffe.

69   Diese werden im ursprünglich getrübten Wasser bestimmt. Bei Trübung nach längerem Stehenlassen der Probe erfolgt keine gesonderte Bestimmung. (Vergleiche Gesamtgehalt an gelösten Stoffen, Ziff. 61.)

200 cm³ oder mehr des zu untersuchenden Wassers werden nach kräftigem Umschütteln, das auch während des Abmessens zu wiederholen ist, in ein Kölbchen gebracht und einige Stunden zum Absetzen beiseite gestellt. Dann gießt man die geklärte Flüssigkeit vorsichtig durch einen mit Asbest beschickten, ausgeglühten und gewogenen Gooch-Tiegel von etwa 20 g Gewicht ab. Erst zum Schlusse bringt man den Bodensatz nach kräftigem Umschütteln in den Tiegel, spült den Rest noch hinein, saugt gut ab und trocknet 4 Stunden bei 100° C. Nach dem Erkalten wägt man möglichst schnell zurück. Die Zunahme gibt die Menge der enthaltenen ungelösten Stoffe an. Sie werden auf 1 Liter berechnet. Hierauf wird der Rückstand verascht und gewogen. Daraus läßt sich der Glührückstand (= mineralischer Anteil) und der Glühverlust (= organischer Anteil) der ungelösten Stoffe berechnen.

Ölgehalt im Kondenswasser.

70 **Qualitativer Nachweis.**

Erforderliche Chemikalien:

Kampfer,

Metaphenylendiamin,

Paraphenylendiamin,

Fett- oder ölhaltige Wässer sehen, besonders bei niedriger Temperatur, mehr oder weniger opalisierend aus; häufig schimmert auch die Oberfläche bläulich-rot. Nicht jede wie Öl aussehende Haut auf einem Wasser besteht aus Öl. Auch durch Eisenbakterien werden in eisenhaltigen Wässern ölähnliche Häutchen gebildet; solche sind aber leicht daran zu erkennen, daß sie beim Zerteilen mittels eines Stabes zackige Grenzlinien ergeben, während hierbei Ölhäute stets runde Grenzlinien erzeugen.

Ein äußerst empfindlicher qualitativer Nachweis von Spuren Öl im Wasser ist die Prüfung mittels Kampfer, Metaphenylendiamin oder Paraphenylendiamin:

Kleinste Stückchen dieser Reagenzien, auf ölfreies Wasser geworfen, zeigen lebhafte kreisende Bewegung, die unterbleibt, sobald das Wasser auch nur Spuren von Öl enthält.

71 Bei der q u a n t i t a t i v e n B e s t i m m u n g des Öles gibt die direkte Ausätherung im allgemeinen dieselben Ergebnisse wie die Fällungsmethode.

Erforderliche Chemikalien:

Äther,

Chlorkalzium (wasserfrei, fest).

Bei der direkten Ausätherung werden größere Mengen Wasser portionsweise in einem Scheidetrichter mit Äther (etwa $^1/_5$ der angewandten Wassermenge) ausgeschüttelt.

Nach der Trennung der Mischung in 2 Flüssigkeiten wird die unten befindliche, spezifisch schwerere Wasserschicht durch Öffnen des Hahnes abgelassen, die verbleibende Ätherschicht wird durch Umkehren des Scheidetrichters aus der oberen Öffnung in einen Erlenmeyer-Kolben gegossen. In die vereinigten Äthermengen wird wasserfreies festes Chlorkalzium (etwa 5 g) gegeben, worauf nach mehrstündigem Stehenlassen die Ätherlösung durch ein kleines Papierfilter filtriert und in einer vorher gewogenen kleinen Porzellanschale verdunstet wird. Nach dem Verdunsten des Äthers wird die Porzellanschale mit ihrem vielfach kaum sichtbaren Inhalt im Trockenschrank kurz getrocknet und nach dem Erkalten gewogen.

72 Bei s e h r g e r i n g e n Ö l m e n g e n (etwa 1 mg/l) ist die folgende Fällungsmethode vorzuziehen:

Erforderliche Chemikalien:

Aluminiumsulfatlösung (2 %ige Lösung in Wasser),

Ammoniak,

Äther.

Zu 1 bis 2 Liter Wasser gibt man 10 cm³ Aluminiumsulfatlösung, erhitzt bis nahe zum Sieden, setzt soviel Ammoniak hinzu, daß Lackmuspapier gebläut wird, kocht noch einige Minuten, filtriert den Niederschlag, der sämtliches Öl enthält, nach kurzem Absitzenlassen durch ein mit Äther ausgewaschenes Filter ab, wäscht 3—4 mal mit heißem Wasser, trocknet das Filter mit Niederschlag und extrahiert es dann im Soxhletapparat mittels Äther.

Wasserstoffionenkonzentration.

73 Die Wasserstoffionenkonzentration gibt die Konzentration an wirksamen H- und OH-Ionen an. Während durch Reagenspapiere usw. die Reaktion nur qualitativ ermittelt wird, geben potentiometrische oder ähnliche Messungen eine zahlenmäßige Feststellung.

Die Menge der Wasserstoffionen in 1 l neutralen Wassers beträgt 10^{-7} Grammäquivalente. Die Wasserstoffionenkonzentration ist $(H) = 1 \cdot 10^{-7}$. Unter dem Wasserstoffexponenten p_H versteht man den Logarithmus des reziproken Wertes der Wasserstoffionenkonzentration. Neutrales Wasser hat demnach bei gewöhnlicher Zimmertemperatur den p_H-Wert 7,0.

$$p_H < 7,0 = \text{saure Reaktion,}$$
$$p_H = 7,0 = \text{neutrale Reaktion und}$$
$$p_H > 7,0 = \text{alkalische Reaktion.}$$

In kleine weiße Porzellanschälchen (etwa 4 cm Durchmesser) werden mittels einer Pipette (um den Verlust von Kohlensäure zu vermeiden) etwa 5 cm³ Wasser und 2 Tropfen Universal-Indikator von Merck eingebracht. Die eintretende Färbung wird mit einer Farbenskala von Merck verglichen, an der der p_H-Wert direkt abgelesen werden kann.

Wertbestimmung von Ätzkalk und Soda.

74 Untersuchung des rohen Kalkes auf Ätzkalkgehalt:

100 g des Durchschnittsmusters werden abgewogen, abgelöscht und mittels Trichter und Nachspülen mit destilliertem Wasser in einen 500-cm³-Meßkolben gebracht. Nach dem Abkühlen, Auffüllen und Umschütteln werden 100 cm³ in einen zweiten 500-cm³-Meßkolben gebracht und aufgefüllt. Nach gutem Durchmischen werden 25 cm³ entsprechend 1 g der Probe nach Zugabe von Phenolphthalein mit n-Salzsäure bis zum Verschwinden der Rotfärbung titriert. Der Umschlag tritt ein, wenn der ganze freie Kalk gesättigt, der kohlensaure Kalk noch nicht angegriffen ist. 1 cm³ n-Salzsäure = 0,028 g gebrannter Kalk (CaO).

75 Untersuchung der Soda auf Reingehalt:

Man löst 1 g Soda in 25—50 cm³ Wasser und titriert mit n-Salzsäure unter Verwendung von Methylorange als Indikator. 1 cm³ n-Salzsäure = 0,053 g Soda (Na_2CO_3).

Chemische Gleichungen der bei den Enthärtungsverfahren auftretenden Umsetzungen und Berechnung der Enthärtungssätze.

Im nachstehenden sind die wasserunlöslichen Salze durch einen ________, die teilweise wasserlöslichen durch .... bezeichnet.

76   K a l k - S o d a - V e r f a h r e n.   Das Kalk-Soda-Verfahren scheidet bekanntlich die Karbonathärte durch Kalk, die Nicht-karbonathärte durch Soda aus.

Schon durch die Vorwärmung im eigentlichen Reiniger auf 50 bis 60° spaltet sich je nach Zeitdauer ein gewisser Teil (höchstens aber 40 bis 50 %) der gelösten doppeltkohlensauren Salze des Kalziums und Magnesiums (Erdalkalibikarbonate) in Karbonate und freie Kohlensäure nach der Formel:

$$(1\,a) \quad Ca(HCO_3)_2 = CaCO_3 + CO_2 + H_2O,$$

$$(1\,b) \quad Mg(HCO_3)_2 = MgCO_3 + CO_2 + H_2O.$$

Die weiteren Umsetzungen sind dann, abgesehen von unvermeidlichen Nebenreaktionen, folgende:

$$(2\,a) \quad Ca(HCO_3)_2 + Ca(OH)_2 = 2\,CaCO_3 + 2\,H_2O,$$

$$(2\,b) \quad Mg(HCO_3)_2 + Ca(OH)_2 = CaCO_3 + MgCO_3 + 2\,H_2O,$$

$$(2\,c) \quad MgCO_3 + Ca(OH)_2 \rightleftharpoons Mg(OH)_2 + CaCO_3,$$

$$(2\,d) \quad CO_2 + Ca(OH)_2 = CaCO_3 + H_2O,$$

$$(3\,a) \quad CaSO_4 + Na_2CO_3 \rightleftharpoons CaCO_3 + Na_2SO_4,$$

$$(3\,b) \quad MgSO_4 + Na_2CO_3 \rightleftharpoons MgCO_3 + Na_2SO_4,$$

$$(3\,c) \quad CaCl_2 + Na_2CO_3 = CaCO_3 + 2\,NaCl,$$

$$(3\,d) \quad MgCl_2 + Na_2CO_3 = MgCO_3 + 2\,NaCl,$$

$$(3\,e) \quad MgCO_3 + Ca(OH)_2 \rightleftharpoons CaCO_3 + Mg(OH)_2.$$

Überschüssig zugesetzter Ätzkalk wird durch überschüssige Soda als kohlensaurer Kalk ausgefällt nach der Gleichung

$$(4) \quad Ca(OH)_2 + Na_2CO_3 = CaCO_3 + 2\,NaOH.$$

Sämtliche Kalksalze des Wassers fallen als wasserunlösliches Karbonat, sämtliche Magnesiasalze als wasserunlösliches Hydroxyd zu Boden.

Wichtig ist bei der Gleichung 3 a, 3 b und 3 e die Umkehrbarkeit, so daß diese Reaktion zum möglichst quantitativen Verlauf in der Richtung von links nach rechts einen gewissen Sodaüberschuß bedingt.

77   Ä t z n a t r o n - S o d a - V e r f a h r e n. Die chemischen Umsetzungen sind bei diesem Verfahren prinzipiell die gleichen wie beim Kalk-Soda-Verfahren.

$$(1\,a)\quad Ca(HCO_3)_2 + 2\,NaOH = CaCO_3 + Na_2CO_3 + 2\,H_2O,$$

$$(1\,b)\quad Mg(HCO_3)_2 + 2\,NaOH = MgCO_3 + Na_2CO_3 + 2\,H_2O,$$

$$(1\,c)\quad MgCO_3 + 2\,NaOH = Mg(OH)_2 + Na_2CO_3,$$

$$(1\,d)\quad CO_2 + 2\,NaOH = Na_2CO_3 + H_2O,$$

$$(2\,a)\quad CaSO_4 + Na_2CO_3 \rightleftharpoons CaCO_3 + Na_2SO_4,$$

$$(2\,b)\quad MgSO_4 + Na_2CO_3 \rightleftharpoons MgCO_3 + Na_2SO_4,$$

$$(2\,c)\quad CaCl_2 + Na_2CO_3 = CaCO_3 + 2\,NaCl,$$

$$(2\,d)\quad MgCl_2 + Na_2CO_3 = MgCO_3 + 2\,NaCl,$$

$$(2\,e)\quad MgCO_3 + 2\,NaOH = Na_2CO_3 + Mg(OH)_2.$$

78   S o d a - V e r f a h r e n. Die Wasserreinigung bei der Sodaenthärtung verläuft, abgesehen von den Nebenreaktionen, nach folgenden Gleichungen:

$$(1\,a)\quad Ca(HCO_3)_2 + Na_2CO_3 \rightleftharpoons CaCO_3 + 2\,NaHCO_3,$$

$$(1\,b)\quad Mg(HCO_3)_2 + Na_2CO_3 \rightleftharpoons MgCO_3 + 2\,NaHCO_3,$$

$$(2\,a)\quad 2\,NaHCO_3 = Na_2CO_3 + H_2O + CO_2,$$

$$(2\,b)\quad Na_2CO_3 + H_2O = 2\,NaOH + CO_2 \quad \text{(unter Druck und hoher Temperatur),}$$

$$(3\,a)\quad CaSO_4 + Na_2CO_3 \rightleftharpoons CaCO_3 + Na_2SO_4,$$

$$(3\,b)\quad MgSO_4 + Na_2CO_3 \rightleftharpoons MgCO_3 + Na_2SO_4,$$

$$(4\,a)\quad Ca(HCO_3)_2 + 2\,NaOH = CaCO_3 + Na_2CO_3 + 2\,H_2O$$

$$(4\,b)\quad Mg(HCO_3)_2 + 2\,NaOH = MgCO_3 + Na_2CO_3 + 2\,H_2O,$$

$$(5)\quad MgCO_3 + 2\,NaOH \rightleftharpoons Mg(OH)_2 + Na_2CO_3.$$

Die Gleichungen (1 a), (1 b), (3 a), (3 b) und (5) sind umkehrbar, so daß eine gute Enthärtung nur bei einem erheblichen Überschuß an Soda möglich ist.

In Übereinstimmung mit dem Kalk-Soda-Verfahren fallen auch hier alle Kalksalze als wasserunlöslicher kohlensaurer

Kalk, alle Magnesiasalze als wasserunlösliches Hydroxyd zu Boden, jedoch treten im Gegensatz zum Kalk-Soda-Verfahren an die Stelle der Karbonathärte lösliche Alkalisalze; das Wasser wird also salzreicher als das nach dem Kalk-Soda-Verfahren enthärtete Wasser.

79   **Permutit-Verfahren.** Die praktische Wasserenthärtung erfolgt durch einfaches Filtrieren nach den Gleichungen (P = Permutitrest):

$$(1\,a) \quad Na_2P + Ca(HCO_3)_2 = \underline{CaP} + 2\,NaHCO_3,$$

$$(1\,b) \quad Na_2P + Mg(HCO_3)_2 = \underline{MgP} + 2\,NaHCO_3,$$

$$(2\,a) \quad Na_2P + CaSO_4 = \underline{CaP} + Na_2SO_4,$$

$$(2\,b) \quad Na_2P + MgSO_4 = \underline{MgP} + Na_2SO_4,$$

$$(3\,a) \quad Na_2P + CaCl_2 = \underline{CaP} + 2\,NaCl,$$

$$(3\,b) \quad Na_2P + MgCl_2 = \underline{MgP} + 2\,NaCl.$$

Die Filtration erfolgt von oben nach unten mit Geschwindigkeiten von 2 bis 10 m in der Stunde, je nach der Härte des Wassers.

80   **Kalk-Ätznatron-Verfahren.**

$$(1) \quad Ca(HCO_3)_2 + Ca(OH)_2 = 2\,\underline{CaCO_3} + 2\,H_2O,$$

$$(2) \quad Mg(HCO_3)_2 + Ca(OH)_2 = \underline{MgCO_3} + \underline{CaCO_3} + 2\,H_2O,$$

$$(3) \quad CO_2 + Ca(OH)_2 = \underline{CaCO_3} + H_2O,$$

$$(4) \quad MgCO_3 + 2\,NaOH = \underline{Mg(OH)_2} + Na_2CO_3.$$

Die in Gleichung (4) entstandene Soda wirkt in der bekannten Weise dann weiter auf die Sulfate und Chloride ein.

81   **Baryt-Verfahren.** Bei den chemischen Umsetzungen werden im Gegensatz zum Soda-Verfahren die Sulfate nicht in wasserlösliche und infolgedessen im Kesselwasser verbleibende Natronsalze (Glaubersalz) umgewandelt, sondern als völlig wasserunlösliches Bariumsulfat ganz aus dem Wasser entfernt.

$$CaSO_4 + BaCO_3 = \underline{BaSO_4} + \underline{CaCO_3}.$$

82   Aus den vorstehend behandelten stöchiometrischen Gleichungen lassen sich die zum Weichmachen des Wassers erforderlichen Mengen an Kalk und Soda nach verschiedenen Methoden berechnen.

16*

Berechnung einer Kalk-Soda-Enthärtung. Die Rechnung erfolgt zweckmäßig nach den etwas abgeänderten Formeln von Hundeshagen [1]), in welchen bedeutet:

$\mathfrak{Ca}$ (in deutschen Buchstaben) die Kalkhärte,
$\mathfrak{Mg}$ („   „   „   ) die Magnesiahärte,
$\mathfrak{K}$ („   „   „   ) die Karbonathärte,
$\mathfrak{N}$ („   „   „   ) die Nichtkarbonathärte,
c („   „   „   ) das Härteäquivalent der freien Kohlensäure (vgl. Ziff. 57).

a) Ätzkalk $(g/m^3) = 10,0 \; (\mathfrak{K} + \mathfrak{Mg} + c)$.
b) Soda $(g/m^3) = 18,9 \; \mathfrak{N}$.

Beispiel:

In 1 Liter Wasser sind enthalten:

$$\left.\begin{array}{l} CaO = 300 \text{ mg/l} = 30,0° \text{ Härte} \\ MgO = 70 \quad „ \quad = 9,8° \quad „ \end{array}\right\} 39,8° \begin{array}{l} = 10,7 \\ = 3,5 \end{array} \left.\right\} \begin{array}{l} 14,2 \text{ cm}^3/\text{l n-Lösung oder} \\ \text{Milligramm-Äquivalente.} \end{array}$$

$$\begin{array}{llll} \text{Gebundene } CO_2 = & 80 \text{ mg/l} = 10,0° \text{ Härte} & & = 3,57 \\ \text{Freie } \quad\quad CO_2 = & 14 \quad „ \quad = 1,8° \quad „ & & = 0,64 \\ SO_3 = & 351 \quad „ \quad = 24,6° \; „ & 39,8° = 8,77 \\ & & +1,8° \\ Cl = & 66 \quad „ \quad = 5,2° \quad „ & & = 1,86 \end{array}$$

$\left. \begin{array}{l} 14,2 + 0,64 \\ \text{cm}^3/\text{l} \\ \text{n-Lösung oder} \\ \text{Milligramm-} \\ \text{Äquivalente.} \end{array} \right.$

Nach den Hundeshagen'schen Formeln läßt sich der Zusatz an Ätzkalk (100 %) zu $10,0 \; (10,0 + 9,8 + 1,8) = 216 \; g/m^3$, an Soda (100proz.) zu $18,9 \cdot 29,8 = 563 \; g/m^3$ berechnen. Man vgl. jedoch hierzu die Bemerkungen in Ziff. 57 über den minimalen Einfluß der freien Kohlensäure bei warmer Enthärtung; läßt man den Wert für freie Kohlensäure daher unberücksichtigt, so erhält man als erforderlichen Ätzkalkzusatz $10,0 \cdot (10,0 + 9,8 + 0) = 198 \; g/m^3$.

Diese Berechnungsweise kann man auch folgendermaßen entwickeln: Ein Wasser, das einen deutschen Härtegrad aufweist, ist bekanntlich ein solches, das auf 100 000 Teile Wasser 1 Teil CaO oder in 1 Liter 10 mg CaO enthält. Gegenüber der (genauer) Kalkhärte genannten Zahl entspricht die nach che-

---

1) Vgl. Hundeshagen, Dr. F., Stuttgart „Vorschläge zu einer praktischeren Fassung der Ergebnisse von technischen Wasseranalysen und rationelle Formeln zur Bestimmung und Berechnung des jeweils zweckmäßigsten Verfahrens für die technische Reinigung der Betriebswässer," Vortrag, gehalten auf der 12. ordentlichen Hauptversammlung des Verbandes selbständiger öffentlicher Chemiker Deutschlands am 19.—22. September 1907 in Goslar (Harz). Zeitschrift für öffentliche Chemie Bd. 13, H. 23. 1907.

misch-stöchiometrischen Gesetzen berechnete Menge MgO, nämlich 7,84 mg/l, 1 ° Magnesiahärte. Setzt man bei den Säureresten auch jedesmal die den 10 mg CaO äquivalenten Mengen ein, so bekommt man die entsprechenden Karbonat-, Sulfat-, Chloridhärten.

83 1 deutscher Härtegrad wird bedingt durch:

10,0	mg Kalziumoxyd (CaO)	10,7 mg	Karbonat (CO_3)
7,14	„ Kalzium (Ca)	12,7 „	Chlor (Cl)
7,14	„ Magnesiumoxyd (MgO)	17,9 „	Kalziumkarbonat ($CaCO_3$)
4,28	„ Magnesium (Mg)	24,3 „	Kalziumsulfat ($CaSO_4$)
14,3	„ Schwefelsäureanhydrid (SO_3)	19,8 „	Kalziumchlorid ($CaCl_2$)
		15,0 „	Magnesiumkarbonat ($MgCO_3$)
17,1	„ Sulfat (SO_4)	21,4 „	Magnesiumsulfat ($MgSO_4$)
7,9	„ Kohlensäure (CO_2)	17,0 „	Magnesiumchlorid ($MgCl_2$)

Anstatt zur Härteberechnung die Anzahl der gefundenen mg/l durch die soeben angegebenen Faktoren zu dividieren, kann man zweckmäßiger mit den entsprechenden reziproken Zahlen multiplizieren, nämlich mit den Faktoren:

0,1	für Kalziumoxyd (CaO)	0,079 für	Chlor (Cl)
0,14	„ Kalzium (Ca)	0,056 „	Kalziumkarbonat ($CaCO_3$)
0,14	„ Magnesiumoxyd (MgO)	0,041 „	Kalziumsulfat ($CaSO_4$)
0,23	„ Magnesium (Mg)	0,05 „	Kalziumchlorid ($CaCl_2$)
0,07	„ Schwefelsäureanhydrid (SO_3)	0,067 „	Magnesiumkarbonat ($MgCO_3$)
0,059	„ Sulfat (SO_4)	0,047 „	Magnesiumsulfat ($MgSO_4$)
0,127	„ Kohlensäure (CO_2)	0,059 „	Magnesiumchlorid ($MgCl_2$)
0,093	„ Karbonat (CO_3)		

84 In dem vorstehend angegebenen Zahlenbeispiel ist die Rechnung auch in dieser Weise durchgeführt worden und zeigt den Vorteil, daß die Summe der Härtegrade von Kalk und Magnesia, also die Gesamthärte, gleich ist der Summe der Härtegrade für die gebundenen Säurereste (ohne die freie Kohlensäure), was bei der Berechnung nach mg/l nicht zu ersehen ist. Man hat daher durch diese Ausrechnung zugleich eine Kontrolle der Analyse selbst. Natürlich gelten diese Ausführungen nur mit einer gewissen Einschränkung, da auch noch die, im Verhältnis zu den Härtebildnern Kalk und Magnesia allerdings weit geringeren, meist sogar zu vernachlässigenden Mengen von Eisen, Mangan, Tonerde, Alkalien an Säurereste gebunden sein können, so daß streng genommen in solchen Fällen die Summe der auf Härtegrade bezogenen Metalloxydzahlen erst nach Berücksichtigung von Eisen, Mangan usw. mit der Summe der auf Härtegrade berechneten Säurereste übereinstimmen würde.

Die Berechnung aller Analysenwerte auf Härtegrade gibt nun die Möglichkeit, leicht die Enthärtungszusätze zu ermitteln. Nach den vorherigen Ausführungen werden bei der Enthärtung die an Bikarbonat gebundenen Mengen von Magnesia und Kalk durch Zusatz von Ätzkalk, die an Sulfat, Nitrat und gegebenenfalls an Chlorid gebundenen Mengen der Härtebildner durch Soda ausgeschieden. Dabei bildet sich zunächst der praktisch vollständig wasserunlösliche kohlensaure Kalk und die nur teilweise wasserunlösliche kohlensaure Magnesia. Um das gebildete Magnesiumkarbonat in eine völlig wasserunlösliche Form überzuführen, gibt man ihm durch weiteren Zusatz von Ätzkalk Gelegenheit, in das unlösliche Magnesiumhydroxyd überzugehen. Nach stöchiometrischen Gesetzen braucht man zu dieser letzten Umsetzung die gleiche Äquivalentmenge, die man schon vorher zur Umwandlung der Magnesiasalze in Magnesiumkarbonat benötigt hat.

In obigem Beispiel braucht man unter Nichtberücksichtigung der freien Kohlensäure zur Ausfällung der Sulfathärte 24,6 ° Soda und beseitigt dadurch gleichzeitig 24,6 ° Kalkhärte. Für die Entfernung der Chloridhärte braucht man 5,2 ° Soda und beseitigt nochmals 5,2 ° Kalkhärte; insgesamt sind also 29,8 ° Kalkhärte, und zwar als Sulfat- und Chloridhärte, also Nichtkarbonathärte, durch Zugabe von 29,8 ° Soda verschwunden. 29,8 ° Soda lassen sich sehr leicht in mg/l oder g/m³ umrechnen, wenn man durch den zehnten Teil des Äquivalentgewichtes von Kalk dividiert und mit dem Äquivalentgewicht von Soda multipliziert, also mit dem Quotienten $\frac{53}{2,8} = 18,9$ multipliziert. Das ist also wieder die Zahl der Hundeshagen'schen Sodaformel. Übrig bleibt noch 0,2 ° Kalkhärte + 9,8 ° Magnesiahärte auf der einen Seite und 10,0 ° Karbonathärte auf der anderen Seite.

Zur Ausfällung der 10,0 ° Härte braucht man nun zunächst zwecks Erzeugung von Kalziumkarbonat und Magnesiumkarbonat insgesamt 10,0 ° Ätzkalk, ferner aber zur Umwandlung der aus 9,8 ° Magnesiahärte entstandenen kohlensauren Magnesia in Magnesiumhydroxyd nochmals 9,8 °, zusammen 19,8 ° Ätzkalk. Die verzehnfachte letzte Zahl gibt naturgemäß sofort die mg/l bzw. g/m³ Ätzkalkzusatz an.

Die Zahlen stimmen demnach mit den nach der Hundeshagen'schen Formel berechneten Zahlen überein, wenn c nicht berücksichtigt wird.

85   Eine noch etwas größere Vereinfachung gibt die Berechnung auf Milligrammäquivalente bzw. Millival, denn diese sind es ja, die man unter Benutzung der Titrationsmethoden mittels der auf Milligrammäquivalente eingestellten Normallösungen findet. Die vorher erwähnten Härtegrade werden ja auch erst durch Multiplikation mit dem zehnten Teil des Äquivalentgewichtes von Kalk ($= 2{,}8$) aus den Milligrammäquivalenten ($=$ dem Verbrauch an cm^3 Normallösung für 1 Liter Wasser) berechnet. Im übrigen gilt alles vorher Gesagte auch hier.

Die entsprechenden Zahlen sind in obigem Beispiel mit angeführt. Gebraucht werden also unter Berücksichtigung aller vorherigen Auseinandersetzungen 10,63 Milligrammäquivalente oder $10{,}63 \cdot 53 = 563$ g/m^3 Soda und $(3{,}57 + 3{,}50) \cdot 28 = 198$ g/m^3 Ätzkalk.

86   Selbstverständlich ist bei der nun folgenden praktischen Dosierung der Zusatzmaterialien zu berücksichtigen, daß der Ätzkalk meist nur 85prozentig, die Soda etwa 98prozentig ist. Im allgemeinen gibt man die Soda als 10prozentige Lösung, den Ätzkalk in Form gesättigten Kalkwassers zu. Bei der verhältnismäßig geringen Löslichkeit von Ätzkalk in Wasser (praktisch etwa 1 kg/m^3) würde aber die Anwendung von Kalkwasser den Einbau außerordentlich geräumiger Kalksättiger bedingen, sobald es sich um große Kesselanlagen handelt. Da solche Abmessungen im Großbetrieb bei stündlichen Leistungen von z. B. mehr als 100 m^3 viel zu unhandlich werden, sieht man in der Großindustrie vielfach von besonderen Kalkwasserbereitern ab und verwendet direkt 10 bis 12prozentige Kalkmilch.

Die bisherigen Darlegungen lassen erkennen, daß zur rechnerischen Ermittlung der Enthärtungszusätze eine Analyse des Rohwassers auf Gesamthärte, Karbonathärte, Nichtkarbonathärte und Magnesiahärte unerläßlich ist; eine Aufteilung der Nichtkarbonathärte in Chlorid-, Sulfat- und Nitrathärte ist nicht erforderlich.

87   **Berechnung einer Ätznatron-Soda-Enthärtung.** Unter Beibehaltung des vorher gegebenen Zahlenbeispiels braucht man zur Berechnung der erforderlichen Ätznatronmenge die Milligrammäquivalente anstatt mit 28 mit 40 zu multiplizieren und erhält dann $7{,}07 \cdot 40 = 283$ mg/l oder g/m^3 Ätznatron (NaOH).

Unter Beibehaltung der Berechnung aller Analysenwerte auf Härtegrade dagegen benötigt man anstatt der 19,8 ° Ätzkalk die äquivalente Menge Ätznatron, die man durch Multiplikation mit $\dfrac{40 \cdot 10}{28}$ oder $\dfrac{100}{7}$ oder 14,3 bzw. durch Division durch $^7/_{100}$ oder durch 0,07 als mg/l oder als g/m³ erhält; das sind also $19,8 \cdot 14,3 = 283$ g/m³ bzw. $19,8 : 0,07 = 283$ g/m³ NaOH.

Die in entsprechender Weise umgeformte allgemeine Hundeshagen'sche Gleichung a (Ziff. 82) würde dann lauten:

$$a_1) \quad \text{Ätznatron (g/m}^3) = \frac{10,0\,(\Re + \mathfrak{Mg} + c)}{0,7} \quad \text{oder}$$

14,3 · $(\Re + \mathfrak{Mg} + c)$ oder in Zahlen 14,3 $(10,0 + 9,8 + 1,8)$ $= 14,3 \cdot 21,6 = 309$. Bei Nichtberücksichtigung der freien Kohlensäure (vgl. Ziff. 57) erhält man 14,3 $(10,0 + 9,8) = 14,3 \cdot 19,8$ $= 283$.

Wie weiterhin aus den chemischen Formeln hervorgeht, entsteht bei diesem Enthärtungsverfahren durch die Umsetzung des Kalziumbikarbonats, Magnesiumbikarbonats, Magnesiumkarbonats und der freien Kohlensäure mit dem Ätznatron auf je ein Molekül der Bikarbonate bzw. Karbonate ein Molekül Soda, die als neu entstandene Soda ebenso reaktionsfähig ist, wie die künstlich eingebrachte Soda. Die Menge der letzteren kann daher um die Menge der ersteren vermindert werden. Die Menge der entstandenen Soda läßt sich daher durch Äquivalenzrechnungen aus der Menge der Bikarbonat- bzw. Karbonatkohlensäure errechnen, indem man in obigem Zahlenbeispiel 3,57   (-bikarbonat) + 3,5   (Magnesiumkarbonat) + 0,64   (freie Kohlensäure) oder 7,71 Milligrammäquivalente mit 53 multipliziert, wobei man 409 mg/l oder g/m³ Soda erhält, die durch das zugesetzte Ätznatron entstehen und an der für die Beseitigung der Nichtkarbonathärte errechneten Sodamenge gespart werden können. Man braucht also zur Ausfällung der Härtebildner mittels Soda in diesem Falle nur $10,63 - 7,71 = 2,92$ Milligrammäquivalente, entsprechend $2,92 \cdot 53 = 154$ mg/l Soda; zu demselben Ergebnis kommt man auch durch folgende Differenzbildung: $10,63 \cdot 53 - 7,71 \cdot 53 = 563 - 409 = 154$.

Unter Vernachlässigung der freien Kohlensäure ergibt sich folgende Rechnung: $(3,57 + 3,5) \cdot 53 = 7,07 \cdot 53 = 375$ g/m³ Soda entstehen neu. Folglich sind zuzusetzen $10,63 - 7,07 = 3,56$ Milligrammäquivalente entsprechend $3,56 \cdot 53 = 188$ g/m³ Soda. Zu demselben Ergebnis führt uns die Rechnung $10,63 \cdot 53 - 7,07 \cdot 53$ $= 563 - 375 = 188$.

Hätte man die Zahlenwerte in Härtegraden ausgedrückt, so ergibt sich folgende Rechnung:

Man subtrahiert von den 29,8 °, die insgesamt durch die Soda beseitigt werden sollen, die 10 ° Karbonathärte + 9,8 ° Magnesiahärte + 1,8 ° Härteäquivalent der freien Kohlensäure, also zusammen 21,6 °, erhält auf diese Weise 8,2 ° und drückt diese Zahl durch Multiplikation mit dem Quotienten 53 : 2,8 = 18,9 in mg/l bzw. g/m³ Soda aus; es ergibt sich auch in diesem Falle 8,2 · 18,9 = 154.

Die hiernach abgeänderte Hundeshagen'sche Formel b) würde dann lauten:

b₁) Soda (g/m³) = 18,9 . ($\mathfrak{N} - \mathfrak{K} - \mathfrak{M}g - c$) oder in Zahlen 18,9 (29,8 — 10,0 — 9,8 — 1,8) = 18,9 · 8,2 = 154.

Da man $\mathfrak{N}$ auch als die Differenz der Gesamthärte minus Karbonathärte oder als $\mathfrak{C}a + \mathfrak{M}g - \mathfrak{K}$ ausdrücken kann, so kann man der Formel auch folgendes Aussehen geben:

b₁) Soda (g/m³) = 18,9 ($\mathfrak{C}a + \mathfrak{M}g - \mathfrak{K} - \mathfrak{K} - \mathfrak{M}g - c$)

oder

b₁) Soda (g/m³) = 18,9 ($\mathfrak{C}a - 2\,\mathfrak{K} - c$).

Dadurch ist der Wert für $\mathfrak{M}g$ fortgefallen; man muß dafür aber den neu aufgetauchten Wert für $\mathfrak{C}a$ kennen, der der Differenz zwischen Gesamthärte und Magnesiahärte entspricht.

Das Zahlenbeispiel ergibt dann: 18,9 (30,0 — 2 · 10,0 — 1,8) = 18,9 · 8,2 = 154.

Gibt man dieser letzten allgemeinen Formel eine noch etwas andere Form, nämlich

b₁) Soda (g/m³) = 18,9 ($\mathfrak{C}a - [2\,\mathfrak{K} + c]$), so zeigt sich, daß Sodazugabe unnötig wird, wenn $\mathfrak{C}a$ gleich oder kleiner ist als ($2\,\mathfrak{K} + c$); in diesem Falle kann das Wasser durch ausschließlichen Zusatz von Ätznatron enthärtet werden.

88 **Berechnung einer Soda-Enthärtung mit Rückführung.** Die Umsetzung zwischen Soda und der Nichtkarbonathärte des Wassers ist dieselbe wie bei der Kalksoda-Enthärtung (vgl. die Hundeshagen'sche Formel (Ziff. 82).

Diese Folgerung läßt sich folgendermaßen ableiten:

Um bei dem Sodaverfahren mit Rückführung des Kesselwassers und mit alleinigem Zusatz von Soda zum Wasserreiniger eine vollständige Abscheidung der Magnesia im Reiniger zu erzielen, ist es bekanntlich nötig, den Betrieb so zu führen, daß das rückgeführte Kesselwasser eine hinreichende Menge frisch im Kessel gebildeten Ätznatrons enthält, um die Karbonathärte, die freie Kohlensäure und das als Zwischenprodukt entstandene Magnesiumkarbonat vollständig auszufällen und außerdem noch als kleiner Überschuß in Erscheinung zu treten. Nach den Gleichungen braucht man zwar theoretisch Ätznatron nur für die Umwandlung des Magnesiumkarbonats in das Hydroxyd; in Wirklichkeit besteht aber durchaus keine Gewähr dafür, daß der Gehalt des rückgeführten Wassers an Ätznatron nicht in erster Linie zur Abscheidung der Kalkkarbonathärte verbraucht wird, so daß für das Magnesiumkarbonat kein Ätznatron mehr zur Verfügung steht.

Die Vorgänge bei der Umsetzung sind soweit die gleichen wie bei dem unter Ziff. 87 beschriebenen Verfahren der Enthärtung mittels Ätznatron und Soda, d. h. im Wasserreiniger werden verbraucht

$$\text{Ätznatron } (g/m^3) = 14{,}3 \ (\mathfrak{K} + \mathfrak{Mg} + c),$$
$$\text{Soda } (g/m^3) = 18{,}9 \ (\mathfrak{Ca} - 2\,\mathfrak{K} - c).$$

Da aber bei diesem Verfahren das Wasser überhaupt keinen Ätznatronzusatz erhält, dieser vielmehr aus der zugegebenen Soda erst nachträglich gebildet wird, so würde das Wasser, wenn ihm nur die zuletzt berechnete Sodamenge gegeben würde, immer ärmer werden an Soda wie auch an frisch entstehendem Ätznatron.

In den Enthärter muß daher außer dieser soeben erwähnten Sodamenge weiterhin noch so viel Soda eingeführt werden, daß im Kessel bzw. in der rückgeführten Menge Kesselwasser nach Abspaltung der Kohlensäure die zur Beseitigung sämtlicher Karbonathärtebildner einschließlich des zunächst entstehenden Magnesiumkarbonats erforderliche Menge Ätznatron, d. h. 14,3 $(\mathfrak{K} + \mathfrak{Mg} + c)$ g/m^3 zu reinigenden Wassers gebildet wird.

Zu deren Erzeugung ist unter Annahme 100prozentiger Spaltung der dafür zur Verfügung stehenden Soda eine dem Ätznatron äquivalente Sodamenge erforderlich:

1 Gewichtsteil NaOH entspricht $53 : 40 = 1{,}325$ Gewichtsteilen Soda; die Zahl 14,3 der letzterwähnten Formel verwandelt sich in $14{,}3 \cdot 1{,}325 = 18{,}9$.

Dem Wasserreiniger sind daher nachstehend errechnete Sodamengen mindestens zuzusetzen:

$$\begin{aligned}
\text{Soda } (g/m^3) &= 18{,}9 \ (\mathfrak{K} + \mathfrak{Mg} + c) + 18{,}9 \ (\mathfrak{Ca} - 2\,\mathfrak{K} - c) \\
&= 18{,}9 \ (\mathfrak{K} + \mathfrak{Mg} + c + \mathfrak{Ca} - 2\,\mathfrak{K} - c) \\
&= 18{,}9 \ (\mathfrak{Ca} + \mathfrak{Mg} - \mathfrak{K}) \\
&= 18{,}9 \cdot \mathfrak{N}.
\end{aligned}$$

In den Zahlen des Beispiels macht das einen Mindestsodazusatz von $18{,}9 \cdot 29{,}8 = 536 \ g/m^3$.

Der Beweis für die Richtigkeit des ersten Satzes der Ziff. 88 ist hiermit erbracht.

89 In Wirklichkeit ist aber erst bei einem Kesseldruck von etwa 50 atü (263 °) die Spaltung annähernd 100prozentig. Die Bildung von Ätznatron durch Spaltung überschüssiger Soda im Kessel hängt von dem im Kessel herrschenden Druck (Sattdampftemperatur) ab.

Zur Berechnung der zur Erzeugung des Ätznatrons infolge Spaltung erforderlichen Sodamenge mag hier angeführt werden, daß etwa folgende Mittelwerte angenommen werden dürfen:

3 atü	12 atü	15—16 atü	20 atü	30 atü	50 atü
Spaltungsbeginn	50 %	65 %	78 %	85 %	100 %

Bei einem Kesseldruck von z. B. 15 atü, der eine Sodaspaltung von rund 65 % verursacht, ist daher eine entsprechende Mehrmenge an Soda zu nehmen, nämlich weitere 35 % derjenigen Sodamenge, die formelgemäß zur Abscheidung der Karbonate nötig ist, also

$$\frac{35}{100} \cdot 18{,}9 \; (\mathfrak{R} + \mathfrak{M}g + c),$$

oder nach Einsetzung der Zahlen des Rechnungsbeispiels 143 g/m³ Soda mehr. Die insgesamt zu verwendende Sodamenge beträgt also 563 + 143 = 706 g/m³.

Bezeichnet man in nachfolgender Gleichung den Prozentgehalt der dem jeweiligen Kesseldruck entsprechenden Sodaspaltung mit $\mathfrak{Sp}$, gleichfalls in deutschen Buchstaben, so sieht die endgültige allgemeine Gleichung zur Berechnung des gesamten Sodazusatzes bei einer Sodaenthärtung mit Rückführung folgendermaßen aus:

$$\text{Soda (g/m}^3) = 18{,}9 \cdot \mathfrak{R} + \frac{18{,}9 \; (100 - \mathfrak{Sp}) \; (\mathfrak{R} + \mathfrak{M}g + c)}{100}$$

Das Beispiel ergibt bei Annahme von 65 für $\mathfrak{Sp}$

$$18{,}9 \cdot 29{,}8 + \frac{18{,}9 \; (100 - 65) \; (10{,}0 + 9{,}8 + 1{,}8)}{100} = 563 + \frac{18{,}9 \cdot 35 \cdot 21{,}6}{100}$$

$$= 563 + 143 = 706.$$

Es ist leicht einzusehen, daß bei niedrigeren Kesseldrucken die erforderliche Sodamenge infolge geringerer Sodaspaltung größer wird, z. B. bei 50prozentiger Spaltung 563 + 204 = 767 g/m³ erreicht. Andererseits wird bei 100prozentiger Spaltung (ca. 50 atü) der hinter dem Pluszeichen stehende Teil der Gleichung = Null, fällt also ganz fort.

90 Weiter ist es nötig, die zulässige Anreicherung der löslichen Salze im Kesselwasser zu berücksichtigen. Daraus ergibt sich sodann die täglich abzulassende Menge Kesselwasser und die mit diesem verloren gehende Soda. Diese Sodamenge hängt natürlich ganz von der Wahl der Höchstsalzkonzentration im Kessel ab und kann zahlenmäßig nur bei jeweiliger Kenntnis des Kesselinhalts, der abzulassenden Wassermenge, der Salzanreicherung usw. angegeben werden.

Schließlich ist zu beachten, daß bei völliger Entleerung des Kessels der Alkaligehalt ganz verloren geht.

Zu den eben berechneten Sodazusatzmengen von 706 bzw. 767 g/m³ sind daher noch mehr oder minder erhebliche Zusätze zu machen, deren Menge letzten Endes am einfachsten durch die Untersuchung des Wassers aus dem Enthärter nach Vermischung mit dem rückgeführten Wasser zu erkennen ist. Dieses Wasser soll noch etwa 20 bis 50 mg/l Ätznatron (NaOH) aufweisen.

91 Berechnung einer Kalk-Ätznatron-Enthärtung. Zunächst gilt hier die in Ziff. 87 angegebene Gleichung a₁) Ätznatron (g/m³) = 14,3 ($\mathfrak{K} + \mathfrak{M}g + c$). Ein mehr oder weniger großer Teil des hiernach benötigten Ätznatrons kann durch Ätzkalk ersetzt werden. Es muß aber unbedingt so viel Ätznatron übrigbleiben, daß die zur Ausfällung der Nichtkarbonathärte erforderliche Soda gebildet werden kann. Der erforderliche Rest des Ätznatrons berechnet sich als entsprechende Menge Soda nach der in Ziff. 82 angegebenen Gleichung b) Soda (g/m³) = 18,9 $\mathfrak{R}$; direkt als Ätznatron ausgedrückt, ergibt sich also die **Mindestmenge** nach Gleichung

$$(\text{a}_2)\ \text{Ätznatron (g/m}^3) = \frac{40 \cdot 18,9 \cdot \mathfrak{R}}{53} = 14,3 \cdot \mathfrak{R} = 14,3\,(\mathfrak{C}a + \mathfrak{M}g - \mathfrak{K})$$

Zur Enthärtung ist daher nötig [anstatt der für die reine Ätznatronenthärtung geltenden Menge 14,3 ($\mathfrak{K} + \mathfrak{M}g + c$) g/m³ Ätznatron] eine Mindestmenge an
c) Ätznatron (g/m³) = 14,3 · $\mathfrak{R}$ = 14,3 ($\mathfrak{C}a + \mathfrak{M}g - \mathfrak{K}$).

Die Differenz der beiden letzterwähnten Gleichungen ergibt diejenige Menge Ätznatron, die durch Ätzkalk höchstens ersetzt werden darf, also
14,3 ($\mathfrak{K} + \mathfrak{M}g + c$) − 14,3 ($\mathfrak{C}a + \mathfrak{M}g - \mathfrak{K}$) = 14,3 ($2\mathfrak{K} + c - \mathfrak{C}a$).

Aus dieser ersetzbaren Höchstmenge an Ätznatron läßt sich durch Multiplikation mit 0,7 die entsprechende Höchstmenge an Ätzkalk berechnen, daher ist
d) die Höchstmenge an Ätzkalk (g/m³) = 10 ($2\mathfrak{K} + c - \mathfrak{C}a$).

Das bisher gewählte Zahlenbeispiel ist für diese Enthärtung nicht brauchbar, da nach Abschnitt XV, Ziff. 326 das Kalk-Ätznatron-Verfahren nur anwendbar ist bei Wässern, deren

Karbonathärte höher ist als die Nichtkarbonathärte. Wählt man ein geeignetes Beispiel, z. B.

$$\mathfrak{Ca} = 6,6°,\ \mathfrak{Mg} = 1,8°,\ \mathfrak{K} = 6,75°,\ \mathfrak{N} = 1,65°,\ c = 1,9°,$$

so bekommt man

c) Mindestmenge an Ätznatron $(g/m^3) = 23$,

d) Höchstmenge an Ätzkalk $(g/m^3) = 88$.

Innerhalb dieser Grenzen kann der Kalkzusatz beliebig vermindert bzw. der Ätznatronzusatz beliebig erhöht werden, wobei jedoch jeweils 1 Gewichtsteil fortgenommener Kalk durch 1,43 Gewichtsteile Ätznatron zu ersetzen bzw. 1 Gewichtsteil vermehrtes Ätznatron durch Fortnahme von 0,7 Gewichtsteilen Kalk auszugleichen ist.

Es wäre also z. B. auch möglich, die Enthärtung vorzunehmen durch Zugabe von $23 + 10 = 33\ g/m^3$ Ätznatron und $88 - 10 \cdot 0,7 = 81\ g/m^3$ Ätzkalk oder durch Zugabe von $23 + 10 \cdot 1,43 = 37,3\ g/m^3$ Ätznatron und $88 - 10 = 78\ g/m^3$ Ätzkalk.

Der Grenzwert wäre erreicht bei folgender Zusatzmenge:
$$23 + 88 \cdot 1,43 = 149\ g/m^3 \text{ Ätznatron}$$
$$88 - 88 = 0\ g/m^3 \text{ Ätzkalk}.$$

Das ist derselbe Wert, den man bei der reinen Ätznatron-Enthärtung nach der in Ziff. 87 unter a_1) angegebenen Formel $14,3 \cdot (\mathfrak{K} + \mathfrak{Mg} + c)$ erhält.

Der nach Abschn. XV, Ziff. 312 in jedem Falle erforderliche Reagens ü b e r s c h u ß darf niemals durch Kalk, sondern nur durch Ätznatron ersetzt werden.

Herstellung verschiedener, zum Teil durch den Handel nicht zu beziehender Lösungen.

S e i g n e t t e s a l z.

92 (Für die Prüfung auf freie Kohlensäure.) 100 g chemisch reines kristallisiertes Seignettesalz (Kaliumnatriumtartrat oder Tartarus natronatus) werden mit 200 g destilliertem Wasser gemischt und filtriert. Man läßt einige Tage absetzen, filtriert durch Asbest und bewahrt diese fast farblose Lösung in braunen, gut schließenden Glasstöpselgefäßen auf. Eine bessere Haltbarkeit der Lösung wird erzielt durch Zugabe von einigen Gramm Quecksilber.

S e i f e n l ö s u n g e n,

93 (C l a r k sowie B o u t r o n und B o u d e t). Die Seifenlösungen bezieht man am besten von einer Chemikaliengroßhandlung. Vielfach wird sie jedoch auch selbst hergestellt, weshalb es sich empfehlen dürfte, zur Vermeidung unrichtiger Herstellung der Lösung das Herstellungsverfahren hier anzugeben.

150 Teile Bleipflaster (Herstellung siehe Ziff. 98) werden auf dem Wasserbade erweicht und mit 40 Teilen reinen Kaliumkarbonats verrieben, bis eine völlig gleichförmige Masse entstanden ist. Man zieht dieselbe mit starkem Alkohol aus, läßt absetzen, filtriert die Flüssigkeit, wenn sie nicht vollständig klar ist, destilliert aus dem Filtrat den Alkohol ab und trocknet die in eine Porzellanschale übergespülte Seifenlösung durch Verdampfen des Lösungswassers (Aufsetzen der Schale auf ein kochendes Wasserbad).

Bereitung der titrierten Seifenlösung für
die Methode von Clark.

94   20 Teile der obigen Kaliseife werden in 1000 Teilen verdünnten Alkohols von 56 Vol.-Proz. gelöst.

Darauf bringt man 100 cm³ der unten aufgeführten Bariumchlorid- oder Bariumnitratlösung in das bei der Methode von Clark beschriebene Stöpselglas und läßt aus einer Bürette so lange von der obigen Seifenlösung hinzufließen, bis der charakteristische Schaum entsteht; man wird dazu voraussichtlich weniger als 45 cm³ Seifenlösung gebrauchen. Die infolgedessen zu konzentrierte Seifenlösung wird mit Alkohol von 56 Vol.-Proz. verdünnt, bis von der Seifenlösung genau 45 cm³ erforderlich sind, um in 100 cm³ der Bariumnitrat- oder der Bariumchloridlösung die Schaumbildung hervorzurufen.

Angenommen, es seien 15 cm³ der zu starken Seifenlösung zur Schaumbildung nötig gewesen, so werden 15 Raumteile derselben mit 30 Raumteilen Alkohol von 56 Vol.-Proz. verdünnt, was mit Hilfe eines Mischzylinders leicht geschehen kann. Selbstverständlich wird die verdünnte Seifenlösung nochmals geprüft und je nach dem Ausfall dieser Prüfung mit noch etwas Alkohol oder konzentrierter Seifenlösung versetzt, bis 45 cm³ der Seifenlösung genau 100 cm³ der obigen Bariumnitrat- oder Bariumchloridlösung entsprechen.

Bariumnitrat- oder Bariumchloridlösungen
zum Einstellen der Seifenlösung.

95   Man löst 0,559 g bei 100° getrocknetes, reines Bariumnitrat (Ba(NO$_3$)$_2$) oder 0,523 g reines, trockenes Bariumchlorid (BaCl$_2$ + 2 H$_2$O) in destilliertem Wasser und füllt genau bis zum Liter auf; 100 cm³ dieser Lösungen enthalten eine 12 mg Kalk oder 12 deutschen Härtegraden äquivalente Menge Barium.

Bereitung der titrierten Seifenlösung für die Methode von Boutron und Boudet.

96 Man löst 10 Teile der obigen Kaliseife in 260 Teilen heißem Alkohol von 56 Vol.-Proz., filtriert die Lösung, sofern das nötig ist, noch heiß, läßt erkalten und füllt damit das Hydrotimeter bis zum Teilstrich über 0 an. Darauf bringt man 40 cm³ der unten beschriebenen Bariumnitratlösung in das bei der Methode von Boutron und Boudet beschriebene Stöpselglas und setzt von der Seifenlösung bis zur Schaumbildung hinzu. Werden hierzu weniger als 22 auf dem Hydrotimeter verzeichnete (französische) Grade gebraucht, so ist die zu starke Seifenlösung mit Alkohol von 56 Vol.-Proz. zu verdünnen, bis genau 22 ° der Seifenlösung 40 cm³ der unten beschriebenen Bariumnitratlösung entsprechen.

Eine so konzentrierte Seifenlösung setzt im Winter zuweilen Flocken ab. Diese lösen sich leicht, wenn man die zugestöpselte Flasche in warmes Wasser stellt; der Titer der Lösung wird dadurch nicht verändert.

Bariumnitrat- oder Bariumchloridlösungen zum Einstellen dieser Seifenlösung.

97 Man löst 0,574 g reines, bei 100 ° getrocknetes Bariumnitrat ($Ba(NO_3)_2$) oder 0,537 g reines trocknes Bariumchlorid ($BaCl_2 + 2 H_2O$) in destilliertem Wasser und füllt genau bis zum Liter auf. 100 cm³ dieser Lösung enthalten so viel Barium, wie 22 mg Kalziumkarbonat entspricht, und in 40 cm³ derselben Lösung befindet sich eine 8,8 mg Kalziumkarbonat äquivalente Menge Barium; die Lösung zeigt also eine Härte von 22 französischen Graden oder 12,3 deutschen Graden.

[1 ° fr. Härte = 0,56 ° d. Härte; 1 ° d. Härte = 1,79 ° fr. Härte].

Herstellung von Bleipflaster[1]).

98 100 Teile Olivenöl werden in einem geräumigen, kupfernen Kessel zunächst mit 40 Teilen guter Bleiglätte und etwas Wasser unter stetem Umrühren auf freiem Feuer so lange gekocht, bis die Masse nahezu weiß geworden ist, alsdann fügt man noch 72 Teile fein gepulvertes, frisch gesiebtes Bleiweiß zu und

---

[1]) **Schmidt**: Pharmazeutische Chemie Bd. 2, Teil 1, S. 503. 1910.

setzt das Kochen bei Gegenwart einer genügenden Wassermenge — um das Anbrennen zu verhüten — noch bis zur Pflasterkonsistenz fort.

Herstellung von Aluminiumhydroxyd.

99 100 g Aluminiumsulfat werden in 1 Liter destilliertem Wasser gelöst, das Aluminium durch langsame Zugabe von Ammoniak gefällt und der Niederschlag mit destilliertem Wasser so lange ausgewaschen, bis er frei von Chloriden, Nitraten und Ammoniumverbindungen ist.

Herstellung von Sulfomolybdänlösungen.

100 Man mischt 100 cm³ einer wässrigen 10proz. Ammonium-Molybdatlösung mit 300 cm³ einer 50 Vol.-%igen Schwefelsäure.

Herstellung von Phosphatvergleichslösungen.

101 Man löst 14,72 g chemisch reines $NaHNH_4 PO_4 \cdot 4 H_2O$ in 1 l 3%iger Kochsalzlösung. Jedes cm³ dieser Lösung entspricht 5 mg P_2O_5. Durch entsprechende Verdünnungen mit 3%iger Kochsalzlösung lassen sich auch niedriger konzentrierte Lösungen erzielen. Diese Lösungen lassen in ihrer Haltbarkeit nach und zwar pro halbe Stunde um je 1%. Haltbare Testlösungen können mit empirisch herzustellenden Verdünnungen von stark gefärbten Indigokarminlösungen erhalten werden.

Zusammenstellung der erforderlichen Chemikalien und Geräte.

102   Chemikalien.

1 Liter n-Salzsäure
2 „ n/₁₀-Salzsäure
1 „ konzentrierte Salzsäure (spez. Gew. 1,125 = 25 %ig)
1 „ Silbernitratlösung, von welcher 1 cm³ = 1 mg Chlor entspricht (4,791 g Silbernitrat auf 1 Liter dest. Wasser)
100 g Oxalsäure
100 g Bimssteinpulver
100 g reinstes Natriumchlorid
100 g reinstes Natriumbikarbonat chloridfrei
100 g Magnesiumoxyd (= gebrannte Magnesia = Magnesia usta)
100 g Zinkoxyd chloridfrei
1 Liter n/₁₀-Schwefelsäure
1 „ n/₁₀-Kaliumpalmitatlösung

2 Liter   n/$_{10}$-Natronlauge
1   „   n/$_{10}$-Sodalösung
100 g   Phenolphthalein (1 %ige Lösung in Alkohol)
100 g   Methylorange (0,05 %ige Lösung in Wasser)
1 Liter   Seifenlösung
100 g   Kaliumchromat (10 %ige Lösung in Wasser)
1 Liter   Manganchlorürlösung
1   „   jodkaliumhaltige Natronlauge für die Winkler'sche Sauer-
            stoffbestimmung
1   „   n/$_{100}$-Natriumthiosulfatlösung
1   „   Jodzinkstärkelösung
1   „   10 %ige Jodkaliumlösung
            Destilliertes Wasser
1   „   verdünnte Schwefelsäure (3 Raumteile Wasser (destilliert)
            werden allmählich unter stetem Umrühren mit 1 Raumteil
            konz. Schwefelsäure versetzt).   (Vorsicht! Schutzbrille!)
200 g   Ammoniumoxalat
200 g   Natriumoxalatlösung (5 %ig)
1 Liter   Salpetersäure vom spez. Gew. 1,2
1   „   10 %ige Ammoniaklösung vom spez. Gew. 0,96
100 cm^3 Neßler'sches Reagens
1 Liter   Aluminiumsulfatlösung (2 %ige Lösung in Wasser)
5 g   gepulverter Kampfer
5 g   Metaphenylendiamin
5 g   gepulvertes Paraphenylendiamin
1 Liter   Aether (Siedepunkt 36°. Vorsicht! Sehr feuergefährlich!)
1 Paket rotes Lackmuspapier
500 g   Tierkohle (Knochenkohle oder Blutkohle)
500 g   gekörntes wasserfreies Chlorkalzium
100   aschefreie Filter 9 cm Dmr. (Schleicher & Schüll)
1   chemische Waage mit Gewichtssatz
1   Bogen Asbestpapier
1   Bogen Zinnfolie
100 g   Seignettesalz (Herstellung der Lösung Ziff. 92)
            Aluminiumhydroxyd (Herstellung Ziff. 99)
            Sulfomolybdänlösung (Herstellung Ziff. 100)
            Phosphatvergleichslösung (Herstellung Ziff. 101)

103   G e r ä t e   f ü r   v o r s t e h e n d e   W a s s e r u n t e r -
            s u c h u n g e n.

10 Stück 1—2 Liter-Flaschen mit eingeschliffenen Glasstopfen zur
            Probenahme
1   „   Aräometer 1,000—1,060 spez. Gewicht oder 1 Bauméspindel
            über 1,0 (rationelle Skala)
3   „   Tropfenflaschen von 50—100 cm^3 Inhalt für Indikatoren
10   „   Bechergläser von 500 cm^3

2 Stück Standzylinder, 30 cm hoch
5   „   Sauerstofflaschen
2   „   Sauerstoffpipetten
10   „   Erlenmeyer-Kolben, 300 cm³ Inhalt
5   „   Erlenmeyer-Kolben, 600 cm³ Inhalt
2   „   Pipetten von 100 cm³ Inhalt
2   „   Pipetten von 10 cm³ Inhalt
4   „   Büretten von 50 cm³ Inhalt
5   „   Stative mit Haltern dazu
2   „   Meßkolben von 200 cm³ Inhalt mit eingeschliffenen Stopfen
2   „   Trichter, 8—10 cm Durchmesser
50   „   Faltenfilter, 15 cm Durchmesser
1   „   Spritzflasche für destilliertes Wasser, 500—1000 cm³ Inhalt
3   „   Meßkolben zu 500 cm³
1   „   Meßkolben zu 1 Liter
100 g   gereinigter Asbest
5 Stück Porzellanschalen, 150 cm³ Inhalt
1   „   Trockenschrank mit Thermometer bis 200°
1   „   Scheidetrichter zu 1 Liter
1   „   Scheidetrichter zu 500 cm³
5   „   Porzellantiegel mit Deckel von 10 bis 15 g Gewicht
3   „   Drahtnetze
3   „   Bunsenbrenner
6   „   Tondreiecke für Porzellantiegel
1   „   Destillationsvorlage
10   „   Glasstäbe, 20 bis 25 cm lang
10   „   Glasstäbe, 10 cm lang
100 „   Reagensgläser, 160 × 16 mm
5   „   Meßpipetten, 5 cm³ Inhalt
1   „   Reagensglasgestell aus Holz.

3. Anweisung der VGB über die Ausführung der Nietlochuntersuchung.

Wahl der Niete und Bearbeitung der Nietlöcher.

1   Für die Nietlochuntersuchung wählt man in erster Linie Niete, an denen selbst, bzw. an deren zugehöriger Stemmkante im Betrieb oder bei einer vorher vorgenommenen Wasserdruckprobe Undichtheiten aufgetreten sind. Die zu entnehmenden Niete müssen daher vor der äußeren Reinigung des Kessels angezeichnet werden, wenn die Salzausblühungen etwaige Undichtheiten noch erkennen lassen.

2   Für die Untersuchung kommen in erster Linie die Längsnähte genieteter Trommeln, die im Wasserraum des Kessels liegen, in Frage. Rundnähte und Nähte, die ganz im Dampfraum liegen, neigen nach den bisherigen Erfahrungen nur in besonderen Fällen zu Nietlochrissen. Am meisten gefährdet sind die Längsnähte sehr starr gebauter Kessel, z. B. der früheren Garbekessel. Wegen der besonderen Bedingungen neigen hierbei wieder die vordere Längsnietnaht der vorderen Untertrommel und die Nietnähte der Trommelverbindungsrohre zu Rissen. Besonders gefährdet sind alle beheizten Nietnähte, sowie Überlappungsnietnähte, in denen bekanntlich hohe zusätzliche Biegekräfte wirken. Beim Übergang von einer Blechstärke auf die andere, z. B. von einem dünneren Mantelblech auf die stärkere Garbeplatte, ist die äußere Nietreihe, die dem dünnen Blech zunächst liegt, gefährdet. Bei Doppellaschennähten untersucht man die beiden äußeren Reihen. Bei Garbekesseln untersucht man auch die Rundnähte zwischen den Schüssen. Außer den Nietlöchern, bei denen Ausblühungen oder Undichtheiten bei der vorangegangenen Wasserdruckprobe festgestellt sind, untersucht man eine weitere Zahl gleichmäßig auf die am meisten gefährdeten Nietreihen verteilter Niete. In Boden- oder Rundlaschennähe entnimmt man ebenfalls Niete.

3   Sind in einem Loch Risse festgestellt, dann muß man untersuchen, ob sich das Rißfeld auf die nächsten Löcher ausdehnt.

Auch der Verlauf der größeren Risse auf der Blechoberfläche ist zu beachten. Auch bei vollkommenem Fehlen von Undichtheiten sollten in jeder Längsnaht mindestens sechs Niete entfernt werden.

4   Die Entfernung der Niete hat mit größter Vorsicht zu erfolgen, um eine Beschädigung des Bleches durch Kaltreckung möglichst zu vermeiden. Sie werden am besten ausgebohrt, oder es wird der Kopf zunächst vorsichtig über Kreuz durchgemeißelt, damit die stehengebliebenen Viertel mit leichten Schlägen entfernt werden können. Die Löcher werden dann mit der Hand oder maschinell weiterbearbeitet.

5   Bei der Handbearbeitung wird das Loch mit einer runden Vorfeile bearbeitet, bis alle Unebenheiten, Blechversetzungen usw. verschwunden sind. Diese Arbeit kann auch durch Aufreiben des Loches mit einer neuen, scharfen Reibahle ersetzt und dadurch wesentlich beschleunigt werden. Bei nicht einwandfreier Reibahle kommen aber tiefe Furchen in das Material, die die Arbeit des nun folgenden Polierens wesentlich erschweren.

6   Bei der Weiterbearbeitung des Loches mit der Feile ist Schlichten erforderlich. Bei Verwendung von Reibahlen kann dagegen die Weiterbearbeitung direkt mit Schmirgelleinen beginnen. Hierzu bedient man sich am besten eines Holzes, das in seiner Längsrichtung teilweise gespalten ist. In diesem Spalt wird ein Streifen Schmirgelleinen befestigt. Man fängt mit grobem Schmirgel an und verfeinert die Körnung allmählich bis auf 3 null herab.

7   Bei der Handbearbeitung ist die Bewegungsrichtung aller Werkzeuge naturgemäß immer die Achsenrichtung des Loches. Der letzte feine Strich verläuft daher auch in dieser Richtung, das heißt, in der gleichen, in der auch evtl. Risse verlaufen. Aus diesem Grunde ist es erforderlich, den höchst erreichbaren Grad der Politur zu erzeugen, um nicht die Risse durch restliche Riefen zu verdecken. Die Handbearbeitung erfordert daher sehr viel Sorgfalt und Zeit.

8   Bei maschineller Bearbeitung wird das Loch mit Hilfe einer Luftbohrmaschine und Reibahle aufgerieben und dann mit einer raschlaufenden elektrischen Bohrmaschine mit Schmirgelleinen poliert. Die Befestigung des Schmirgelleinens an der Maschine erfolgt zweckmäßigerweise gleichfalls in einem geschlitzten Holz. Dieses soll jedoch keinen zu großen Durchmesser haben, um Festklemmen im Nietloch zu vermeiden.

Um rasch vorwärts zu kommen ist es wichtig, nicht so schnell auf die feinen Körnungen des Schmirgelleinens überzugehen, sondern erst dann, wenn das Material nur noch Riefen enthält, die der Körnung des gerade benutzten Schmirgels entsprechen.

Diese maschinelle Bearbeitung ist im Verhältnis zur Handbearbeitung rasch durchgeführt. Sie hat außerdem den Vorteil, daß der feine übrigbleibende Strich im Umfang der Nietbohrung, also senkrecht zur Richtung eventueller Risse, verläuft. Hierdurch treten diese deutlicher hervor.

Ätzen.

9   Nach dem Polieren der Löcher werden die Risse größtenteils sichtbar. Anhauchen der Löcher leistet bei der Erkennung feinerer Risse gute Dienste. Feinste Risse können jedoch nur durch Ätzen sichtbar gemacht werden. Man benutzt hierzu alkoholische Salpetersäure (4 cm^3 Salpetersäure vom spez. Gew. 1,14 in 100 cm^3 abs. Alkohol). Das geschliffene Nietloch wird sorgfältig mit reinem Alkohol ausgewaschen und mit einem weichen Lappen trocken gerieben. Hierauf trägt man die alkoholische Salpetersäure am besten mit einem Wattebausch und einer Zange, wie sie in chemischen Laboratorien in Verwendung sind, auf die Nietlochwandung auf. Man reibt etwa 1½ bis 2 Minuten mit dem vollkommen getränkten, nicht ausgedrückten Wattebausch gleichmäßig und ganz leicht auf der blanken Fläche. Dann wäscht man mit reinem Wasser nach und wischt das Nietloch mit einem sauberen, weichen Tuch trocken. Das Absuchen auf Risse der auf diese Weise behandelten Nietlöcher erfolgt dann am besten erst nach 24 Stunden, weil dann die Ätzflüssigkeit erst richtig gewirkt hat.

Die Ätzflüssigkeit wirkt auf die Risse stärker ein, als auf das blanke Material und macht somit auch die feinsten Haarrisse sichtbar. Außerdem wird die ursprünglich blanke Fläche leicht mattiert, was ebenfalls die Beobachtung erleichtert.

10   Kennzeichnend für die Risse ist ihr Beginn an den Blechauflageflächen und ihr unregelmäßiger, vielfach abgesetzter Verlauf. Hierdurch unterscheiden sie sich deutlich von etwa vorhandenen Bearbeitungsriefen.

Absuchen.

11   Zur Beleuchtung verwendet man am besten eine mattierte, elektrische Lampe und bringt diese auf die dem Beobachter

abgewendete Seite des Loches, also nach außen, wenn man sich im Innern des Kessels befindet. Zur Unterstützung des Auges benutzt man eine Lupe mit mindestens sechsfacher Vergrößerung.

Es ist erforderlich, die Lampe zu bewegen, damit nicht einzelne Risse durch Blendwirkung und Überstrahlung verlorengehen. Die Beobachtung kann durch Anhauchen des Loches unterstützt werden, weil sich auf der hierdurch mattierten Fläche beim Verschwinden des Feuchtigkeitsbelages die Risse zuerst als blanke Linien abheben und sich außerdem an den Rissen feine Tröpfchen absetzen.

12 Nietlochrisse sind in erster Linie eine Folge mangelhafter Anrichtearbeit, schlechter Blechpassung, unsachgemäßer Blechbehandlung beim Anrichten durch Hämmern, oft sogar in der Blauwärme, schlechter Bohrarbeit, rauher Nietlöcher, Anwendung von Dornen beim Nieten, zu hohen Nietdrucks usw. Bei der Untersuchung achtet man daher auch auf solche Anzeichen, z. B. Streckfiguren auf der Blechoberfläche, außer Mitte sitzende Nietköpfe, Eindrücke des Nietdöppers oder Stemmers, versetzte Nietlöcher, schlechte Blechauflage usw. Solche Anzeichen sind meist von Nietlochrissen begleitet. Die Erfahrung vieler Untersuchungen hat gezeigt, daß bei schlecht hergestellten Nieten die Risse sich häufen. Oft kann ein Teil der Trommel rissig sein (z. B. ein Schuß), während der andere rißfrei ist. Der Befund der Nietarbeit gibt oft eine Erklärung dafür, wenn nicht schon Unterschiede in der Beheizung oder Beanspruchung der Trommel vorliegen.

13 Schlecht hergestellte Nähte sind nach außen undicht. Kesselwasser dampft daher darin aus, die Kesselsalze lagern sich als Ausblühungen an. Hierbei durchläuft das in die Nietnähte gedrungene Wasser Konzentrationsgrade, die die Ermüdungsbrüche beschleunigen.

14 Sind die Nietlöcher untersucht, so wäscht man sie mit gesättigtem Kalkwasser aus, um die Ätzflüssigkeit unschädlich zu machen. Zwecks Verhinderung des Anrostens werden die Nietlöcher hierauf mit säurefreier Vaseline eingefettet. Um die geschliffenen Nietlöcher für spätere Untersuchungen zu erhalten, empfiehlt sich das Einziehen von N i e t s c h r a u b e n.

15 Die Nietschrauben werden so stark angezogen, daß die Bolzenspannung etwa 2500 kg/cm² beträgt. Diese Bolzenspannung läßt sich am einfachsten dadurch herstellen, daß die Nietschrauben mit einem ganz bestimmten Drehmoment angezogen werden. Für eine Spannung von 2500 kg/cm² sind folgende Drehmomente erforderlich, wenn die Schrauben mit Gasgewinde (11 Gänge auf 1″) ausgeführt werden:

Nietloch-durch-messer mm	Äußerer Gewinde-durch-messer mm	Schaft-durch-messer mm	Bolzen-zugkraft kg	Dreh-moment cmkg	Hebelarm bei einer Kraft von 50 kg mm
24	23	20	7850	3500	700
26	25	22	9500	4600	920
28	27	24	11300	5900	1180
30	29	26	13280	7400	1480
32	31	28	15380	9200	1840

Das Anziehen mit dem erforderlichen Drehmoment erfolgt am besten so, daß am Schlüssel in geeigneter Weise für den letzten Anzug ein Gewicht von 50 kg in der angegebenen Entfernung angehängt wird. Diese Nietschrauben ersetzen erfahrungsgemäß durchaus einen Niet.

16 Bei Wiederholung der Nietlochuntersuchung werden in der Hauptsache wieder dieselben Löcher untersucht, wenn nicht an anderen Stellen inzwischen Undichtheiten im Betriebe aufgetreten sind. Zeigt sich bei wiederholter Untersuchung keine Zunahme der Risse, so kann angenommen werden, daß die Rißbildung zum Stillstand gekommen ist. Bei Beurteilung der Risse nach wiederholter Nietlochuntersuchung ist jedoch Vorsicht am Platze.

Darstellung der Risse.

17 Die zeichnerische Darstellung erfolgt zweckmäßig durch konzentrische Kreise, die ein Bild des Nietlochs geben, wie es sich dem Auge bietet, wenn man in der Achsenrichtung des Loches blickt. Der kleinste Kreis stellt den vom Auge am weitesten entfernten Blechrand dar. Mit einem beliebig gewählten Abstand, so daß man in dem entstehenden Kreisring genügend Platz zum Eintragen der Risse hat, folgt der nächste Kreis, der den folgenden Blechrand wiedergibt usw. 3 Kreise stellen also ein durch 2 Bleche gehendes Nietloch dar. Diese Darstellung hat gegenüber der einfachen Abwicklung den Vorteil, daß man die gegenseitige Lage der Risse in 2 benachbarten Löchern festhalten kann.

18 Eine andere Art der Abbildung von Nietlochrissen ist der Schwefelabdruck nach Prof. Baumann und Stehr.

Dieses chemische Abdruckverfahren kann auf keinen Fall ein geschultes Auge ersetzen. Diejenigen Risse, die auch für ungeschulte Augen deutlich sichtbar sind, kommen bei dem Abdruckverfahren gut heraus, während ganz feine Haarrisse gar nicht oder nur ganz schwer erkennbar sind, wie aus zahlreichen Untersuchungen verschiedener Großbetriebe hervorgeht.

Bei der Herstellung von Nietlochabdrücken verfährt man folgendermaßen:

Die vorbereiteten Nietlöcher wischt man mittels eines aus einem Holzspatel und fettfreier Watte gefertigten Pinsels mit Alkohol aus, um auch die geringsten Fettschichten zu entfernen. Sodann trägt man mit ähnlichem Pinsel gleichmäßig kalt-gesättigte Natriumsulfidlösung auf und läßt diese in die Risse einziehen, wobei darauf zu achten ist, daß die behandelte Fläche nicht trocknet. Bei der Arbeit mit der stark ätzenden Lösung ist Rücksicht auf Körper und Kleidung am Platze. Nach etwa 3—5 Minuten wird die Leibungsfläche mit klarem Wasser ausgewaschen und schnell mit Fließpapier getrocknet. In einigen Minuten Wartezeit tritt die aufgesogene Lösung wiederum aus den Rissen an die Oberfläche, worauf der Abdruck genommen werden kann. Da es schwer hält, den ganzen Umfang der Leibungsfläche mit einem Male zu belegen, teilt man diesen in zwei bis drei Teile ein und kennzeichnet die Grenzen durch verschiedene Körnerhiebe, die durch Betupfen mit Tintenstift deutlich gemacht werden können. Glattes Bromsilber, welches zu handlicher Größe geschnitten wurde, wird in 5prozentiger Schwefelsäure getränkt und vorsichtig um einen ausgestreckten Finger gewickelt auf eine Teilfläche angepreßt. Hierbei ist darauf zu achten, daß sich das aufgelegte Papier nicht verschiebt, da in solchen Fällen Doppelungen entstehen, die zu Trugschlüssen Anlaß geben können. Vor jedem Abdruck ist die Vorbereitung zu wiederholen. Die Einwirkungszeit im Nietloch darf nur kurz sein, sie muß jedoch von Fall zu Fall ausprobiert werden. Das herausgenommene Papier wird gezeichnet, in Wasser abgespült, 10—15 Minuten im Fixierbad behandelt und darauf 1 Stunde unter fließendem Wasser gewässert. Die trockenen Teilflächen lassen sich nach den Grenzmarken zu einer Abwicklung der Nietlochleibungsfläche im Spiegelbild zusammenstellen. Die vorhandenen Risse haben sich in natürlicher Größe auf dem Papier abgezeichnet. Man kann die Bilder aufbewahren, und mit späteren Abdrücken vergleichen.

Beurteilung der Rißbilder.

19   Eine Beurteilung der Gefährdung des Kessels aus den erhaltenen Rißbildern soll nur mit großer Vorsicht erfolgen. Im allgemeinen wird man dazu neigen, aus der im Nietloch sichtbaren Breite der Risse auf ihre Tiefe im Blech zu schließen. Doch ist hierbei Vorsicht geboten. Wesentlich ist dagegen die Zahl der erhaltenen Risse und ihre Verteilung in der Nietnaht. Man wird also die zu untersuchenden Löcher so in der Naht verteilen, daß man einen Überblick bekommt, ob die ganze Naht rissig geworden ist oder nur Teile von ihr. Im letzteren Falle wird man durch Untersuchung weiterer neben dem rissig befundenen Nietloch liegender Löcher die Ausdehnung des rissig gewordenen Stückes (Nestes) zu bestimmen haben. Hiervon hängt die weitere Beurteilung des Kessels ab. Ferner kann man sich aus der Zahl der in jedem Loch aufgetretenen Risse und der Betriebszeit des Kessels ein Urteil bilden, ob das Blech stark zum Rissigwerden neigt oder nicht. Bei einer größeren Anzahl von Rissen nach einer verhältnismäßig kurzen Betriebszeit ist mit Sicherheit anzunehmen, daß das gesamte Material in der Nietnaht keine vollwertigen Eigenschaften mehr hat.

20   Am gefährlichsten sind die Risse bei überlappten Längsnähten. Selbst wenn die Ausdehnung der Risse nur gering ist, liegt Betriebsgefahr vor. Es empfiehlt sich daher, derartige Trommeln zu erneuern. Risse an gelaschten Längsnähten sind. solange sie noch nicht im größeren Umfange auftreten, weniger gefährlich, da ein Aufreißen der Naht nicht ohne weiteres möglich ist.

21   Es muß aber ausdrücklich darauf hingewiesen werden, daß alle Schlüsse aus den Rißbildern nur qualitativer Art sind. Gerade weil jedes quantitative Erfassen der Wirkung der Risse unmöglich ist, und weil durch das Auftreten der Risse ein Unsicherheitsmoment in den Kessel kommt, dessen Folgen nicht zu übersehen sind, ist größte Vorsicht am Platze.

4. Anweisung der VGB über die Untersuchung von Kesselböden auf Krempenrisse.

1   Die früher im Dampfkesselbau hauptsächlich verwendeten gewölbten Stirnböden ohne Verankerung haben eine Bauart, die den Beanspruchungen, welchen die Böden ausgesetzt sind, nicht genügend Rechnung trägt. Der Meridianschnitt durch einen solchen Stirnboden ist ein nach außen gewölbter Korbbogen mit zu großem Wölbungs- und zu kleinem Krempenhalbmesser. Diese Form ist insofern unzweckmäßig, als hierbei insbesondere die Bodenkrempen schon durch den normalen Betriebsdruck weit höher als die Wandungen des Dampfkessels beansprucht werden. Die Innenseite der Krempe wird im Meridianschnitt auf Zug und Biegung beansprucht, und durch das Zusammenwirken einer genügenden Zahl ungünstiger Einflüsse kann die Beanspruchung so groß werden, daß die Krempen dann von innen nach außen, senkrecht zum Meridian, also ringförmig, anbrechen.

2   Der inneren Oberfläche der Krempen solcher alten Böden und der Übergangszone in den gewölbten Teil des Stirnbodens ist daher größte Aufmerksamkeit zu schenken, um die äußeren Merkmale einer ungünstigen Gefügeveränderung rechtzeitig erkennen und abschätzen zu können und damit überraschende Bruchschäden mit ihren schweren Folgen zu verhindern.

Ob die Beanspruchung nun im Einzelfalle so groß wird, daß eine Beschädigung des Materials eintritt, hängt von der jeweiligen Form und den Abmessungen der Stirnböden, dem Genauigkeitsgrad in bezug auf ihre Form und ihren Sitz sowie den vom Zylindermantel auf den Boden übertragenen Biegungsmomenten, Zug- und Schubkräften, ferner von der Güte des Werkstoffs, den auftretenden Temperaturen, von Druckschwankungen, Wasserumlauf und von der Art der Speisung ab. Außerdem ist die Art der Herstellung und Bearbeitung der Böden von erheblichem Einfluß. Pressen bei ungenügender Temperatur kann Alterung des Bleches verursachen. Unter dem Einfluß der Betriebstemperatur und Betriebszeit sinkt bei einem solchen Blech die Fähigkeit, Formänderungsarbeit aufzunehmen. (Kerbzähigkeit.)

3   Da es nicht durchführbar ist, an eingebauten Stirnböden die Beschaffenheit des Materialgefüges mit Hilfe metallographischer Untersuchungsverfahren zu prüfen, kann man sich nur darauf beschränken, mit einfacheren Mitteln (durch Schaben, Schleifen, Polieren und Ätzen, Meißeln und Anbohren) mindestens die Auswirkungen derjenigen ungünstigen Einflüsse, die von Fehlern der Konstruktion, Herstellung und Verarbeitung bedingt sind, sorgfältig zu beobachten.

4   Die Erfahrung lehrt, daß auf gesäuberten Krempenflächen gewisse Vorboten beginnender Gefügeveränderung mit bloßem Auge erkannt werden können.

Anzeichen dieser Art sind runzelartige, schwach in die Oberfläche eingegrabene, aus kurzen, unzusammenhängenden Stücken bestehende Linienzüge, die durch Abspringen von Zunder oder sonstigen Oberflächenteilchen entstehen und sich bei weiterer Einwirkung innerer und äußerer Kräfte, sowie des Kesselwassers zu Anfressungen, Furchen, Spalten, Kerben und Rissen ausbilden können. Mit Rücksicht auf ihre Entstehungsursachen dürfen diese Erscheinungen nicht als harmlose Anfressungen angesehen werden. Daneben können noch Seigerungen oder durch Schlackeneinflüsse erzeugte Hohlräume die schon an sich geringe Widerstandsfähigkeit der Krempenwandung vermindern. Auch sogenannte P r e ß f u r c h e n , das sind im Umfang verlaufende Kanteneindrücke, die durch den Preßstempel oder Beilagestücke verursacht sind, können den Ausgangspunkt für Anbrüche und damit den Anlaß zur Rißbildung geben.

5   Begleiterscheinungen der vorgenannten Anzeichen sind häufig auch Kraftwirkungsfiguren, strahlenförmige Linien, die aus der Hohlkehle der Krempe in die Wölbung hineinlaufen; nur ist hierbei zu unterscheiden zwischen solchen, die schon beim Umbiegen der Krempen entstanden und vielleicht durch sachgemäßes Ausglühen des Bodens bedeutungslos geworden sind und solchen, die sich erst bei der Bearbeitung (Nietung) in der Kesselfabrik gebildet haben.

6   Umfang und Tiefe aller dieser Erscheinungen lassen unter Berücksichtigung der Alters- und Betriebsverhältnisse des Kessels in der Regel einen Schluß zu, ob der Zustand des Stirnbodens bereits als gefahrdrohend bezeichnet werden muß oder ob seine weitere Verwendung noch ohne Bedenken möglich ist.

Die Entwicklung der äußeren Merkmale beginnender Krempenschäden darf als eine Funktion der Zeit bezeichnet werden.

Je nach Art und Umfang bereits erkannter Erscheinungen und nach Lage der besonderen Betriebsverhältnisse sind deshalb die entsprechenden Fristen für die weiteren Besichtigungen zur Beobachtung der Stirnbodenkrempen von Fall zu Fall zu vereinbaren und festzulegen.

7 Selbst für den Fall, daß noch keine besonderen Erscheinungen festgestellt werden können, macht es bei unzweckmäßiger Stirnbodenform der dadurch bedingte geringere Sicherheitsgrad in der Krempe erforderlich, solche Stirnböden Untersuchungen zu unterwerfen, die über das bisher durch die regelmäßigen Untersuchungen gegebene Maß hinausgehen.

5. Merkblätter des Reichskohlenrates über Kohlenstaub und Kohlenstaubanlagen.

Merkblatt zur Vermeidung von Gefahren beim Umgang mit Kohlenstaub.

3. Fassung.

A. Allgemeines.

1. Kohlenstaub in Luft aufgewirbelt ist feuer- und explosionsgefährlich.

2. Lagernder Kohlenstaub neigt wie jede lagernde Kohle zur Selbstentzündung.

3. Gewisse Kohlensorten scheiden explosionsgefährliche und gesundheitsschädliche Gase ab.

B. Verhaltungsmaßregeln.

1. Anlagen sauber halten!

2. Staub nie aufwirbeln! Behälter dicht halten! Bei Arbeiten an Auslauf- oder Stochöffnungen darauf achten, daß etwa austretender Kohlenstaub sich nicht entzünden kann!

3. In Räumen, in denen mit Kohlenstaub gearbeitet wird, Vorsicht mit offenem Feuer! In Aufbereitungs- und Lagerräumen von Kohlenstaub nicht rauchen, nicht offenes Licht und Feuer verwenden! Dort nur staubgeschützte elektrische Geräte und Handlampen verwenden! Für Orte und Umstände erhöhter Gefahr (aufgewirbelter Kohlenstaub z. B. bei Reinigungs- und Instandhaltungsarbeiten) nur Geräte mit Schlagwetterschutz benutzen!

4. Temperatur des Staubes überwachen! Vorsicht vor heißem Staub! Bei brennendem Staub Filter ausschalten! Desgleichen Vorsicht vor zu nassem Staub, der sich leicht festsetzt und dann zur Selbstentzündung neigt!

5. Bei Gefahr (z. B. auffälligen Temperatursteigerungen, Schwelgeruch, Glimmherden, Brand usw.) keinen Kohlenstaub mehr zuführen, Zutritt frischer Luft, Aufwirbelung und Luftzug verhindern!

6. Explosionsklappen und Absperrschieber regelmäßig nachprüfen!

7. Gefährdete Bunker und Transportgefäße möglichst in die Feuerung leerfahren oder den Brand ersticken! Beim Leerfahren ins Freie nach Möglichkeit in Kieshaufen entleeren!

8. Brände in gebunkertem oder gehäuftem Kohlenstaub nicht, wie üblich, mit Wasser, sondern nur nach geeigneten Kohlenstaublöschverfahren (Schaum, Kohlensäure, Stickstoff usw.) bekämpfen!

9. In gefüllte Bunker nicht einsteigen! Auch in entleerte nur nach Sicherung gegen Absturz und Betäubung einsteigen!

10. Bei jedem längeren Stillstand, nach jeder Störung bzw. vor jeder Inbetriebnahme und regelmäßig in je nach den Verhältnissen zu bestimmenden Zeiträumen, je nach der Neigung der Kohle zur Selbstentzündung ein Zeitraum von etwa $\frac{1}{2}$ bis 2 Monaten, Bunker entleeren und unter Befahren unter Sicherung nach Ziffer 9 reinigen!

11. Brenner erst nach Entlüftung des Feuerraumes und vorsichtig anzünden. Schlackenziehen von Hand nur bei abgestellten Brennern!

Merkblatt für die Errichtung von Kohlenstaubanlagen.[1]

3. Fassung.

Vorbemerkung.

Dieses Merkblatt ist nur als eine Zusammenstellung einiger bereits hinreichend geklärter Gesichtspunkte zu betrachten und soll absichtlich in allen den Einzelheiten, in denen sich die technische Entwicklung noch im Fluß befindet, keine festen Angaben machen.

Neben den Punkten, die in dem Merkblatt zur Vermeidung von Gefahren beim Umgang mit Kohlenstaub zusammengestellt sind, empfiehlt sich bei der Errichtung von Kohlenstaubanlagen die Beachtung der folgenden Gesichtspunkte:

I. Allgemeines.

1. Kohlenstaub in Luft aufgewirbelt ist feuer- und explosionsgefährlich.

---

[1] Siehe auch Schulte: „Betriebsgefahren der Kohlenstaubaufbereitung und Kohlenstaubfeuerung", 14. Berichtfolge des Kohlenstaubausschusses des Reichskohlenrates oder „Archiv für Wärmewirtschaft und Dampfkesselwesen" 1928, Heft 4.

2. Lagernder Kohlenstaub kann sich ebenso wie Kohle gröberer Körnung selbst entzünden; Bunkerung zu heißen Staubes vergrößert die Gefahr, ebenso Bunkerung zu nassen Staubes, der sich leicht festsetzt und dann zur Selbstentzündung neigt.

3. Bei der Lagerung entweichende Gase, namentlich Schwelgase, sind explosionsgefährlich, wirken betäubend und sind unter Umständen giftig.

4. Kohlenstaub, dicht und unter Abschluß gegen Außenluft gelagert und befördert, bietet im allgemeinen keine größeren Gefahren als Kohle gröberer Körnung.

II. Leitsätze.

1. Die Möglichkeit von Kohlenstaubablagerungen in Arbeits- und Betriebsräumen ist, soweit irgend möglich, zu vermeiden. (Anwendung von durchbrochenen Laufstegen und Treppen, schrägen Fensterbänken usw.).

2. Gute Reinigungsmöglichkeit der Räume ist vorzusehen. (Weißer Anstrich.)

3. Die Bunker sind gegen Außenluft abzuschließen und nicht unnötig groß zu bemessen. Vorsprünge und Winkel in den Bunkern, wo sich Kohlenstaub absetzen kann, sind zu vermeiden.

4. Fördereinrichtungen müssen dichthalten.

5. Die elektrischen Anlagen und Einrichtungen in den Aufbereitungs- und Lagerräumen müssen den Vorschriften des Verbandes Deutscher Elektrotechniker für die Errichtung von Starkstromanlagen in explosionsgefährlichen Räumen entsprechen. (§ 35 der V. E. S. 1/1930 und § 26 der V. E. S. 2/1930.)

Für Räume, in denen sich die eigentlichen Kohlenstaubfeuerstellen befinden, gilt dieses im allgemeinen nicht, auch wenn Kohlenstaubmühlen und Fördereinrichtungen darin aufgestellt sind.

Als „explosionsgeschützt" für die vorliegenden Verhältnisse gilt hierbei:

A) für Maschinen die Ausführung

a) mit geschlossenem Gehäuse nach § 19 c der vom V. D. E. herausgegebenen Regeln für die Bewertung und Prüfung von elektrischen Maschinen REM/1923,

b) mit staubdicht gekapselten Kollektoren und Schleifringen,

c) mit Kurzschlußläufer,

B) für Anlasser-, Schalt- und Steuergeräte die Ausführung 4 (gekapselt) nach § 7 der vom V. D. E. herausgegebenen Regeln für die Bewertung und Prüfung von Anlassern und Steuergeräten REA/1928,

C) für ortsbewegliche Stromverbraucher (Handgeräte, Handlampen und dgl.) ihre Anschlußleitungen sowie die Steckvorrichtungen, die Ausführung nach den vom V. D. E. herausgegebenen Vorschriften für die Ausführung schlagwettergeschützter elektrischer Maschinen, Transformatoren und Geräte vom 1. Juli 1929, sofern sie an Orten und unter Umständen erhöhter Gefahr (aufgewirbelter Kohlenstaub, z. B. bei Reinigungs- oder Instandsetzungsarbeiten) benutzt werden. In allen anderen Fällen genügt ein staubdichter Abschluß der spannungsführenden Teile.

6. Literaturverzeichnis.

1. Allgemeines.

Jaeger-Ulrichs	Bestimmungen über Anlegung und Betrieb der Dampfkessel, 5. Aufl.	Heymann, Berlin
Rühl-Ulrichs	Desgl. Nachtrag zur 5. Auflage	„
Höhn, E.	Nieten und Schweißen der Dampfkessel	Springer, Berlin
Münziger, F.	Amerikanische und deutsche Großdampfkessel	„
„	Leistungssteigerung von Großdampfkesseln	„
„	Höchstdruckdampf	„
„	Berechnung und Verhalten von Wasserrohrkesseln	„
„	Kesselanlagen für Großkraftwerke	VDI-Verlag, Berlin
Nuber, F.	Wärmetechnische Berechnung der Feuerungs- und Dampfkesselanlagen	Oldenbourg, München
Rühl, C.	Die Speisewasservorwärmung mit Kesselabgasen	Ziemsen, Wittenberg
Possner, L.	Gestaltung und Berechnung von Rauchgasvorwärmern	Springer, Berlin
Spalckhaver-Schneiders-Rüster	Die Dampfkessel nebst ihren Zubehörteilen und Hilfseinrichtungen	„
Stender, W.	Schaltbilder im Wärmekraftbetrieb	VDI-Verlag, Berlin
Tetzner, F.	Die Dampfkessel	Springer, Berlin
Thoma, H.	Hochleistungskessel	„
Zweite Weltkraftkonferenz	Bericht der Sektion 11: Kessel und Feuerungen	VDI-Verlag, Berlin

2. Werkstoffkunde.

Bach u. Baumann	Elastizität und Festigkeit	Springer, Berlin
„	Festigkeitseigenschaften und Gefügebilder	„
Baumann, R.	Grundlagen der deutschen Material- und Bauvorschriften, 1912	„
Eggert, J. und Schiebold, E.	Die Röntgentechnik in der Materialprüfung	Akad. Verlagsges., Leipzig
Föppl-Becker-v. Heydekampf	Dauerprüfung der Werkstoffe	Springer, Berlin
Frantz	Dampfkesselschäden	Böhm, Kattowitz
Freeman, Sherrer, Rosenberg	Versuche mit Schmelzstopfen	Bureau of Standards, Bd. 4, Nr. 1
Graf, O.	Die Dauerfestigkeit der Werkstoffe	Springer, Berlin
Goerens, P.	Einführung in die Metallographie	Knapp, Halle
Hanemann und Schrader	Atlas Metallographicus, Lieferung 1—7	Gebr. Bornträger, Berlin
Höhn, E.	Über die Festigkeit elektrisch geschweißter Hohlkörper	Springer, Berlin
„	Die Sicherung geschweißter Nähte	„
Jantscha, R.	Über das Einwalzen und Einpressen von Kessel- und Überhitzerrohren bei Verwendung verschiedener Werkstoffe	Dissertation, Darmstadt 1929
Kantner u. Herr	Die Verwendbarkeit der Röntgenverfahren in der Technik	VDI-Verlag, Berlin
Meerbach, K.	Die Werkstoffe für den Dampfkesselbau	Springer, Berlin
Moser, M.	Der Kesselbaustoff	„
F. H. Norton	The creep of steel at high temperatures	McGraw-Hill Book Co., New York
	Rules for the construction of stationary steam boilers (Boiler Construction Code)	The American Soc. of Mech. Eng., New York
Oberhoffer, P.	Das technische Eisen	Springer, Berlin

Parr, S. W. und Straub, F. G.	Bulletin Nr. 94 vom Jan. 1917 „ „ 155 „ Juni 1920 „ „ 177 „ Juni 1928 „ „ 216 „ Okt. 1931 der Engineering Experiment Station der Universität Illinois	
Pollitt, A.	Ursachen und Verhütung der Korrosion	Vieweg, Braunschweig
Stumper, R.	Die Chemie der Bau- und Betriebsstoffe des Dampfkesselwesens	Springer, Berlin
Ude, H.	Zur Kenntnis der mechanischen Eigenschaften des Gußeisens (Dissertation)	Gießereiverlag, Düsseldorf
Verein deutscher Eisenhüttenleute	Werkstoff-Handbuch Stahl und Eisen	Stahleisen, Düsseldorf
VGB	Zur Sicherheit des Dampfkesselbetriebes	Springer, Berlin
„	Die Widerstandsfähigkeit von Dampfkesselwandungen	„
„	Richtlinien für die Anforderungen an den Werkstoff und Bau von Hochleistungsdampfkesseln	Selbstverlag
„	Richtlinien für die Anforderungen an den Werkstoff und Bau von gußeisernen Abgas - Speisewasservorwärmern	„
Zander, W.	Der Einfluß von Oberflächenbeschädigungen auf die Biegungsschwingungsfestigkeit	NEM-Verlag, Berlin
Mitteilungen aus dem Forschungsinstitut der Vereinigten Stahlwerke		
Aders, K.	Einfluß des Alterns auf das Verhalten weichen Stahles bei Schwingungsbeanspruchungen	Springer, Berlin
Kühle, A.	Einfluß des Alterns und Blaubruchs auf die Dauerschlagprobe	

Forschungsarbeiten auf dem Gebiete d. Ingenieurwesens (VDI):		
Heft 51 und 52 Bach, C. v.	Versuche mit gewölbten Flammrohrböden	Komm.-Verlag Springer, Bln.
Heft 135/136 Baumann, R.	30 Kesselbleche mit Rißbildung	„
Heft 251/252 Baumann, R.	Beanspruchung der Bleche beim Nieten	„
Heft 270	Versuche über die Beanspruchung gewölbter Kesselböden	„
Heft 275	Bachfestschrift; Beiträge von Baumann, Berl, Goerens, Graf, Leihener, Moser, Pfleiderer, Wüst	VDI-Verlag, Berlin
Heft 317 Rimarski, Kantner, Streb	Einfluß der Verunreinigungen im Sauerstoff und im Azetylen auf den Schnitt und die Schweißnaht	VDI-Verlag Berlin
Heft 329 K. Memmler u. K. Laute	Dauerversuche an der Hochfrequenz-Zug-Druck-Maschine	„
Heft 331 Berg, S.	Zur Frage der Beanspruchung beim Dauerschlagversuch (Dissertation)	„ „
Mitteilungen aus dem Kaiser-Wilhelm-Institut für Eisenforschung, Düsseldorf:		
Abh. 62 Siebel u. Pomp	Spannungsverteilung an Kesselböden	Stahleisen, Düsseldorf
Abh. 67 Körber und v. Storp	Einfluß von Probenbreite und Temperatur auf die Kerbzähigkeit	„
Abh. 68 Körber u. Pomp	Rißbildungen und Anfressungen an Dampfkesselelementen	„
Abh. 73 Körber u. Siebel	Modellversuche an Kesselböden	„
Abh. 74 Pomp, A. und Dahmen, A.	Abgekürztes Prüfverfahren zur Ermittlung der Dauerstandsfestigkeit von Stahl bei erhöhten Temperaturen	„

Abh. 95 Körber u. Pomp	Verhalten von legierten und un- legierten Kesselblechen bei erhöh- ten Temperaturen	Stahleisen, Düsseldorf
Abh. 102 Körber u. Pomp	Mechanische Eigenschaften von Stahlguß bei erhöhten Tempera- turen	„
Abh. 110 Wüst u.Leihener	Das Wachsen von Gußeisen	„
Abh. 128 Pomp u. Barden- heuer	Schadensfälle an Dampfkesselele- menten	„
Abh. 144 Körber u. Pomp	Festigkeitseigenschaften von Kes- selblechen bei erhöhten Tempera- turen usw.	„
Abh. 155 Körber u. Pomp	Zur Bestimmung der Warmstreck- grenze von Stahl	„

3. Betrieb und Speisewasserpflege.

Balcke, H.	Die neuzeitliche Speisewasserauf- bereitung	Spamer, Leipzig
Blacher, C.	Das Wasser in der Dampf- und Wärmetechnik	„
Fachgruppe für Wasserchemie des Vereins Deutscher Chemiker	Vom Wasser, Jahrbuch	Verlag Chemie, Berlin
Forschungs- arbeiten auf dem Gebiete des In- genieurwesens, Heft 325: Berl, E. u. Löblein	Keramische Eigenschaften von feuerfesten Materialien	VDI-Verlag, Berlin
Heft 330: Berl, E. und van Taack, F.	Über die Einwirkung von Laugen und Salzen auf Flußeisen	„
Heft 341: H. Vorkauf	Das Mitreißen von Wasser aus dem Dampfkessel	„
Gramberg, A.	Technische Messungen	Springer, Berlin

Herberg, G.	Handbuch der Fcuerungstechnik und des Dampfkesselbetriebes	Springer, Berlin
Höhn, E.	Der Dampfbetrieb, Leitfaden für Betriebsingenieure, Werkführer und Heizer	„
Knabner, O.	Das Schrifttum über Kohlenstaub. 23. Berichtsfolge des Kohlenstaubausschusses des Reichskohlenrates	VDI-Verlag
Knoblauch, O. u. Hencky, K.	Anleitung zur genauen technischen Temperaturmessung	Oldenbourg, München
Litinsky	Schamotte und Silika, ihre Eigenschaften, Verwendung und Prüfung	Spamer, Leipzig
Lunge-Berl	Chemisch-technische Untersuchungsmethoden	Springer, Berlin
Morgner, F. O.	Heizerschule	„
Politt, A.	Ursache und Verhütung der Korrosion	Vieweg, Braunschweig
Parr, S. W. und Straub, F. G.	siehe unter 2. Werkstoffkunde	
Powell, S. T.	Boiler Feed Water Purification	McGraw-Hill Book-Co. New York
Spitznas, H.	Die Heizerausbildung	Oldenbourg, München
Stumper, R.	Die physikalische Chemie der Kesselsteinbildung und ihre Verhütung	Enke, Stuttgar
Unterausschuß für Dampfkesselfeuerungen beim VDI u. Reichskohlenrat:	Feuerungstechnische Berichte Heft 1. Rummel: Selbstkostenrechnung. Weismann: Feuerungstechnische Eigenschaften der oberschl. Steinkohlen	VDI-Verlag, Berlin
	Heft 2. Rosin und Fehling: Die Feuerungsleistung, Fehling: Die Technik der Zuführung der Verbrennungsluft.	„

	Heft 3. Presser: Neuere Entwicklung der Wanderroste Schulte: Neuere Entwicklung der Kohlenstaubfeuerung.	VDI-Verlag, Berlin
	Heft 4. Presser: Versuche an Hochleistungswanderrosten. Rosin, Rammler, Kauffmann: Elastizitätsversuche an Braunkohlenrostfeuerungen. Rosin, Rammler, Kauffmann: Verdampfungsversuche an Braunkohlenrostfeuerungen.	„
VGB	Kesselbetrieb	Selbstverlag
VGB	Speisewasserpflege	„
VGB	Richtlinien für Bauart, Abnahme und Betrieb von Wasseraufbereitungsanlagen	Beuth-Verlag, Berlin
	Regeln für die Durchflußmessung mit genormten Düsen und Blenden	VDI-Verlag 1930
	Regeln für Leistungsversuche an Ventilatoren und Kompressoren	„
	Regeln für Leistungsversuche an Dampfanlagen (RAD, 1925)	„

4. Wärmetheorie und Wärmeübergang.

ten Bosch, M.	Wärmeübertragung	Springer, Berlin
Gröber, H.	Grundgesetze der Wärmeleitung und des Wärmeüberganges	„
Hermann, R. u. Burbach, R.	Strömungswiderstand und Wärmeübergang in Rohren	Akad. Verlagsges., Leipzig
Knoblauch, O. u. Hencky, K.	Anleitung zur genauen technischen Temperaturmessung	Oldenbourg, München
Reutlinger	Über den Einfluß des Kesselsteins auf Wirtschaftlichkeit und Betriebssicherheit	Dissertation, München 1909

Stender, W.	Der Wärmeübergang an strömendes Wasser in vertikalen Rohren	Springer, Berlin
Schack, A.	Der industrielle Wärmeübergang	Stahleisen, Düsseldorf
Schüle, W.	Technische Thermodynamik, 1. u. 2. Band	Springer, Berlin
„	Leitfaden der technischen Wärmemechanik	„
Wärmestelle des Vereins deutscher Eisenhüttenleute Mitteilung 133 E. Kuhn:	Versuche über Temperaturverteilung, Wärmeabgabe und Verbrennungsverlauf in einem neuzeitlichen Kohlenstaubkessel	Stahleisen. Düsseldorf
Forschungsarbeiten auf dem Gebiet des Ingenieurwesens: Nr. 89 Nusselt	Der Wärmeübergang in Rohrleitungen	
Nr. 191/192 Poensgen	Wärmeübertragung von überhitztem Dampf an Rohre und von Heizgasen an Wasserdampf	
Nr. 220 Eichelberg	Die thermischen Eigenschaften des Wasserdampfes im technisch wichtigen Gebiet	
Nr. 267 Jacob und Eck	Druckabfall in glatten Rohren und die Durchflußziffer von Normaldüsen	
Nr. 273 Speyerer, H.	Bestimmung der Zähigkeit des Wasserdampfes	
Nr. 310 Jakob	Wärmeübertragung beim Kondensieren von Sattdampf und Heißdampf. Die Verdampfungswärme des Wassers und das spezifische Volumen von Sattdampf für Temperaturen bis 210° C	VDI-Verlag, Berlin
Nr. 324 Seibert, O.	Die Wärmeaufnahme der bestrahlten Kesselheizfläche.	„

H. S. Hermann - Büxenstein G. m. b. H., Berlin SW 19